U0270680

综采工作面顶板灾害防控技术

徐 刚 范志忠 张 震等 著

科 学 出 版 社

北 京

内 容 简 介

本书采用矿压大数据技术对国内各大矿区数百个综采工作面进行深度挖掘和分析，对近年来数十起顶板灾害典型事故进行精细化研究，首次用 *F-T* 均化循环曲线来描述不同类型顶板工作面的矿压显现特点，实现了工作面顶板灾害前兆信息及矿压的定量化分析；构建了工作面分区支承理论模型，分别得到了浅埋煤层、坚硬顶板和非坚硬顶板条件下覆岩结构模型及压架致灾机理；研制了工作面近场顶板状况感知系统和远场覆岩断裂失稳监测系统，开发了工作面顶板灾害近远场实时监测及预警平台，构建了顶板来压强度分级预警模型，形成了针对浅埋煤层、坚硬顶板和非坚硬顶板的工作面顶板灾害防治成套技术。

本书可为煤矿管理人员、国内外高校及研究机构科研人员提供参考，也可作为从事采矿工程、安全工程及其相关专业的本科生、研究生、现场工程技术人员的参考用书。

图书在版编目（CIP）数据

综采工作面顶板灾害防控技术 / 徐刚等著. —北京：科学出版社，2023.8

ISBN 978-7-03-072812-8

Ⅰ．①综…　Ⅱ．①徐…　Ⅲ．①综采工作面-顶板事故-灾害防治　Ⅳ．①TD77

中国版本图书馆CIP数据核字（2022）第138441号

责任编辑：李　雪　李亚佩 / 责任校对：王　瑞
责任印制：吴兆东 / 封面设计：徐　刚

科学出版社 出版

北京东黄城根北街 16 号
邮政编码：100717
http://www.sciencep.com

三河市春园印刷有限公司 印刷
科学出版社发行　各地新华书店经销

*

2023 年 8 月第 一 版　开本：720 × 1000 1/16
2023 年 8 月第一次印刷　印张：23 1/4
字数：446 000

定价：328.00 元
（如有印装质量问题，我社负责调换）

序

　　能源安全是关系国家经济社会发展的全局性、战略性问题，煤炭作为我国主体能源，是能源安全的基石。我国煤炭资源赋存差异性大，井工开采煤矿处于主导地位，其数量和产量仍分别约占总量的90%和80%以上。井工开采条件下，通过对采动岩层进行有效控制来防控各类顶板灾害，是煤矿开采面临的永恒主题。

　　我国的煤炭工业是从落后的穿硐式、高落式、残柱式、刀柱式等采煤工艺起步的，解放初期的采煤工作面多用木支柱、金属摩擦支柱支护，属被动支护形式，支护强度低，稳定性差，工作面压垮型、推垮型冒顶事故频繁，伤亡率较高。目前，我国采煤工艺经历了落后的炮采、普采、高档普采工艺到综采(放)乃至大采高综采(放)工艺的多次改革，煤炭百万吨死亡率逐年下降，已接近发达发达国家水平；其中，持续不断的岩层控制技术创新为国内采煤工艺的历次变革提供了重要技术支撑。

　　20世纪70年代末，在原煤炭工业部组织下，我国开始从国外引进成套综采设备，工作面开采强度提高，矿压显现强烈。国内开始对各矿区的主采煤层进行普查性矿压观测，对观测数据进行回归分析，对各矿区主采煤层的支架-围岩临界阻力进行分析，将研究成果用于顶板管理、支护强度确定及支架设计领域，形成了具有中国特色的岩层控制体系。随着综采技术的推广，国内提出了为综采技术服务的顶板分类方案，对主采煤层进行顶板类型(直接顶和基本顶)和矿压显现特征研究，作为支架选型的初步依据。该分类标准经过历代科技工作者的补充完善，至今仍作为我国煤矿岩层控制的"纲领性"标准服务于煤矿开采实践。

　　20世纪80年代，针对大同坚硬顶板条件下综采大面积悬顶难题，我国研制成功了高压注水软化和深孔爆破弱化顶板、高工作阻力液压支架和大流量安全阀相配套的工艺与装备，解决了大同矿区坚硬难冒顶板问题，为将传统的刀柱采煤法改为长壁采煤法创造了条件，解决了大面积来压的危害。针对注水软化效果不明显和深孔爆破安全性问题，开发了定向水力压裂技术和装备，并在我国大量矿区得到了应用，取得了良好的效果。

　　20世纪90年代，为了促进综采技术的发展，国内研制出了基于钢弦式传感器的矿压系列监测仪器，开创了钢弦式压力测试仪器在国内煤矿井下使用的先河。目前，通过创新围岩控制方法，新一代顶板灾害监测系统将传统矿压理论与现代信息技术相结合，可实时在线监测和分析支架初撑力合格率、安全阀开启率、增阻率、支架支撑效率、不保压率、来压步距等参数，对工作面发生大面积切顶进行预测预警。

国内拥有千万吨级井工煤矿约 30 多处，除特厚煤层大采高综采综放、400～500m 超长工作面等典型高强度开采矿井外，一些大倾角、急倾斜以及"三软""两硬"等难采煤层也在进一步提高开采强度，这些矿井一次采出煤量大，覆岩扰动强烈，对岩层控制提出了更高的要求。此外，我国煤矿开采深度以 8～12m/a 增加，近 200 处矿井开采深度超过 800m，47 处矿井开采深度超过 1000m。进入深部开采后，围岩灾变和控制难题进一步凸显。开采强度的持续增大(包括采高和采深加大，工作面加长，推进速度加快)，使得工作面围岩控制的尺度效应愈加突出，更加需要加强对顶板灾害的监测预警及防控。

《综采工作面顶板灾害防控技术》一书撰写人员多年来一直从事工作面顶板岩层控制研究工作。该书通过对数百个工作面矿压规律进行精细化分析，获得了浅埋煤层、坚硬顶板和非坚硬顶板等条件工作面矿压显现和支架工作阻力增阻规律，提出了均化循环方法，实现了矿压显现强度的定量化分析；提出了工作面顶板分区支撑理论，研制了近场 KJ21 顶板状况智能感知系统和远场 KJ1160 微震监测系统，创新开发了井上下联合微震监测系统架构，研发了基于近场矿压与远场覆岩断裂的顶板灾害协同预警云平台，实现了回采工作面顶板灾害立体监测及预警；构建了不同顶板类型的顶板灾害防治模式和技术，初步形成了参数设计、监测预警、支护效能提高、顶板预先处置的顶板灾害防治技术体系。

该书既有深入、系统的理论分析，又有实用性强的解决方案。如结合典型案例，研究顶板分别在工作面前方、支架上方及采空区断裂处对顶板灾害发生的影响程度，分析不同位置顶板断裂形成的结构形式、岩块间的力学关系及该结构的失稳条件。该书也介绍了当前的一些最新成果，如顶板灾害近远场协同监测预警技术、厚硬顶板地面区域压裂弱化技术等。该书内容丰富，资料翔实，具有较强的实用性。

该书是作者多年来从事煤矿岩层控制理论与实践研究的总结，涵盖了从围岩控制基础理论、矿压规律大数据分析到顶板灾害监测预警及处置等领域的最新成果，更是对钱鸣高院士、宋振骐院士、史元伟研究员等前辈们学术思想的传承与发展，相信本书的出版会对我国煤矿岩层控制技术的应用和发展起到积极的推动作用。

2023 年 2 月

前　言

煤炭是我国的主要能源，在"双碳"背景下，我国能源逐渐向低碳、清洁、绿色方向发展，但富煤、贫油、少气是我国的基本国情，以煤为主的能源结构短期内难以根本改变，要发挥好煤炭在我国能源领域的基础性、兜底性保障作用。

近年来，我国煤矿事故和死亡人数逐年下降，百万吨死亡率已接近世界先进水平。但由于我国煤炭产量和矿井数量基数较大，且地质条件、管理水平、装备能力参差不齐，煤矿事故发生起数和死亡人数总量还是较多，从多年的事故统计可知，在所有的事故类型中，顶板事故一直是我国煤矿的主要事故，其事故起数和死亡人数多年位居前两位。

作者所在单位为中煤科工开采研究院有限公司(原煤科总院北京开采所)，是我国最早开展煤矿开采方法改革、顶板岩层控制、冲击地压理论与技术研究的单位之一，自成立伊始，一直在为煤矿顶板安全而不懈努力。早在 20 世纪 50~60 年代，前辈就组织推广了苏联的长壁工作面"三量"观测方法，研制了多种机械式矿压观测仪器仪表，发展了多种形式的基本顶来压预测预报。20 世纪 80 年代初，史元伟研究员等老一代开拓者通过对各矿区 100 多个工作面进行普查性矿压观测，首次完成了我国缓倾斜煤层回采工作面的顶板分类，该分类标准经过历代科技工作者的补充完善，至今仍作为我国煤矿岩层控制的"纲领性"标准服务于煤矿开采实践。

进入 21 世纪以来，顶板灾害防控技术日新月异，通过借助计算机和通信等先进技术，可最大限度地获取、存储、管理、分析工作面围岩灾变全过程数据。作者有幸在 2001 年加入这一团队，在前辈的引领下参与了这一划时代的技术变革。20 多年来，团队围绕顶板灾害致灾机理、监测预警及防治这一主题，持续攻关，相继承担"十五""十一五""十二五"国家科技支撑计划和"十三五"国家重点研发计划课题(任务)20 余项、国家自然科学基金项目 10 余项、企业横向课题 100 余项。开发了薄及中厚煤层综采，特厚煤层大采高综采(放)，大倾角、急倾斜煤层开采，"三软""两硬"煤层开采等难采煤层围岩关键技术；研究得到了浅埋煤层、坚硬顶板和非坚硬顶板等条件下工作面支架压力增阻特性和工作面顶板灾害前兆信息，提出了周期来压-非来压均化循环预测方法及预警模型和指标，实现了矿压显现强度的定量化分析；构建了顶板分区支承理论模型，开发了顶板下沉量及内力计算软件，实现了分区支承条件下基本顶位移和内力、破断位置及工作面支护强度的科学确定；研发了具有近场顶板状况感知功能的 KJ21 顶板灾害监测预警系统，研制了远场覆岩断裂失稳井上下联合监测系统，开发了基于近场矿压与远场覆岩断裂的近远场顶板灾害协同预警云平台，实现了回采工作面顶板灾害多维立体监测及预警；提出了采前优化设计、采中监测预警，以及大面积悬顶人工强制干预的顶板灾害防控思路，研制了深孔爆破弱化钻机平台、背筒、封孔器、药卷推送器等一系列新装置，开发了井下浅孔定向水压致裂与地面深孔体积压裂成套技术等，实现了工作面顶板弱化。

20 多年来，团队还相继完成了我国数百座中小煤矿采法改革和技术升级，加快了中小煤矿产业升级和落后产能退出步伐；研发了国内首套煤矿工作面顶板灾害监测、预警系统，服务于我国 70% 以上的产煤矿区。研究成果应用于上湾煤矿 8.8m 超大采高综采、晋能控股塔山矿 20m 特厚煤层大采高综放开采及攀煤集团太平矿 70° 急倾斜煤层开采等典型煤层条件下工作面回采实践，并在山西、陕西、四川、内蒙古、新疆、甘肃、宁夏等矿区数百个煤矿得到了成功推广应用，取得了良好的社会效益。

20 多年栉风沐雨，20 多年薪火相传，团队牢记煤矿顶板安全的崇高使命，始终站在科技创新的最前沿；得益于好的时代和中煤科工开采研究院有限公司良好平台，使团队成员心无旁骛地专注创新，并有此机会将相关的成果与经验汇聚成册，献给煤炭科技事业。

本书共 8 章，第 1 章简要分析国内矿井工作面顶板灾害现状及变化趋势，对顶板灾害致灾机理、监测预警及控制技术的研究现状进行回顾；第 2 章将工作面顶板灾害分为大面积片帮冒顶、大面积突然垮落和大面积切顶压架三种类型，结合典型案例阐述以上三类顶板灾害现象及特征；第 3 章介绍支架工况多参量综合评价方法，通过构建预警指标体系和预警模型，阐述工作面矿压显现强度的分级评价方法及应用；第 4 章分析矿压规律影响因素，结合典型案例分别对浅埋煤层、坚硬顶板和非坚硬顶板等三类顶板工作面矿压显现规律及特征进行分析；第 5 章介绍均化循环概念及计算方法，选取浅埋煤层、坚硬顶板、非坚硬顶板三类典型工作面的单元循环 $\Delta F\text{-}T$ 曲线进行拟合，分析不同类型顶板的增阻特性；第 6 章介绍工作面顶板多区支承力学模型及其应用，分析工作面推进过程中顶板下沉、断裂和失稳对矿压显现及支架增阻的影响，研究顶板断裂位置、支架刚度及强度、顶板岩性等因素对顶板灾害发生的作用机制；第 7 章介绍 KJ21 顶板灾害监测预警系统和 KJ1160 矿用微震监测系统，尤其着重介绍微震井上下联合监测架构及台网空间优化方法，提出工作面顶板灾害近远场一体化监测预警技术思路；第 8 章提出顶板灾害防控策略和具体思路，以上湾煤矿、崔木煤矿、马道头煤矿、瑞丰煤矿和元宝湾煤矿为典型案例，分别从浅埋煤层顶板下沉量控制、非坚硬顶板条件提高支护刚度、高位厚硬岩层地面区域压裂弱化、中地位坚硬顶板井下"钻-切-压"弱化及房柱式采空区下长壁开采顶板灾害防控等进行介绍。

本书各章撰写人员具体如下。前言：徐刚、范志忠。第 1 章：范志忠。第 2 章：徐刚、张震、马镕山、范志忠、陆闯、张晨阳、薛吉胜、刘前进。第 3 章：徐刚、刘前进、尹希文。第 4 章：李正杰、薛吉胜、刘前进、蔺星宇、罗文、管增伦、迟国铭。第 5 章：于健浩、徐刚、范志忠。第 6 章：张春会、徐刚、范志忠。第 7 章：尹希文、陈法兵、卢振龙、张辉、王元杰、王传朋。第 8 章：徐刚、薛吉胜、黄志增、刘前进、李春睿、夏永学、陆闯、冯美华、苏波、魏斌、庞立宁、高晓进。全书由徐刚、范志忠统稿，徐刚审定。

本书在研究过程中得到了"十三五"国家重点研发计划"智能工作面开采条件实时预测与处置技术"（编号：2017YFC0804301）、"千米深井超长工作面围岩自适应智能控制开采技术"（编号：2017YFC0603005）、"特厚煤层运移、冒放理论与自动化放煤机理研究"（编号：2018YFC0604501）等课题的资助；本书的出版得到了中煤科工开采研究院有限公司的全力支持，上级单位中国煤炭科工集团有限公司、天地科技股份有限公司也给予了大量指导和帮助。

本书涉及的很多科研项目、课题是与煤炭企业、高等院校等合作完成的。在资料收集和现场考察过程中，得到了国能神东煤炭集团有限责任公司、中国中煤能源集团有限公司、晋能控股煤业集团有限公司、陕西永陇能源开发建设有限责任公司、陕西彬长矿业集团有限公司等单位的支持；康红普院士、王国法院士、黄忠教授级高工、李军涛研究员、吴拥政研究员、任艳芳研究员、鞠文君研究员、齐庆新研究员等专家在本书研究过程中给予了无私的指导，感谢我的导师宁宇研究员和闫少宏研究员多年来给予的帮助和指导，在此一并表示衷心的感谢。

徐　刚

2022 年 12 月

目　　录

第1章 绪 论

本章分析国内矿井工作面顶板灾害现状及变化趋势,对顶板灾害致灾机理、监测预警及控制技术的研究现状进行回顾,分析当前研究存在的局限性或不足,介绍本书的创新点及主要内容。

1.1 工作面顶板灾害现状

近年来,我国煤炭产量稳中有升,2021 年,全国原煤产量 41.3 亿 t,煤炭消费量占能源消费总量的 56.0%;煤炭仍然是我国的主体能源,在去产能、严管理、强技术的要求下,我国煤矿事故和死亡人数逐年下降,2021 年百万吨死亡率为 0.045,已达到或接近世界先进水平。但由于我国煤炭产量和矿井数量基数较大,且地质条件、管理水平、装备能力参差不齐,煤矿事故发生起数和死亡人数总量还是较多。从多年的事故统计可知,顶板事故一直是我国煤矿的主要事故,2013~2021 年全国煤矿事故不完全统计见表 1-1。由表 1-1 可知,顶板事故发生 864 起,死亡人数 1218 人,分别居所有事故类别第一位、第二位。

表 1-1 2013~2021 年全国煤矿各类死亡事故数据不完全统计表[1]

年份	顶板		瓦斯		机电		水灾		运输		爆破		其他		合计	
	事故起数	死亡人数	事故起数	死亡人数	事故起数	死亡人数	事故起数	死亡人数	事故起数	死亡人数	事故起数	死亡人数	事故起数	死亡人数	事故起数	死亡人数
2013	274	325	59	248	59	348	21	89	109	124	16	18	81	104	619	1256
2014	196	292	47	266	36	37	19	79	83	103	13	19	114	131	508	927
2015	134	171	45	171	31	31	12	64	62	68	7	7	59	63	350	575
2016	83	126	36	221	22	38	15	27	54	72	8	14	31	40	249	538
2017	73	86	31	132	20	22	12	18	32	42	8	8	43	67	219	375
2018	21	25	12	50	3	3	7	18	19	30	8	31	34	76	104	233
2019	29	69	16	83	4	4	9	12	24	45	1	1	57	107	135	321
2020	25	38	16	75	4	4	5	17	22	2	11		48	100	108	210
2021	29	86	29	15	12	9	15	12	3	2	17	24	91	178		
合计	864	1218	259	1220	199	511	98	328	413	513	66	111	484	712	2383	4613

顶板事故按发生地点主要分为巷道顶板事故和工作面顶板事故,本书主要探讨的是工作面顶板事故。在顶板灾害和顶板事故的界定上,主要看其影响范围,

若事故后果对生产影响不大，则可称为一般顶板事故；若波及范围广，严重影响生产，甚至造成较大人员伤亡或经济损失，则称为顶板灾害，即顶板灾害主要泛指较大型的顶板事故。按机理或表现形式，顶板灾害又分为顶板大面积切顶、大面积垮落和大面积片帮冒顶三类。

从 20 世纪 80 年代后期至 21 世纪初，我国回采工作面综合机械化发展逐渐成熟，大量推广液压支架支护顶板，工作面小范围冒顶造成的人员伤亡事故所占比例大幅下降。但是近年来，由于煤矿开采强度的加大，工作面顶板突然垮落和大面积切顶失稳造成的顶板灾害事故仍频繁发生，这些顶板灾害轻则影响工作面正常生产，重则导致人员伤亡，并引发次生灾害。近几年我国工作面顶板灾害的主要特点和危害有以下几个方面。

1.1.1　工作面顶板灾害易引起次生灾害发生

1. 损坏支架

工作面大面积突然垮落，冲击支架造成设备损坏，如塔山矿 8103 大采高综放面，工作面切顶压架造成支架顶梁、四连杆、底座频繁损坏，如图 1-1 所示。

(a) 立柱开裂　　　　　　　　　　　　　(b) 四连杆折断

图 1-1　塔山矿 8103 大采高综放面切顶压架造成支架大量损坏

2. 瓦斯爆炸

工作面顶板大面积突然垮落事故易引起瓦斯爆炸等次生灾害，如安平煤矿"3.23"重大责任事故，安平煤矿 5-1 煤层厚度 4～14m，该煤层 8117 工作面采用放顶煤采煤法，5-1 煤层上方为 4 号煤层房柱式采空区，层间距为 13～37m，8117 工作面顶板爆破诱发 4 号煤层房柱式采空区顶板突然大面积失稳，4 号煤层房柱式采空区有害气体瞬间挤入 8117 工作面，遇到冲击波损坏的电缆火花，引起 8117 工作面的瓦斯发生爆炸，导致 20 人死亡。

3. 采空区着火

工作面发生顶板灾害后，往往导致支架损坏或工况恶化，采煤机无法正常割煤，工作面处于停采状态或推进速度较慢，易引起采空区浮煤自然发火等次生灾害。如崔木煤矿 302 综放工作面，工作面频繁发生大面积切顶压架，工作面推进速度较慢，导致工作面因采空区自然发火而封闭，经济损失达 1 亿元以上。

4. 顶板溃水溃沙

工作面发生大面积切顶压架或冒顶事故后，易在煤壁处形成涌水通道，当顶板上方有含水层或松散层，易诱发顶板溃水溃沙等次生灾害，造成人员伤亡和设备损坏，如图 1-2 所示。2016 年 4 月 25 日，陕西省照金煤矿 202 综采放顶煤工作面发生一起因顶板冒顶诱发的透水事故，这次事故的主要原因是工作面周期来压期间，顶板下沉量较大，工作面支架控顶范围内顶板发生断裂，形成涌水通道，顶板水和顶板矸石及泥沙溃入工作面，造成 11 人死亡。这次事故表象是工作面溃水溃沙，但根源是煤壁处及支架上方顶板断裂形成了涌水通道。

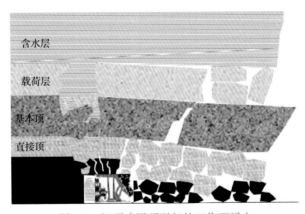

图 1-2 切顶或冒顶引起的工作面涌水

1.1.2 提高支架额定支护强度（工作阻力）并不能杜绝顶板灾害

随着我国设备制造能力的提升，支架支护强度逐步提高，很大程度上减少了工作面顶板灾害。目前，我国综放工作面支架最大工作阻力达到 21000kN，大采高支架工作阻力达到 26000kN，但支架工作阻力加大并不能完全避免顶板灾害的发生。如神东矿区的上湾煤矿 12401 工作面 8.8m 超大采高支架工作阻力达 26000kN，在初采阶段也发生过范围较大的片帮冒顶，如图 1-3 所示；鄂尔多斯地区的酸刺沟煤矿，综放工作面支架工作阻力达 15000kN，仍多次发生大面积切顶压架事故；布尔台矿综放工作面支架工作阻力达到 18000kN，工作面动压显现强烈，顶板突然失稳形成飓风,造成超前支护段帮鼓、底鼓和单体大量折损。扎赉诺尔地区的铁北、灵泉煤矿,支架工作阻力达到了 8000kN,仍发生了多次大面积切顶压架事故。

(a) 冒顶前   (b) 冒顶后

图 1-3 上湾煤矿超大采高工作面冒顶前后对比

1.1.3 非坚硬顶板工作面大面积切顶压架事故易被忽视

坚硬顶板工作面易发生大面压架事故,导致人员伤亡,目前,我国坚硬顶板工作面岩层大面积垮落灾害已受到重视。煤矿管理和技术人员一般认为非坚硬顶板不会发生大面积顶板灾害,但该类顶板发生顶板灾害的案例也非常多,如崔木煤矿和铁北煤矿属于非坚硬顶板,仍多次发生大面积切顶压架事故;阳煤一矿的8303 工作面,曾由于冒顶和压架导致工作面陷入瘫痪,如图 1-4 所示,所以,非坚硬顶板工作面事故还未引起足够重视。

 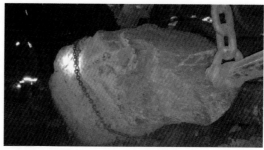

图 1-4 阳煤一矿 8303 工作面大面积切顶现场图

1.1.4 浅埋煤层顶板大面积切顶压架治理难度大

自神东矿区开发以来,我国浅埋煤层开采历时 30 多年,浅埋煤层由于基岩薄、埋深浅,回采过程中动载强烈。近年来,尽管支护强度得到大幅提升,但工作面切顶灾害一直是浅埋煤层围岩控制的核心。如石圪台矿的 31201 综采面,推进过程中曾发生多次大范围顶板整体切落事故,最严重一次压架 112 架,停产 60 天;

纳林庙二矿 4⁻¹101 综采面回采过程中，19~87 号架顶板突然沿煤壁切落，安全阀呈喷射状卸载，顶板最大下沉量达 2100mm，37 个支架被压死，20 多个支架护帮板受压切入煤壁；凯达矿 1603 工作面顶板多次沿煤壁切落，工作面支架几乎全部被压死，如图 1-5 所示。

图 1-5 凯达矿 1603 工作面大面积切顶现场

1.1.5 工作面顶板灾害是主要灾害之一

我国部分矿井工作面顶板灾害事故统计如表 1-2 所示，这些矿井管理水平和现代化水平较高，工作面支架支护强度较大，但也时常发生顶板灾害，造成工作面停产或设备损坏，甚至导致次生灾害的发生。因此，工作面顶板灾害需要引起煤矿和安全主管部门的足够重视，在日常管理中，将工作面顶板灾害作为煤矿的主要危险源来进行防控。

表 1-2 我国部分矿井工作面顶板灾害事故统计

顶板类型	矿名	工作面名称	煤厚	直接顶	支架型号	灾害类型	事故描述
浅埋煤层	榆家梁煤矿	43303-2 综采面	1.74m	粉砂岩	ZY10660/11/22	切顶压架	工作面机尾段突然来压，15min 内工作面 160~195 号支架被压死
	上湾煤矿	12211 综采面	5.6m	细粒砂岩	ZY10800/32/63	切顶压架	工作面 20~30 号、30~40 号、40~机尾支架顶板分三段相继切顶冒落
	大柳塔矿	52307 综采面	7.2m	粉砂岩	ZY18000/32/70	切顶压架	顶板失稳将支架、运输机和采煤机挤向煤壁，造成采煤机摇臂损坏
	石圪台矿	31201 综采面	3.9m	中细粒砂岩	ZY18000/25/45	切顶压架	工作面推进过程中发生 9 次大范围顶板整体切落事故，最严重一次压架 112 架，停产 60 天
	凯达矿	1603 综采面	2.3m	砂质泥岩	ZY6800/14/31	切顶压架	工作面顶板切落，40~102 号支架全部被压死
	大地精煤矿	1303 综采面	2.74m	中粒砂岩	ZY8800/17/36	切顶压架	工作面 59~84 号支架安全阀爆开，瞬间被压死，地表走向方向出现长约 40m 的塌陷区，形成了宽约 500mm、落差约 400mm 的裂缝

续表

顶板类型	矿名	工作面名称	煤厚	直接顶	支架型号	灾害类型	事故描述
浅埋煤层	纳林庙二矿	4⁻¹101综采面	4.3m	砂质泥岩	ZY8640/25.5/55	切顶压架	工作面19～87号架顶板沿煤壁切落，安全阀喷射状卸载，顶板最大下沉量达2100mm，37个支架被压死，20多个支架护帮板受压切入煤壁
非坚硬顶板	阳煤一矿	8303综采面	6.63m	黑色泥岩	ZY12000/30/68	大范围冒顶	工作面发生全局性片帮冒顶，推进速度慢，半年时间累计推进不足200m，陷入冒顶的恶性循环
	寺家庄煤矿	15106综采面	5.0m	砂质泥岩	ZY12000/30/68	大范围冒顶	冒落高度3～5m，冒落长度60～100m，支架位态差
	崔木煤矿	21301、21302	12m	砂质泥岩	ZF15000/21/38	切顶压架	工作面频发切顶压架事故，压架时支架安全阀大量开启，煤壁片帮严重，煤炮声连片，伴随顶板涌水量迅速增加
	铁北矿	右三片工作面	13.9m	煤与泥岩互层	ZF8000/18/35	切顶压架	工作面推进缓慢，支架低阻和高阻交替出现，压架时安全阀大量开启，支架无行程
坚硬顶板	小纪汗矿	11217工作面	4.92m	泥岩、粉砂质泥岩	ZY12000/28/58	大范围冒顶	工作面中部支架安全阀基本全部开启，支架活柱下缩量大，片帮严重，支架位态呈"高射炮"现象
	塔山矿	8103综放面	13.53m	粉砂岩	ZF13000/25/38	切顶压架	支架顶梁、四连杆、底座频繁损坏，压架挑顶现象频发
	安平煤矿	8117综放面	12.75m	粗砂岩	ZF10000/23/37	切顶压架	顶板大面积切落，瓦斯涌出，引发瓦斯爆炸
	千树塔煤矿	13302综放面	10.18m	长石砂岩	ZFY18000/27/50	切顶压架	顶板频繁周期性断裂失稳，对工作面支架造成冲击
	酸刺沟煤矿	6105-2综放面	14.58m	粗粒砂岩	ZF15000/26/42	切顶压架	频繁发生压架事故，形成飓风并造成支架大面积损坏

1.2 国内外相关技术发展概况和趋势

1.2.1 工作面顶板灾害机理研究

根据事故的内在机理和表现形式，将工作面顶板灾害分为工作面切顶压架、顶板大面积垮落、大范围片帮冒顶三种类型。

1. 工作面切顶压架

工作面切顶压架指的是顶板沿煤壁切落造成支架立柱活柱没有行程的情况，

如图 1-6 所示，由于煤壁处顶板断裂，支架无法支撑断裂顶板的上覆岩层载荷，支架被压死，影响工作面正常生产。这种灾害类型在浅埋煤层和松软特厚煤层中比较常见。

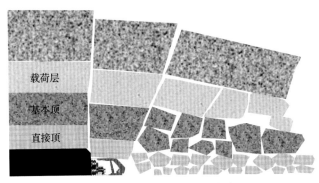

图 1-6 工作面切顶压架灾害

　　针对浅埋煤层切顶压架现象，国外的研究比较早，苏联的 M.秦巴列维奇根据莫斯科近郊煤田浅埋藏条件提出了台阶下沉假说，该假说将上覆岩层视为均匀介质，工作面顶板呈斜方六面体沿煤壁斜上方垮落直至地表，工作面支架所受载荷为控顶区内上覆岩层全部重量[2,3]。我国对浅埋煤层长壁开采回采工作面的矿压研究，主要是随着神东矿区浅埋煤层的开采而开展起来的[4]。1991 年，神东公司与相关科研院所对大柳塔煤矿试采工作面进行了现场观测，观测结果表明，工作面顶板周期来压较为明显，来压期间顶板出现台阶下沉现象，台阶下沉量为 300～600mm，逐渐认识到浅埋煤层长壁开采工作面矿压显现较明显的问题[5]。候忠杰结合浅埋煤层的基本特征，给出了上覆岩层全厚切落的判别公式，并对关键层理论在浅埋煤层中应用的判别准则做了重要补充[6]。黄庆享等给出了浅埋煤层及近浅埋煤层的科学定义，深入分析了浅埋煤层开采过程中矿压显现的基本特征，建立了浅埋煤层顶板"台阶岩梁"结构模型，给出了支架合理工作阻力的计算方法[7,8]。

　　除浅埋煤层外，松软特厚煤层工作面切顶压架灾害事故类型比较典型，只是近年才得到重视。由于大采高综放技术的发展，特厚煤层工作面一次采出煤体厚度较大，并且顶板往往为非坚硬顶板，自身难以形成有效的咬合结构，再加上连续放煤使得工作面推进速度减缓，导致顶板短时间内出现持续性下沉，安全阀大量开启，工作面支架易出现长时间承压乃至压死现象，如崔木煤矿、铁北矿等特厚煤层工作面均发生过较典型的切顶压架事故。

　　2. 顶板大面积垮落

　　顶板大面积垮落指的是工作面覆岩突然断裂或失稳造成动载或冲击灾害，该种灾害类型在坚硬顶板工作面比较常见。由于工作面顶板属厚硬岩层，悬露范围大，断裂步距长。若悬露顶板在支架后方断裂，则造成采空区冲击或形成飓风事故，如图 1-7(a) 所示，若在煤壁位置断裂，轻则造成切顶压架，重则对工作面形成冲击，造成人员伤亡或设备损坏，如图 1-7(b) 所示。

(a) 断裂线在支架后方   (b) 断裂线在煤壁位置

图 1-7 坚硬顶板突然垮落灾害

我国坚硬顶板赋存条件变化较大，厚度由几十米至几百米不等，坚硬顶板下的煤炭资源储量占到总储量的 1/3 左右，目前有近 30%的综采面属于坚硬顶板工作面，全国超过 50%的矿区存在坚硬顶板开采问题[9]。针对坚硬顶板失稳机理，康立勋等将大同矿区坚硬顶板总结为三类端面块体，并运用赤平投影判别法、矢量分析法等进行了分析，得出了坚硬顶板的平衡、失稳判据[10]；朱德仁等[11]将坚硬顶板简化为弹性基础上的板，通过对主结构块的受力、活动与平衡的分析，得出坚硬顶板工作面来压时具有较强烈的冲击载荷，该冲击载荷的强度与顶板断裂线至工作面煤壁的相对距离有关；李新元等[12]通过建立覆岩均布应力和增量应力作用的坚硬顶板初次断裂力学结构模型，推导得出弹性基础梁的能量分布计算公式，分析了工作面前方坚硬顶板断裂前后的能量积聚和能量释放分布规律；顾铁凤等[13]采用能量守恒观点和气体动力学理论，得出了飓风冲击周围煤壁及巷道时的冲击载荷及总压力，建立了飓风对煤壁及巷道的冲击破坏评价体系。

3. 大范围片帮冒顶

大范围片帮冒顶指的是架前煤壁大范围剥落或顶板大面积垮塌，威胁人员安全或正常生产的情况，该种灾害类型较普通，在非坚硬顶板的大采高工作面较为常见，如图 1-8(a) 所示，片帮冒顶发展到一定程度，导致顶板急速下沉或断裂，进而也会导致切顶压架事故，如图 1-8(b) 所示。

非坚硬顶板工作面顶板灾害的主要表现形式是工作面大面积切顶压架或大范围冒顶，其致灾因素非常多，除了煤层赋存条件外，工作面长时间停产、涌水、设备工况差和顶板管理不善等均有可能导致顶板灾害[13]。上文中提到的非坚硬顶板特指的是工作面基本顶从埋深上不属于浅埋煤层条件，从强度上又不属于厚硬难冒顶板，但其发生顶板灾害的频率又非常高，该类顶板灾害无论从发生机理还

(a) 工作面片帮冒顶

切顶线

(b) 片帮冒顶导致切顶压架

图 1-8　工作面大范围片帮冒顶

是表现形式均不同于上述两种顶板条件，其涵盖了除浅埋煤层和坚硬顶板外的几乎所有顶板类型。

非坚硬顶板变形存在蠕变效应，在检修或停产期间工作面顶板的缓慢活动易引发压架灾害，预测检修或停产期间覆岩活动和支架工作阻力演化是避免压架灾害防治的关键。刘金海等分析了停产期间支架工作阻力的演化过程，研究了深厚表土综放面支架载荷的时间效应及产生机制，认为控制停产时间和利用支架活柱"下缩让压"特性，可有效控制支架载荷时间效应的危害[15]。尹希文将采煤循环内支架与围岩的作用过程分为给定变形和给定载荷两个阶段，分析了液压支架的动态增阻函数，认为在给定变形阶段液压支架时间序列曲线符合对数函数，在给定载荷阶段符合指数函数[16]。本书作者研究了基本顶抗拉强度、作用载荷和顶板厚度对拉破断临界支护强度的影响，提出了综放工作面基本顶煤壁处断裂和压架灾害预报技术思路，进一步建立了综放工作面宏观顶板缓慢活动增阻预测模型[17,18]。

许家林等研究了松散承压含水层下重复采动对覆岩破断特征的影响，提出了松散承压含水层下采煤的"释压开采"方法，即弱化承压含水层对下部岩层的载荷传递作用，从而避免承压含水层下采煤压架突水事故[19]。

在工作面片帮冒顶机理研究方面，王家臣详细分析了极软煤层煤壁片帮冒顶机理，在防治极软煤层煤壁片帮方面，提出了减缓煤壁压力和提高煤体抗剪强度等两个主要技术途径[20]。涂敏和张东升分析了弱黏结顶板厚煤层综放开采覆岩移动及矿压特征，提出了覆岩散体拱结构的拉伸-压缩复合失稳、剪切失稳等失稳模式[21]。

1.2.2　工作面矿压及灾害监测技术

顶板灾害监测技术主要是指监测顶板应力、应变为代表的矿压监测系统，如工作面支架工作阻力监测系统、巷道离层监测系统等。近年来，矿压监测仪器的发展方向更加清晰，与顶板灾害监测及预警技术的结合更加紧密，通过借助网络、物联网和人工智能等先进技术，最大限度地获取、存储、管理、分析工作面围岩灾变过程大数据，研发顶板灾害判识预警模型及方法，建立顶板灾害监控预警指标及预警准则，并对顶板危险情况进行分类，实现顶板灾害的智能化、实时监控与预警。

中煤科工开采研究院有限公司等对顶板灾害致灾因素、机理及防治方法进行了深入研究，研制了 KJ21 顶板灾害监测预警系统用于顶板的实时监测，主要关键技术包括：①在预警指标的实时、自动分析算法方面，将初撑力合格率、安全阀开启率、支架不保压率、不平衡率、顶板周期来压步距、应力和地质异常区域作为采场顶板灾害的 6 个预警指标；②在预警技术领域，开发了监测支架工作阻力、煤岩体应力、顶板离层等多参量的综合预警体系及 P-T 曲线有效数据的智能化采样模式；③在顶板灾害监测预警系统架构上，将互联网、软件、控制器局域网络(controller area network, CAN)总线技术与矿压理论及现场实践融合于一体，不仅具有数据融合分析及预警功能，在实践应用中还可辅以工作面快速推进，提高初撑力等综合技术措施，实现了顶板状况的智能感知。柴敬等采用布里渊型分布式光纤传感器(BOTDA)对覆岩动态变形进行了监测研究，认为传感光纤频移峰值在数值、位置、形状上的变化可以反映覆岩关键层弯曲变形、破断、回转的动态演化过程[22]；程敬义等提出了综采工作面支架与顶板状态智能感知技术，研究了安全阀开启、割煤及邻架移架、地质等多种因素影响下单台支架承载特征及支架群组载荷转移分布规律[23]；欧阳振华等采用自震式微震监测技术开展了浅埋煤层动载矿压预测，将微震事件数和微震总能量作为周期来压和动载矿压的监测预警指标，研究认为微震监测结果和工作面矿压观测结果存在密切关系[24]。

1.2.3　顶板灾害控制技术

目前，针对坚硬顶板控制主要采用强度弱化法，具体方法是对工作面顶板采取一定的措施，使顶板的岩石强度减弱和裂隙增加，消除应力集中，成为易垮落岩层，包括注水弱化、高压致裂和深孔爆破三种方法。

1. 注水弱化法

岩石内所含的胶结物和部分可溶矿物具有亲水性，岩石受水侵蚀后，其强度会降低。因此，通过注水可以改变岩石的强度和变形特征，减小坚硬顶板垮落步距，达到降低坚硬顶板动力灾害危险的目的。该方法是沿专用巷道或回(进)风巷超前工作面向坚硬顶板打深钻孔，通过钻孔向坚硬顶板内注水，从而降低岩体强度，减小顶板的悬顶面积。该方法适用于吸水性较强并且吸水之后强度明显降低的坚硬顶板。

20 世纪 80~90 年代，注水弱化法在我国大同矿务局等进行了广泛应用，取得了较好的效果。但是该方法存在效率低、适用范围小、对某些顶板软化效果差及注水成本高等缺点。

2. 高压致裂法

高压致裂法是在注水弱化法的基础上增加了注水时的压力，高压水可以透过坚硬顶板的节理、裂隙等渗流，在溶解胶结物和可溶矿物的同时，利用水压强制增加坚硬顶板节理裂隙的数量和尺寸，最终达到弱化顶板的目的，其钻孔布置方式与注水弱化法基本相同。该方法较注水弱化法的适用范围更广一些，是波兰、澳大利亚等国家处理坚硬顶板采用的主要方法。目前，高压致裂法在我国蒙陕矿区得到了大范围推广应用。

3. 深孔爆破法

深孔爆破法是在专用切眼、巷道或者回(进)风巷内，以一定间距向坚硬顶板内打深钻孔，其钻孔布置方式与注水弱化法类似，然后采用炸药爆破的方式松动顶板，在未受采动影响的坚硬顶板内，预先形成破碎区和裂隙区，使岩体整体性受到破坏，达到坚硬顶板弱化的目的。该方法对地质和技术条件适应性强，简单易行，能有效减小坚硬顶板的强度，在苏联和我国许多矿井进行了成功应用。但是，该方法仍存在施工量和炸药消耗量大、污染井下空气、不适用于高瓦斯矿井、爆破间距控制难度大、顶板弱化效果差等缺点。

1.3 已有研究存在的问题

综上所述，我国科研工作者和现场工程技术人员对工作面顶板灾害机理、监测预警和防治技术进行了大量的研究，对减少工作面顶板灾害发挥了重要的作用，但由于客观条件的限制等，仍存在如下问题。

(1)顶板灾害机理研究多是从理论方面研究顶板活动规律，忽略了矿压监测数据的利用和分析，一些顶板活动理论模型非常复杂，参数难以确定，很难应用于实际工程中，如海量矿压数据的分析没有与工作面具体顶板类型相结合，顶板灾害发生前兆信息没有体现大数据等先进研究手段的应用；不同顶板条件工作面支架工作阻力曲线(F-T 曲线)增阻规律和工作面来压规律没有量化分析，从而无法在同一维度下对不同工作面矿压显现强度进行对比或分类。

(2)已有研究一般从静态角度研究上覆岩层和顶板活动规律，重点关注顶板活动瞬时状态，如断裂、失稳等，无法解释支架循环内工作阻力增阻过程。实际的顶板活动是一个过程，具有明显的时间效应，特别是较软顶板时间效应更为明显。研究工作面顶板缓慢活动及时间效应对顶板稳定性、支架增阻等的影响具有重要意义。

(3)已有的矿压显现监测系统，仅涉及数据的采集、上传、存储，存在关键数据遗漏或数据冗余等问题，分析指标单一，工作面矿压监测分析或顶板灾害预警功能薄弱，无法实现近场和远场顶板活动的融合监测和分析。

(4)现有的工作面顶板灾害防治技术，主要技术途径为提高支架支护强度或弱化顶板，而没有从源头上根据工作面顶板类型在采前对采法和工作面参数进行优化，在回采过程中加强监测和预警及支护质量管理，存在忽视支架工况对顶板灾害的影响，在顶板灾害存在隐患时对顶板加以处理多是被动的，顶板灾害需要逐阶段采取不同的防治策略。

1.4　本书创新点及主要内容

基于大数据技术对多个矿区相应条件顶板灾害案例进行深入研究，聚焦工作面顶板类型与灾害发生的因果关系，分析不同顶板条件下矿压显现规律和灾害特点；研制工作面顶板灾害近远场实时监测及预警平台，结合海量矿压监测数据，用宏观顶板 F-T 曲线来解释工作面的矿压显现和顶板灾害致灾过程及机理，将矿压理论与信息技术和开采实践相结合，以大数据云图形式直观显示周期来压或顶板压力状况；基于煤层赋存条件和顶板活动特征，构建工作面顶板来压强度分级评价模型，开发针对不同地质条件的工作面顶板灾害控制技术，本书的总体框架如图1-9所示，具体内容如下。

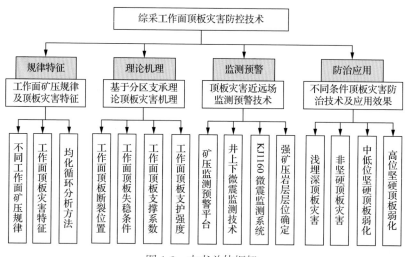

图1-9　本书总体框架

1. 工作面顶板灾害类型、特点及典型案例

将工作面顶板灾害分为大面积片帮冒顶、大面积突然垮落和大面积切顶压架三种类型，结合典型案例，对各种异常矿压显现或顶板灾害致灾过程及影响因素

进行分析，分别分析上述三类顶板灾害特征及机理。

2. 工作面矿压显现定量化分析方法

工作面顶板灾害预防和防治核心在于掌握矿压显现规律和支护质量管理，其前提是要进行工作面矿压数据的监测、采集和分析，介绍了工作面矿压数据类型及监测方法、支架工作阻力相关概念、支架工作阻力曲线（F-$T(S)$ 曲线）、工作面支架工况多参量分析方法、工作面矿压显现强度分析及评价技术等。

3. 我国不同地质条件工作面矿压显现规律及特征

工作面矿压显现规律的影响因素较多，如地质条件、采煤方法、管理水平等，不同地质条件下工作面矿压显现规律不同，来压时和发生顶板灾害时的特征也有较大区别；根据顶板岩性、来压特征和灾害表现形式，分别对浅埋煤层、坚硬顶板、非坚硬顶板等三类顶板工作面矿压显现规律及特征进行分析。

4. 支架工作阻力均化循环及增阻特性

针对前述矿压分析中存在的问题，提出了支架增阻特性的均化循环分析方法，即采用大数据分析方法，通过建立均化循环函数，以割煤循环为单位对支架增阻特性进行分析，实现不同类型顶板条件下工作面矿压的定量化研究。

5. 基于分区支承理论的顶板岩层断裂及失稳机理研究

根据工作面采动影响区沿走向方向顶板支护体和支护强度的不同，建立工作面分区支承模型，将工作面顶板分区支承结构分为 4 个区域(有的支承结构分为 2~3 个区域)，研究顶板分别在工作面前方、支架上方、采空区断裂处对顶板灾害发生的影响程度，并分析不同断裂位置的条件和影响因素，分析不同位置顶板断裂形成的结构形式、岩块间的力学关系及该结构的失稳条件。

6. 工作面顶板灾害近远场监测预警技术

介绍了近场 KJ21 顶板灾害监测预警系统和远场 KJ1160 矿用微震监测系统的具体功能；针对震源和深度定位误差较大、覆岩断裂监测精度低等难题，进一步介绍首创的远场覆岩断裂失稳井上下联合监测系统架构及应用；通过统筹采场围岩位移、支架压力监测与高位覆岩的断裂和失稳监测，解决顶板灾害监测预警手段单一、系统间信息融合共享度差等难题，实现顶板灾害多维立体监测及预警。

7. 工作面顶板灾害防治技术及现场应用

介绍采前优化设计、采中监测预警和人工强制干预的顶板灾害分阶段防控思路及现场典型案例，主要包括：针对浅埋煤层工作面频发的切顶压架灾害，以上湾矿浅埋大采高综采为典型案例,介绍近远场协同监测预防工作面切顶技术的现场应用;针对非坚硬顶板工作面大面积压架灾害,以崔木煤矿特厚煤层综放开采为典型案例,介绍厚含水层下大面积压架灾害综合治理技术的现场应用;针对坚硬顶板造成的工作面局部应力集中及对巷道的破坏,以同煤集团马道头煤矿厚层坚硬顶板工作面为典型案例,介绍工作面大面积悬顶地面压裂技术的现场应用等。

参 考 文 献

[1] 许鹏飞. 2000-2021 年我国煤矿事故特征及发生规律研究[J]. 煤炭工程, 2022, 54(7): 129-133.

[2] 薛东杰, 周宏伟, 任伟光, 等. 浅埋深薄基岩煤层组开采采动裂隙演化及台阶式切落形成机制[J]. 煤炭学报, 2015, (8): 40-46.

[3] 汪北方, 梁冰, 孙可明, 等. 典型浅埋煤层长壁开采覆岩采动响应与控制研究[J]. 岩土力学, 2017, 38(9): 2693-2700.

[4] 黄庆享. 浅埋煤层长壁开采顶板结构及岩层控制研究[M]. 徐州: 中国矿业大学出版社, 2000.

[5] 范立民. 试论影响综采的地质因素与对策[J]. 中国煤田地质, 1993, (2): 51-54, 79.

[6] 侯忠杰. 断裂带老顶的判别准则及在浅埋煤层中的应用[J]. 煤炭学报, 2003, (1): 10-14.

[7] 黄庆享, 周金龙, 马龙涛, 等. 近浅埋煤层大采高工作面双关键层结构分析[J]. 煤炭学报, 2017, 42(10): 2504-2510.

[8] 黄庆享, 刘文岗, 田银素. 近浅埋煤层大采高矿压显现规律实测研究[J]. 采矿与安全工程学报, 2003, (3): 58-59.

[9] 朱雁辉. 坚硬顶板大采高采场围岩控制技术研究[D]. 太原: 太原理工大学, 2015.

[10] 康立勋, 钱鸣高. 大同综采工作面直接顶端面块体失稳与平衡分析[J]. 煤炭学报, 1999, 24(3): 247-251.

[11] 朱德仁, 钱鸣高, 徐林生. 坚硬顶板来压控制的探讨[J]. 煤炭学报, 1991, (2): 11-20.

[12] 李新元, 马念杰, 钟亚平, 等. 坚硬顶板断裂过程中弹性能量积聚与释放的分布规律[J]. 岩石力学与工程学报, 2007, 26(S1): 2786.

[13] 顾铁凤, 宋选民. 封闭采空区顶板垮落-空气冲击耦合模型与差分解法[J]. 煤炭学报, 2008, 33(11): 1211-1215.

[14] 许家林, 朱卫兵, 鞠金峰, 等. 采场大面积压架冒顶事故防治技术研究[J]. 煤炭科学技术, 2015, (6): 4-11, 50.

[15] 刘金海, 冯涛, 谢宏. 深厚表土综放面支架载荷时间效应实测研究[J]. 湖南科技大学学报: 自然科学版, 2014(1): 21-25.

[16] 尹希文. 综采工作面支架与围岩双周期动态作用机理研究[J]. 煤炭学报, 2017, 42(279): 12-20.

[17] 徐刚, 宁宇, 闫少宏. 工作面上覆岩层蠕变活动对支架工作阻力的影响[J]. 煤炭学报, 2016, (6): 1354-1359.

[18] 徐刚. 综放工作面切顶压架机理及应用研究[D]. 北京: 煤炭科学研究总院, 2019.

[19] 许家林, 朱卫兵, 王晓振. 松散承压含水层下采煤突水机理与防治研究[J]. 采矿与安全工程学报, 2011, 28(3): 333-339.

[20] 王家臣. 极软厚煤层煤壁片帮与防治机理[J]. 煤炭学报, 2007, (8): 3-6.

[21] 涂敏, 张东升. 厚松散层下煤层开采顶板垮落规律研究[J]. 矿山压力与顶板管理, 2004, (4): 12-15.

[22] 柴敬, 雷武林, 杜文刚, 等. 分布式光纤监测的采场巨厚复合关键层变形试验研究[J]. 煤炭学报, 2020, 45(1): 44-53.

[23] 程敬义, 万志军, Peng Syd S, 等. 基于海量矿压监测数据的采场支架与顶板状态智能感知技术[J]. 煤炭学报, 2020, 45(6): 2090-2103.

[24] 欧阳振华, 孔令海, 齐庆新, 等. 自震式微震监测技术及其在浅埋煤层动载矿压预测中的应用[J]. 煤炭学报, 2018, 43(z1): 44-51.

第 2 章 工作面顶板灾害类型、案例及特点

基于煤层赋存条件、矿压显现特征及机理、顶板事故案例等分析结果，将工作面顶板灾害分为大面积片帮冒顶、大面积突然垮落和大面积切顶压架三种类型，本章分析了我国部分矿区工作面顶板灾害典型案例，阐述了以上三类顶板灾害现象及特征。

2.1 工作面大面积片帮冒顶灾害

2.1.1 定义及现象

工作面片帮是指工作面煤壁发生破坏，煤体从煤壁缓慢或突然掉落(崩落)的矿压显现；冒顶是指工作面支架上方和控顶区顶板发生冒落[1]。片帮和冒顶相互影响，一方面片帮造成空顶范围加大，引起冒顶；另一方面冒顶导致支架不接顶，应力转移至煤壁，引起片帮[2]。片帮、冒顶在每个回采工作面都有可能不同程度地发生，有的工作面较为严重，有的工作面较轻，片帮和冒顶不一定造成顶板灾害[3]。

工作面片帮冒顶灾害是指片帮冒顶导致机道满载煤或矸石，如图 2-1 所示，采煤机无法正常割煤，刮板输送机无法启动，冒顶空间较大，支架接顶效果差，从而导致支架倒架和无法移架，或由于片帮冒顶造成人员伤亡事故，该类事故多发生于非坚硬顶板条件工作面。

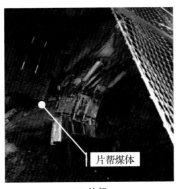
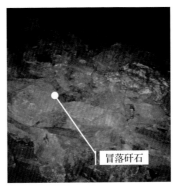

(a) 片帮   (b) 冒顶

图 2-1 工作面片帮冒顶现场照片

2.1.2 典型案例

阳煤一矿 8303 大采高综采工作面埋深为 527.3～587.9m，煤层厚度为 6.5～6.8m，平均为 6.63m，煤层倾角为 1°～17°，平均为 5°，煤层节理发育。伪顶为 1～2m 厚的黑色泥岩，性脆；直接顶为 10m 厚的泥岩和石灰岩互层，属典型的"五花肉"顶板，如图 2-2 所示。该类顶板受地质构造影响较大，一旦灰岩夹层变薄或节理裂隙充分发育，承载能力便大幅度降低[4]。

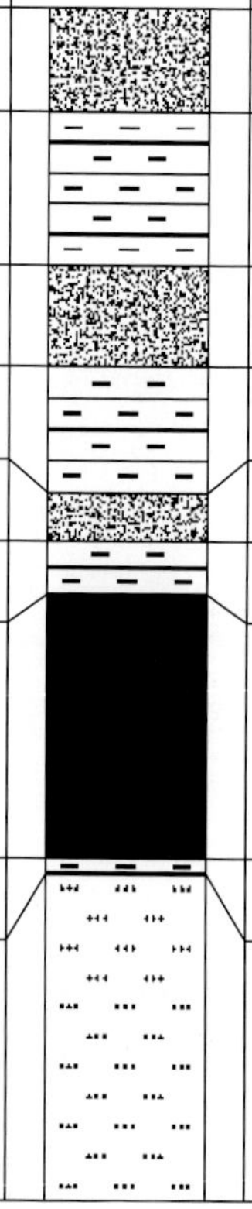

厚度/m	柱状	岩性	特征
2.30～2.33 / 2.32		石灰岩	灰色，致密，坚硬，含方解石脉及动物化石
2.88～3.85 / 3.37		黑色泥岩	黑色，具水平层理，致密
0.76～3.78 / 2.27		石灰岩	致密，坚硬，裂隙发育，充填有方解石脉
1.11～4.41 / 2.76		泥岩	黑色，性脆，断口平坦，含少量钙质
0.50～1.65 / 1.08		石灰岩	致密，坚硬，裂隙发育，充填有方解石脉
1.09～1.29 / 1.19		泥岩	黑色，致密，性脆
5.75～5.90 / 5.83		15煤	结构简单，以镜煤为主，半光亮型
0.10～0.56 / 0.33		泥岩	灰黑色，具水平层理，致密
7.17～7.30 / 7.24		细砂岩	灰色，颗粒较均一，泥质胶结，具水平层理

图 2-2　阳煤一矿"五花肉"顶板结构示意图

厚度数值为 $\dfrac{最小值～最大值}{平均值}$

由于特殊的"五花肉"顶板结构，其承载能力低，伪顶和直接顶裂隙发育导致顶板破碎严重，停产后顶板下沉量大，断层和褶曲导致大角度仰采及支架工况变差等一系列问题，使得工作面片帮冒顶严重，如图 2-3 所示。工作面屡屡陷入冒顶—注浆—冒顶的恶性循环，工作面推进速度慢，最后不得不提前回撤。片帮冒顶现场如图 2-4 所示。

(a) 帮板状态　　　　　　　　　(b) 四连杆呈"后蹲"状态

图 2-3　工作面大面积片帮冒顶后支架恶劣工况

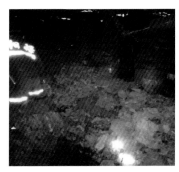
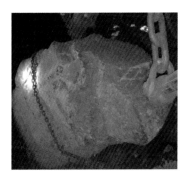

(a) 机道矸石人工清理　　　　　　(b) 大块矸石爆破处理

图 2-4　工作面片帮冒顶矸石人工处理

2.1.3　致灾机理及原因

工作面大面积片帮冒顶致灾因素较多,地质条件方面包括煤岩体较软或破碎、沿走向方向仰采角度大;采煤方法及开采参数方面包括采煤方法选择不合理、采高确定不合理;顶板和采煤管理方面包括支架初撑力较低、支架支撑效率较低、工作面推进速度较慢、支架移架和护帮不及时等。

1. 顶板因素

以阳煤一矿 8303 工作面为例,其属于典型的"五花肉"顶板,经现场原位强度测试,顶板存在明显的软-硬复合结构,如图 2-5 所示。除泥岩性脆外,直接顶石灰岩的原生裂隙十分发育,裂隙内为白色方解石充填物,在很大程度上降低了直接顶岩体的强度和整体性,受采动影响易碎裂,如图 2-6 所示。

2. 采高因素

随着采高的增大,煤壁的稳定性降低。阳煤一矿的观测数据表明,随着采高

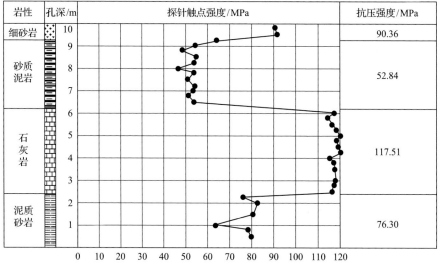

图 2-5　顶板岩层强度原位测试结果

(a) 脆性泥岩　　　　　　　(b) 石灰岩节理裂隙发育

图 2-6　工作面顶板现场图

的增大，工作面片帮的频次和面积均呈增高趋势。统计数据表明，工作面片帮面积与采高整体呈幂函数的增长关系，当采高大于 5.5m 后，工作面片帮面积大于 40m^2，片帮程度迅速增大，如图 2-7 所示。

3. 工作面仰采对大采高开采的影响

工作面仰采时，支架位姿控制困难，极易出现如图 2-8 所示的线接触状态，使得工作面控顶距变大，导致支架顶梁前端不接顶而出现架前冒顶。

图 2-9 为阳煤一矿 8303 工作面仰采角度分析，从图 2-9(a)可以看出，在工作面推进方向上，顺槽坡度变化较频繁，但整体趋势呈仰斜状态。由于工作面构造复杂，在大褶曲内存在小褶曲，两条顺槽从走向上近似"麻花状"，导致煤层起伏角度大，易出现大角度仰斜现象，而且一定程度上也破坏了顶板的完整性。

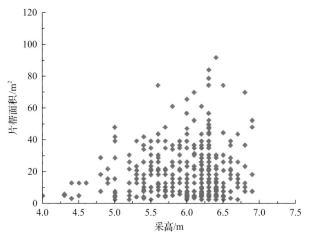

图 2-7 片帮面积随采高变化趋势

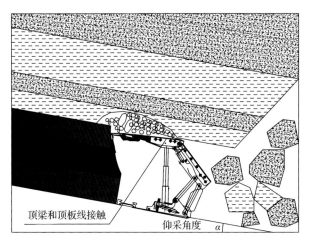

图 2-8 工作面仰采片帮冒顶机理

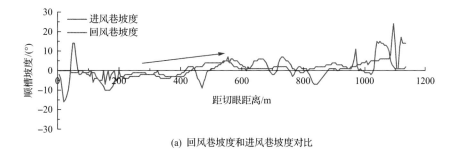

(a) 回风巷坡度和进风巷坡度对比

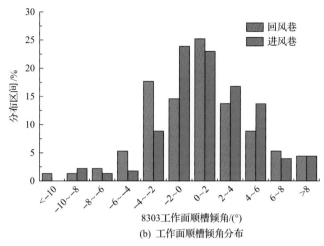

(b) 工作面顺槽倾角分布

图 2-9 阳煤一矿 8303 工作面仰采角度分析

仰采工作面顶板会产生向采空区方向的分力,使顶板岩层受拉力作用,更容易产生裂隙,仰采使得工作面顶板产生采空区的水平分力,该分力以摩擦力的形式作用在支架顶梁上,使得支架具有向后方采空区倾倒的趋势。同时仰采也使得煤壁产生向采空区方向的位移分量,靠近顶板的煤层三角区域,更容易诱发煤壁片帮和挤出现象。

2.2 工作面顶板大面积突然垮落灾害

2.2.1 定义及现象

工作面顶板大面积突然垮落灾害分为房柱式采空区顶板大面积突然垮落和长壁工作面顶板大面积突然垮落灾害,前者为房柱式回采工作面在回采过程中,由于部分煤柱破坏,引起其余煤柱连锁失稳,导致顶板大面积突然瞬时垮落,引起飓风,损坏工作面设备,造成人员伤亡[5],如图 2-10 所示;后者为长壁工作面在

(a) 突然垮落前　　　　　　　　　　　　　　　(b) 突然垮落后

图 2-10 房柱式采空区顶板大面积突然垮落示意图

回采过程中，由于顶板悬顶面积较大，突然垮落，形成飓风，如图 2-11 所示，影响工作面正常生产，造成设备损坏和人员伤亡，该类事故多发于坚硬顶板条件工作面。工作面顶板大面积突然垮落灾害的显著特点为瞬时发生。

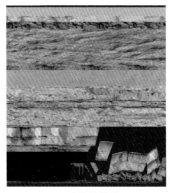

(a) 突然垮落前　　　　　　　　　　(b) 突然垮落后

图 2-11　长壁工作面顶板大面积突然垮落示意图

2.2.2　典型案例

1. 安平煤业房柱式采空区顶板大面积突然垮落事故

1) 矿井及工作面地质条件

安平煤业 8117 工作面开采一盘区 5-1 号煤层，煤层赋存深度 200m 左右，煤厚 3.2～8.78m，煤层结构简单，工作面采用走向长壁后退式综采放顶煤开采，基本支架为 ZF13000/23/42 型支撑掩护式低位放顶煤支架，采用全部垮落法管理顶板。工作面呈"刀把式"布置，其中里切眼长 130m，外切眼长 70m，两顺槽长约 1040m。工作面于 2015 年 12 月 27 日开始回采，发生事故时，工作面与外切眼延长段对齐，形成倾斜长 200m 的工作面。

工作面上覆 4 号煤层存在以外切眼为界，以里未采，以外为整合前安平煤业的巷采采空区，与 5-1 号煤层平均间距为 18.52m，工作面伪顶为炭质泥岩、页岩，厚度 0～0.4m，平均 0.2m；直接顶为粗砂岩、砂质泥岩、炭质泥岩，厚度 0.73～9.3m；基本顶以粗砂岩为主，厚度 13～29.6m，平均 24m。

2) 8117 工作面顶板弱化情况

在事故发生前，工作面共进行过 3 次顶板弱化处理，第一次为 2015 年 12 月 24 日、25 日，工作面开采之前对顶板进行了预裂爆破；第二次为 2016 年 1 月 2 日，工作面推进至 30m 时，对顶板进行了强制放顶；第三次为 2016 年 3 月 23 日事故发生前，工作面推进至与外切眼对接位置时，对外切眼 70m 延长段顶板进行预裂爆破。

3）事故发生过程

2016 年 3 月 23 日 21:30，现场操作人员完成工作面外切眼预裂爆破孔炸药的装药工作，相关技术人员开始在回风顺槽风门外设置放炮警戒，约 20min 后工作面方向传来响声，风门被突然吹开，有黑烟吹出，并伴随有呛人气味，随后第二股气流冲出，现场人员被气流冲倒，约 22:08，监控系统显示 8117 工作面 CO 浓度超限，井下工业电视黑屏，变电所门被气流吹坏，井口吹出黑烟。

4）事故类别及原因

该事故属于顶板大面积突然垮落导致瓦斯爆炸，即在 8117 工作面 70m 延长段实施顶板预裂爆破诱发了采空区顶板大面积瞬间垮落（垮落时间为 3 月 23 日 22:07:37）。顶板大面积瞬间垮落压出采空区内瓦斯等有毒有害气体形成了冲击波，顶板大面积瞬间垮落时，采空区处于爆炸浓度范围内的瓦斯逆流进入皮带进风巷，造成皮带进风巷距工作面机头 243m 处的 10kV 高压电缆受外力撞击破坏，产生电火花引爆瓦斯（爆炸时间为 3 月 23 日 22:07:50），顶板大面积瞬间垮落形成的冲击波和瓦斯爆炸产生的冲击波叠加，加剧了工作面和盘区内设备的损坏和人员伤亡[6]。

2. 酸刺沟煤矿综放工作面大面积顶板突然垮落事故

1）矿井及工作面地质条件

酸刺沟煤矿 6^{上}105-2 工作面位于酸刺沟井田南部一盘区 6^{上}煤层，东邻 6^{上}107 胶运顺槽和 6^{上}107 工作面未开采煤体，西邻 6^{上}103-2 工作面采空区，南邻 6^{上}煤 105-1 工作面与 6^{上}煤 105-2 工作面之间煤柱，北邻 6^{上}105-2 主设备撤出巷。工作面埋深 204～380m，工作面走向长度 1356m，倾斜长度 245m。6^{上}煤平均厚度 7.14m，煤层倾角 0°～5°。工作面内钻孔柱状图如图 2-12 所示，煤层上方直接顶厚度为 3.15m，直接顶上方 41.16m 的粗粒砂岩，从柱状图顶板描述、岩性、厚度来看，顶板完整性较好。

工作面采用 ZF15000/24/45 型四柱支撑掩护式低位放顶煤支架，支护强度为 1.45MPa，支架额定初撑力为 12818kN，共安装 144 台支架，包含 1 台排头支架，7 台过渡架。乳化液泵站是大流量成套泵站，额定压力为 37.5MPa，额定流量为 1350L/min，共 4 台。工作面采掘工程平面图如图 2-13 所示。

2）工作面突然垮落过程及灾害情况

酸刺沟煤矿 6^{上}105-2 工作面推进至 60.9m 时，顶板开始垮落，推进至 81m 时，80～120 号支架来压，来压时顶板对支架有冲击，导致部分支架损坏，工作面停

岩层柱状	厚度/m	埋深/m	岩性	岩性描述
	41.16	167.80	粗粒砂岩	灰白色，以石英为主，含少量云母、长石及炭屑，分选中等，胶结致密，泥质填隙
	1.11	168.91	中粒砂岩	灰白色，以石英砾岩为主，胶结松散，易破碎，泥质填隙
	0.90	169.81	砾岩	灰白色，以石英砾为主，次圆状，孔隙式胶结，松软易破碎，泥质填隙
	1.44	170.95	粗粒砂岩	灰白色，以石英为主，含少量云母、长石及炭屑，分选中等，泥质填隙
	14.58	185.53	煤	黑色，层状，亮煤，黑褐色条痕，沥青光泽，含黄铁矿，松散

图 2-12 $6^{上}$105-2 工作面内钻孔柱状图

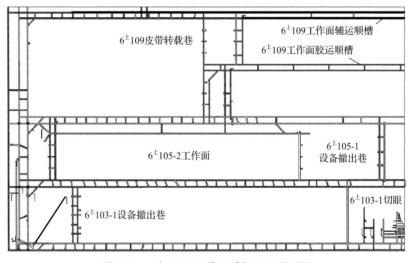

图 2-13 $6^{上}$105-2 工作面采掘工程平面图

滞 4 天后，顶板大面积垮落产生飓风，工作面和巷道人员感觉到不同程度的冲击波，并有支架损坏，如图 2-14 所示，随着工作面的推进顶板不时垮落，在推进至155m 和 182m 时，工作面发生较大范围的来压，支架安全阀大量开启，如图 2-15所示，多台支架损坏，其工作面顶板来压及垮落情况见表 2-1。

3) 顶板大面积垮落灾害原因

工作面推进过程中，特别是在初采期间，来压步距较大，动载系数大，矿压显现强烈，基本顶周期来压步距为 15.3～27m，平均为 20.1m，来压动载系数为 1.15～1.83，平均为 1.42，来压期间支架工作阻力为 7044～13756kN，平均为 11058kN，初采期间周期来压特征统计见表 2-2。工作面正常回采时(从 6 月 13 日 到 7 月 13 日)，支架压力云图如图 2-16 所示，来压步距基本在 20m 左右，顶板 垮落步距较大。6^{上}105-2 工作面发生大面积垮落的主要原因是顶板整体性好，不 能及时垮落[7]。

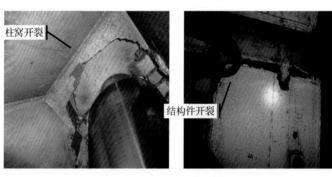

图 2-14　工作面支架损坏照片

表 2-1　6^{上}105-2 工作面顶板来压及垮落情况

日期	工作面推进距离/m	顶板来压及垮落情况
3 月 9 日	60.9	机头～100 号支架顶板开始垮落
3 月 10 日	57.9	100 号支架～机尾
3 月 14 日	78.5	10～50 号支架顶板垮落
3 月 18 日	81	80～120 号支架来压，支架损坏
3 月 22 日	81	产生飓风
4 月 2 日	96	整个工作面来压
4 月 5 日	111	机头压力较大
4 月 7 日	112.3	70～130 号支架来压
4 月 8 日	120.1	1～26 号支架来压
4 月 11 日	134.7	70～100 号支架、机尾来压
4 月 14 日	155	35～60 号支架、85～125 号支架区域来压，支架损坏
4 月 22 日	182	5～40 号支架、85～105 号支架来压，支架损坏

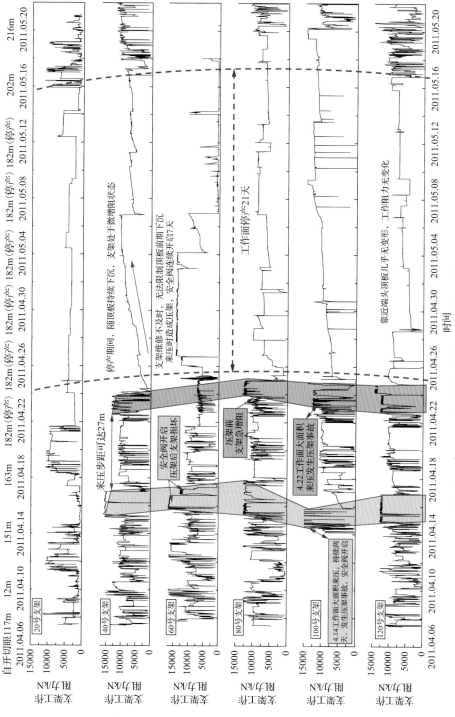

图2-15　6上105-2工作面压架段支架工作阻力曲线(2011.04.06～2011.05.20)

表 2-2   6$^\text{上}$105-2 工作面初采期间支架周期来压特征

支架号	来压期间循环末阻力/kN	来压动载系数	来压步距/m
10	10934	1.15	19.8
20	10624	1.20	18.9
30	9816	1.17	20.7
40	13756	1.35	27.0
50	13620	1.57	17.3
60	13398	1.60	24.2
70	7044	1.40	18.8
80	11077	1.23	21.3
90	12344	1.73	15.3
100	12780	1.50	15.5
110	9617	1.33	21.0
120	13127	1.43	20.3
130	9318	1.40	18.8
140	7356	1.83	22.3
平均值	11058	1.42	20.1

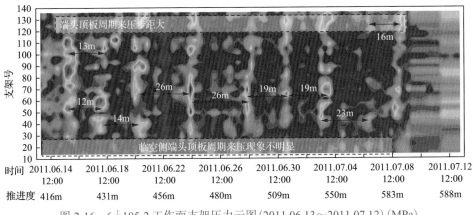

图 2-16   6$^\text{上}$105-2 工作面支架压力云图(2011.06.13～2011.07.12)(MPa)

3. 千树塔煤矿综放工作面大面积顶板突然垮落事故

1)矿井及工作面地质条件

千树塔煤矿开采 3 号煤层,11302 工作面走向长度 2000m,倾向长度 150m,煤层倾角 1°～2°,埋深约 150m,煤层厚度为 9.75～11.21m,平均为 10.61m,采用一次采全厚综采放顶煤开采,割煤高度 4.3m,放煤高度 6.3m。煤层单轴抗压强度平均为 25MPa,为浅埋坚硬特厚煤层。煤层直接顶板以泥岩为主,粉砂质泥岩、粉砂岩次之;基本顶为长石砂岩,平均厚度达 16m,强度较高;底板以泥岩、粉砂质泥岩为主。煤层顶底板情况见表 2-3,工作面液压支架参数见表 2-4,钻孔柱状图如图 2-17 所示。

表 2-3 煤层顶底板情况

顶板名称	岩石名称	厚度/m	岩性特征
基本顶	长石砂岩	$\dfrac{10.67 \sim 22.65}{16.66}$	以灰白色层状中粒长石砂岩为主,孔隙式泥质胶结,交错层理发育,普氏系数为 3～6
直接顶	泥岩	$\dfrac{0.59 \sim 0.69}{0.64}$	灰黑色泥岩,水平层理发育,含煤纹
直接底	泥岩、粉砂岩	$\dfrac{1.1 \sim 2.26}{1.68}$	深灰色中厚粉砂岩,水平层理发育,顶部为含灰泥岩
老底	粉砂岩、长石砂岩	$\dfrac{1.41 \sim 4.7}{3.05}$	灰色中厚层状粉砂岩,微波状层理,灰白色中厚层状细粒长石砂岩,波状层理

表 2-4 千树塔煤矿工作面液压支架参数

各项参数	中间液压支架	过渡液压支架
型号	ZFY18000/27/50 两柱掩护式放顶煤支架	ZFG18000/28.5/49 四柱支撑掩护式过渡支架
支架高度	2700～5000mm	2850～4900mm
支架宽度	1980～2150mm	1960～2160mm
中心距	2050mm	2050mm
初撑力	12364kN(P=31.5MPa)	12818kN(P=31.5MPa)
工作阻力	18000kN(P=45.86MPa)	18000kN(P=44.2MPa)
支护强度	1.42～1.47MPa	1.25～1.35MPa
重量	66.8t/架	61.5t/架
安装数量	127	7

地层单位			岩层柱状	厚度/m	岩性	岩性描述
系	统	组段				
侏罗系	中侏罗统	延安组第四段		7.02	砂质泥岩	黄-黄褐色层状粉砂质泥岩,水平层理较发育,中下部夹粉砂岩薄层,风化强烈
				4.02	粉砂岩	灰黄-灰色中厚层状粉砂岩,水平-微波层理较发育,岩石较风化
				16.66	长石砂岩	灰白色层状中粒长石砂岩,空隙式泥质胶结
		延安组第三段		0.64	泥岩	深灰-灰黑色中厚层状泥岩,水平层理较发育,可见植物叶片化石,含煤纹、煤线
				10.61	3煤	黑色半光亮型煤,条痕褐黑色,玻璃光泽,阶梯状断口,性较脆,硬度中等,无夹矸
				1.68	粉砂岩	灰色中厚层粉砂岩,微波-水平层理发育
				3.05	粉砂质泥岩	灰色-深灰色中厚层状粉砂质泥质
				5.72	泥质粉砂岩	灰色-深灰色中灰色中厚层泥质粉砂岩,微波状层理发育,局部水平层理,底部夹细砂岩条状团块

图 2-17 煤层钻孔柱状图

2) 工作面突然垮落过程及灾害情况

千树塔煤矿 11302 工作面在 2020 年 3 月 1 日至 4 月 1 日期间,共发生 8 次动载冲击,大多数冲击影响整个工作面,部分冲击在机尾处无显现,具体情况见表 2-5,每推进约 20.9m 发生一次冲击,8 次冲击持续时间为 11~72s,平均为 34.1s。图 2-18 为 70 号支架在 3 月 9 日~13 日支架工作阻力曲线,3 月 9 日 19:57:06 发生一次冲击,工作面顶板发生断裂,冲击后支架工作阻力突然跃升到 24000kN(立柱内压强为 59MPa),立柱安全阀开启,工作面发生来压,并在后续循环中支架工作阻力增阻形式转变为急增阻,工作面来压持续 7 个循环(推进约为 5.6m),随

表 2-5 11302 工作面顶板动载数据

序号	发生时间	两次间隔时间/h	两次间隔距离/m	冲击持续时间/s	冲击影响范围	最大影响刀数/刀
1	03.04 18:55:35			14	整个工作面	8
2	03.09 19:57:06	121	20	16	整个工作面	8
3	03.13 06:26:34	83	29.1	26	1~90 号支架	8
4	03.15 07:23:14	49	16.3	12	40 号支架至机尾	8
5	03.20 05:45:48	118	27.1	72	1~80 号支架	8
6	03.22 06:37:22	49	13.3	56	1~100 号支架	8
7	03.25 04:33:49	70	18.6	46	整个工作面	10
8	03.29 03:12:35	95	22.2	11	整个工作面	9
	平均值	83.5	20.9	34.1	—	8

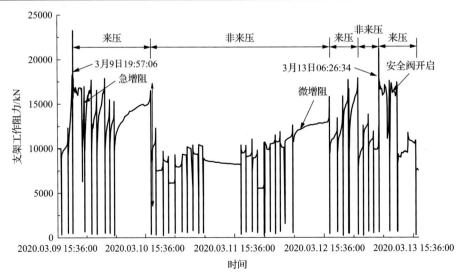

图 2-18 11302 工作面 70 号支架工作阻力曲线

着支架推出顶板断裂线后，处于非来压状态，支架转变为微增阻状态。18 个循环后（14.4m），工作面正常来压，再经过 8 个割煤循环后，于 3 月 13 日 06:26:34 再次发生冲击，工作面持续来压 4 个循环。

2020 年 3 月 9 日工作面动载冲击见表 2-6，该次动载冲击影响了整个工作面，观测的 11 个支架都有动载显现，机尾 110 号支架在 19:56:32 时最早发生，逐渐向机头发展，20 号支架在 19:57:12 时最晚发生，机尾比机头提前了 40s，支架受动载冲击最长为 43s，最短为 8s。动载冲击时，支架立柱压力突然升高，压力增加梯度范围为 0.38~2.33MPa/s，平均为 1.04MPa/s。由于压力瞬时增大，安全阀不能立即开启，立柱压力快速增大到 50MPa 以上，甚至接近 60MPa，远超出安全阀开启压力 45.8MPa，经过几秒后，压力趋于稳定，大部分支架立柱安全阀开启（图 2-19），部分支架立柱受到冲击损坏，不能保压[8]，如图 2-20 所示。

表 2-6　2020 年 3 月 9 日工作面顶板动载统计表

支架号	动载开始		动载结束		增阻速率/(MPa/s)	冲击后情况
	时间	压力/MPa	时间	压力/MPa		
20	19:57:12	23.58	19:57:26	50.49	1.92	安全阀开启
		25.2		53.2	2.00	安全阀开启
30	19:57:06	29.99	19:57:20	50.42	0.69	安全阀开启
		31.67		50.43	1.34	安全阀开启
40	19:57:02	0.00	19:57:20	50.73	2.82	安全阀开启
		12.48		54.43	2.33	安全阀开启
50	19:57:06	46.53	19:57:14	57.14	1.33	安全阀开启
		46.01		53.57	0.95	安全阀开启
60	19:56:36	28.87	19:57:17	57.08	0.69	安全阀开启
		29.75		55.97	0.64	安全阀开启
70	19:56:36	43.92	19:57:12	59.32	0.43	安全阀开启
		43.80		59.17	0.43	安全阀开启
80	19:56:36	43.88	19:57:12	59.52	0.43	安全阀开启
		30.21		58.98	0.80	右柱损坏
90	19:56:34	36.18	19:57:17	55.39	0.45	安全阀开启
		39.92		56.17	0.38	安全阀开启
100	19:56:36	20.85	19:57:17	57.76	0.90	安全阀开启
		23.25		57.47	0.83	安全阀开启
110	19:56:32	26.74	19:57:14	59.07	0.77	安全阀开启
		27.40		54.3	0.64	安全阀开启

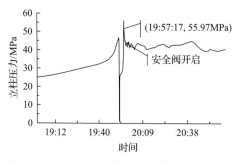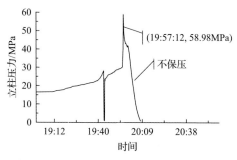

图 2-19　60 号支架右柱压力曲线(安全阀开启)　　图 2-20　80 号支架右柱压力曲线(立柱损坏)

2.3　工作面大面积切顶压架灾害

2.3.1　定义及现象

由于覆岩载荷过大,控顶区范围内(支架上方)顶板发生断裂且失稳,如图 2-21 所示,顶板及上覆岩层载荷直接作用在支架上,支架无法承载,安全阀开启,顶板下沉导致无足够空间进行正常回采,从而引起工作面大面积切顶压架,该类事故多发于浅埋煤层工作面,非坚硬顶板特厚煤层条件的工作面在推进速度较慢时也易诱发切顶压架灾害。工作面大面积切顶压架与工作面顶板大面积突然垮落区别在于:前者发生过程时间相对较长,可能几十分钟或几小时,甚至几天;而后者发生过程时间较短,瞬时发生,在几分钟或几秒内,甚至几十毫秒内。

图 2-21　工作面大面积切顶压架

2.3.2　典型案例

1. 崔木煤矿综放工作面大面积切顶压架灾害

1)矿井及工作面地质条件

崔木煤矿主采 3 号煤层,位于延安组下含煤段中部,平均煤厚 13.29m。3 号煤层顶板多为深灰色泥岩、砂质泥岩及粉砂岩、细中粒砂岩，最大厚度 12.76m。3 号煤层底板为灰–深灰色泥岩、灰褐色含铝质泥岩或含铝质粉–细砂岩，厚度 0.2～18.30m。302 工作面内 K6-3 钻孔柱状图如图 2-22 所示。在测井时对各岩层岩心进行了力学试验，试验结果见表 2-7。崔木煤矿各岩层强度较低，抗压强度大

岩层柱状	厚度/m	岩性	岩性描述
	14.00	中粒砂岩	浅棕红色，厚层状，中粒砂状结构，成分以石英为主，长石含量次之，颗粒次棱角状，分选性差，钙泥质胶结
	6.00	泥岩	深灰色，薄层状，泥质结构，质较纯，细腻，含黄铁矿结核，水平层理发育
	7.00	砂质泥岩	紫灰色夹灰绿色砂质泥岩，团块状，砂质结构，质纯，含少量黄铁矿结核
	1.00	泥岩	灰黑色，薄层状，质纯细腻，有滑感，致密较坚硬，水平层理，岩层分化后呈碎片状，与下伏岩层明显接触
	16.15	煤	黑色，褐黑色条痕，弱沥青光泽，半暗淡型，块状，具参差状断口，内生裂隙发育，煤系完整，结构单一

图 2-22 K6-3 钻孔柱状图

表 2-7 崔木煤矿岩层力学参数

层位	岩性	干燥抗压强度/MPa			饱和抗压强度/MPa			抗拉强度/MPa		
		最大值	最小值	平均值	最大值	最小值	平均值	最大值	最小值	平均值
K1l	砂岩	32.4	13.9	20.2	23.1	8.4	14.1	5.3	0.4	1.6
	泥岩	22.2					13.7			0.8
K1y	泥岩	28.4					17.8			1.2
	砂岩	32.9	13.8	24.4	24.9	8.3	16.6	14.9	0.4	7.7
J2a	砂岩	12.6	4.1	7.1	7.7	2.7	5.2	0.5	0.2	0.3
	泥岩	11.9	6.9	10	7.7	4.1	5.9	0.5	0.2	0.4
J2z	砂岩	26.9	4.1	12.8	19.4	2.5	10.9	1.2	0.4	0.7
	泥岩	17.4	8.7	11.9	10.1	4.9	7.4	0.7	0.3	0.5
J2y	砂岩	21.9	18.8	20.3	14.6	12.6	13.6	1.0	0.5	0.7
	泥岩	22.4	13.8	18.1	15.2	9.1	12.1	0.9	0.4	0.6
J1f	砂岩	26.9	21.7	24.3	19.9	16.3	18.1	1.4	1.0	1.2
	泥岩	36.5	20.3	28.4	23.8	13.3	18.6	1.0	0.8	0.9
T2t	砂岩	51.5	21.8	37.4	39.5	14.0	26.7	2.5	0.7	1.6
	泥岩	45.45	26.1	35.7	34.9	15.9	25.4	1.5	1.1	1.3

多低于 30MPa，部分低于 10MPa，属于软岩。为了更全面地了解 3 号煤层顶板物理力学性质，取样进行了实验室测试，砂岩试件单轴抗压强度测试结果见表 2-8。顶板砂岩自然含水时单轴抗压强度为 37.29～47.33MPa，平均为 44.29MPa；水饱和后砂岩单轴抗压强度为 31.24～37.32MPa，平均为 34.13MPa。浸水后砂岩单轴抗压强度降低了 23%，可见，水对砂岩强度弱化作用明显。泥岩试件点载荷测试结果见表 2-9，顶板（直接顶或伪顶）泥岩单轴抗压强度为 2.3～3.6MPa，平均为 3.0MPa，遇水有软化现象[9]。

表 2-8　砂岩试件单轴抗压强度测定结果

岩石样编号	测定前	测定后	破坏载荷/kN	单轴抗压强度/MPa
水饱和 1	完整，无裂纹	中部 X 型破坏	73.24	37.32
水饱和 2	完整，无裂纹	中部 X 型破坏	61.31	31.24
水饱和 3	完整，无裂纹	中部 X 型破坏	66.38	33.83
平均值			66.98	34.13
自然试件 1	完整，无裂纹	X 型破坏、纵向裂纹	92.81	37.29
自然试件 2	完整，无裂纹	X 型与纵向劈裂	75.08	38.26
自然试件 3	完整，无裂纹	纵向劈裂	92.88	47.33
平均值			86.92	44.29

表 2-9　泥岩试件点载荷测定结果

岩石样编号	试样描述	试件规格/mm				破坏载荷/kN	单轴抗压强度/MPa
		长	加载双点间距	破坏瞬间加载点间距	最小截面宽度		
试件 1	近似长方体	86.5	50.9	31.9	53.1	7.19	3.33
试件 2	不规则	94.0	49.0	46.4	49.0	7.92	2.74
试件 3	不规则	121.2	41.4	32.4	38.2	5.71	3.6
试件 4	不规则	100.5	62.3	49.3	39.2	5.55	2.3
平均值							3.0

崔木煤矿首采工作面布置在 21 盘区，301 首采工作面布置距井底车场最近位置，向西分别布置 302、303、304、305、306 工作面，工作面布置情况如图 2-23 所示。301 和 302 工作面倾向长度为 200m，301 工作面采用 ZF13000/23/42 四柱支撑掩护式放顶煤液压支架，302 工作面采用 ZYF10500/21/38 两柱掩护式放顶煤液压支架，额定工作阻力为 10500kN，支护强度为 1.13MPa，支架中心距为 1.75m。303 综放工作面宽度为 200m，可采长度为 880m，平均煤厚为 12m，采用的支架型号为 ZF15000/21/38 四柱支撑掩护式放顶煤液压支架，额定工作阻力为 15000kN（P=36.85MPa），支护强度为 1.53MPa，支架中心距为 1.75m。

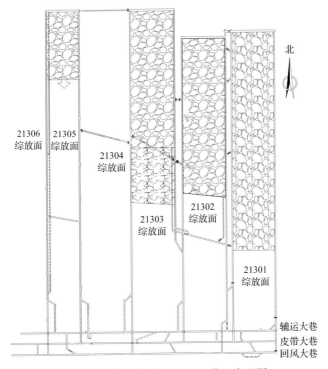

图 2-23 崔木煤矿 21 盘区工作面布置图

2)工作面大面积切顶压架过程及灾害情况

崔木煤矿 301 和 302 工作面发生多次压架,造成 301 工作面支架全部报废,302 工作面压架导致采空区发火,工作面封闭,具体过程如下[10]。

301 工作面共发生 3 次大面积切顶压架,第 2 次压架在处理过程中又发生了 2 次(同一位置发生了 3 次),第 3 次压架在处理过程中又发生了 1 次压架(同一位置发生了 2 次),工作面发生多次压架导致支架结构件损坏严重,升井后全部报废。301 工作面没有进行矿压数据监测,无法分析 301 工作面矿压规律以及压架时支架工作阻力特征。

302 工作面共发生 6 次大面积切顶压架灾害。302 工作面使用了矿压监测系统,工作面前 5 次压架时的支架工作阻力曲线如图 2-24 所示。每次压架前或压架时,支架安全阀长时间开启,P-T 曲线特征为锯齿形,压架时或压架前没有动载冲击,6 次压架具体情况如下。

第 1 次压架:压架前,12 号、26 号、33 号支架工作阻力处于低阻力运行状态,工作阻力为 4000kN 左右;到 5 月 18 日,支架工作阻力达到 5500kN,安全阀长时间开启(由于只监测支架一个立柱或另一立柱损坏,因此图 2-24(a)中支架工作阻力只有支架额定工作阻力 50%左右),并发生局部压架。

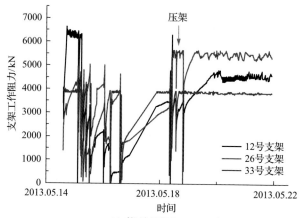

(a) 第1次压架 (2013.05.18)

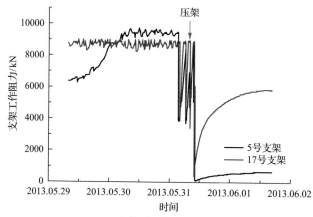

(b) 第2次压架 (2013.05.31)

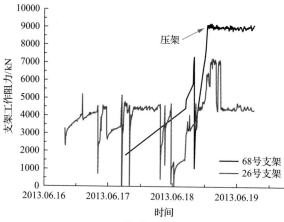

(c) 第3次压架 (2013.06.18)

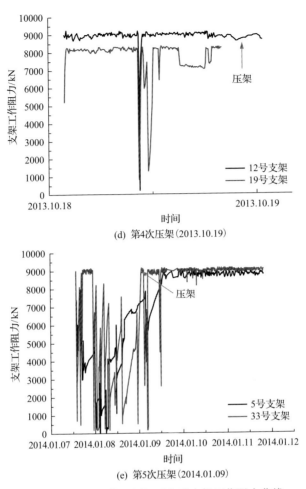

(d) 第4次压架(2013.10.19)

(e) 第5次压架(2014.01.09)

图 2-24 302 工作面压架时典型支架工作阻力曲线

第 2 次压架:从 5 号和 17 号支架工作阻力来看,第 2 次压架前,支架安全阀已长时间开启,直至 5 月 31 日发生局部压架。

第 3 次压架:压架前 26、68 号支架工作阻力处于较低阻力状态,约为 4000kN,6 月 18 日时,支架工作阻力处于急增阻状态,达到了 9000kN 左右,发生局部切顶压架。

第 4 次压架:从 12 号和 19 号支架来看,支架工作阻力为 8000～9000kN,安全阀长时间处于开启状态,到 10 月 19 日,工作面发生大面积切顶压架。

第 5 次压架:压架前,5 号和 33 号支架工作阻力较低,处于增阻状态,最大为 5000kN 左右,到 1 月 9 日,支架工作阻力处于急增阻状态,达到了 9000kN 左右,发生局部切顶压架。

第 6 次压架:距离 1 月 9 日压架位置推进 9m 时,1 月 24 日工作面又发生了第 6 次大面积切顶压架，由于 302 工作面压架处理时间较长，采空区浮煤发火，为了保证人员和矿井安全，对 302 工作面进行了封闭，设备全部封闭在采空区内，造成了较大的损失。

从上述分析可知，在压架前和压架时没有瞬时冲击现象，而是一个相对缓慢过程，有时压架前安全阀开启时间长达几小时或几天，这与坚硬顶板大面积垮落瞬时性有本质区别。301 和 302 工作面发生大面积切顶时（或前）主要是控顶区内顶板下沉量大，造成在煤壁处顶板断裂并失稳。

3）工作面大面积切顶压架原因

301 和 302 工作面大面积切顶压架的主要原因为工作面顶板管理重视程度不足、支架工况较差。由于 301 工作面无矿压监测系统，无法分析其矿压数据，分析了 302 工作面矿压监测数据，支架工况统计见表 2-10，工作面 40% 的支架受力不均衡，初撑力不合格率为 22.4%～100%，平均为 50.4%；所有支架安全阀开启压力达不到设计值 46.3MPa。302 工作面频繁发生较严重的出水压架灾害，造成长时间停产，具体原因如下[11]。

(1) 初撑力较小。302 工作面支架初撑力普遍不合格，初撑力偏小，不能有效主动支撑顶板。如图 2-25 所示，按规定支架初撑力不小于实际要求初撑力 5760kN（额定初撑力 7200kN×80%），但压架前，大多数支架初撑力偏低，有的支架初撑力仅为几百千牛，大多支架初撑力小于 4000kN，远低于实际要求初撑力。

表 2-10 302 工作面支架工况统计

支架号	立柱受力		循环数/个	初撑力（≥24MPa）		安全阀开启	
	均衡性	不均衡比例/%		不合格循环数/个	不合格比例/%	实际开启值/MPa	小于设计开启值的比例/%
5	均衡			34	69.4	无	
12	均衡			28	57.1	左柱 40 右柱 40	
19	较均衡			22	44.9	左柱 38 右柱 35	
26	不均衡	40	49	21	42.9	左柱 38 右柱 28	100（按支架额定压力 46.3MPa）
33	不均衡			左柱 49 右柱 33	100	左柱 10 右柱 38	
40	均衡，但不保压			19	38.8	左柱 40 右柱 40	

支架号	立柱受力		初撑力 (≥24MPa)			安全阀开启	
	均衡性	不均衡比例/%	循环数/个	不合格循环数/个	不合格比例/%	实际开启值/MPa	小于设计开启值的比例/%
54	不均衡			右柱 12	24.9	左柱坏 右柱 37	
55	不均衡			左柱 22	44.9	左柱 38 右柱坏	
68	较均衡	40	49	11	22.4	左柱 38 右柱 40	100(按支架额定压力 46.3MPa)
89	均衡			29	59.2	左柱 35 右柱 37	

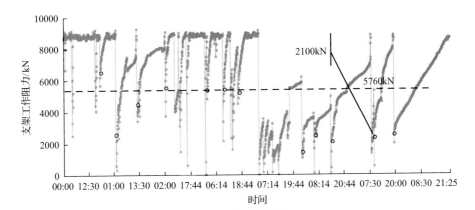

(a) 19号支架

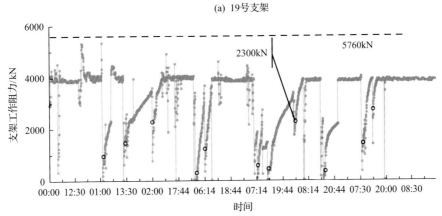

(b) 33号支架

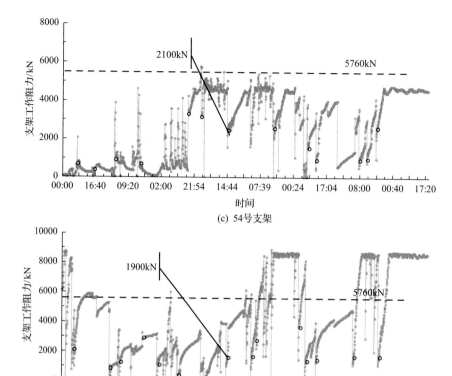

(c) 54号支架

(d) 89号支架

图 2-25 302 工作面支架初撑力(5 月 18 日压架)

(2)安全阀开启压力值小。302 工作面支架设计安全阀开启压力值为 46.3MPa，实际较多支架左右柱安全阀开启压力值远小于 46.3MPa，有的支架安全阀开启压力值仅为 35MPa 左右，如图 2-26 所示。支架安全阀开启压力值小于设计值，频繁开启，导致支架支护能力较弱，顶板下沉量较大。

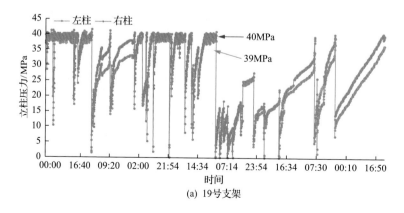

(a) 19号支架

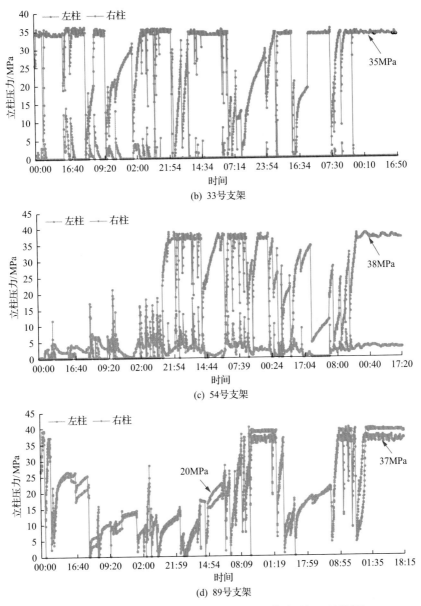

图 2-26 302 工作面支架安全阀开启压力值(5 月 18 日压架)

(3)左右柱受力不均衡。302 工作面采用两柱掩护式支架,两立柱采用一片阀控制,一般不存在两立柱压力有较大的差异,但 302 工作面支架左右柱受力不均衡现象严重,部分支架左右柱受力不均衡如图 2-27 所示,有的支架立柱受力为 0,不能承载;有的支架立柱不保压,支架没有发挥设计应达到的性能,且导致支架受力偏载,加快了支架结构及部件的损坏,影响支架支撑性能。

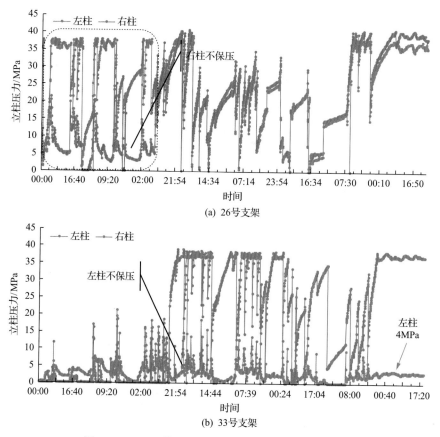

图 2-27　302 工作面支架左右柱受力（5 月 18 日压架）

（4）支架支护效能较低。图 2-28 中对比了 302 工作面与 303 工作面的支架工作阻力频率分布，其中，302 工作面支架额定工作阻力为 10500kN，但实际工作阻力多集中于 6300kN 以下，支护效能发挥差；而 303 工作面支架额定工作阻力为 15000kN，实际工作阻力多在 9000～15000kN，支架支护效能发挥较好。支架支护效能发挥程度高低，导致 302 和 303 工作面不同的顶板控制效果，302 工作面发生多次切顶压架，而 303 工作面没有发生切顶压架。

（5）水影响顶板物理力学性质。崔木煤矿煤层上方 170m 为洛河组富含水层，浸水后顶板整体强度降低 23%，水对顶板强度弱化作用明显，顶板易在煤壁处断裂；顶板在浸水后密度增大，断裂后的顶板易失稳，一旦工作面推进速度减缓，该现象更为明显；顶板的持续下沉使得工作面支架长时间处于高压力状态，安全阀大量长时间开启，导致大面积切顶压架灾害发生。

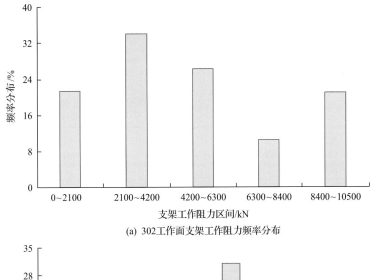

(a) 302工作面支架工作阻力频率分布

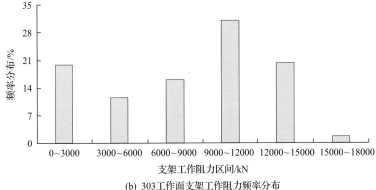

(b) 303工作面支架工作阻力频率分布

图 2-28 崔木煤矿 302 和 303 工作面支架工作阻力频率分布对比

2. 铁北矿综放工作面大面积切顶压架灾害

1) 矿井及工作面地质条件

铁北矿右三片工作面开采Ⅱ2a 煤层，平均厚度为 13.9m，煤层倾角为 4°～7°，属近水平煤层，赋存稳定，层理节理较发育，右三片工作面长度为 165m，走向长度为 1800m，工作面基本支架选用 ZF8000/18/34 型正四连杆低位放顶煤液压支架。

Ⅱ2a 煤层直接顶为 3.5～4.0m 的劣煤与泥岩互层，俗称五花三层，赋存稳定，属非坚硬顶板。基本顶为砂质泥岩和泥质砂岩互层。煤层底板为砂质泥岩，遇水易膨胀。Ⅱ2a 煤层顶底板综合柱状图如图 2-29 所示。Ⅱ2a 煤层及顶板力学性质见表 2-11。

2) 工作面大面积切顶压架过程及灾害情况

铁北矿工作面回采过程中频繁发生大面积切顶压架，处理压架少则几天，多则一个月，工作面推进一段时间后，又发生切顶压架，导致矿井长期无法达产。

岩层柱状	厚度/m	顶底板名称	岩性	岩性特征
	15.60	基本顶	砂质泥岩和泥质砂岩互层	砂质泥岩和泥质砂岩互层
	4.70	直接顶	五花三层	劣煤与泥岩互层,俗称五花三层,赋存稳定,岩性松软
	13.90	Ⅱ2a煤层	砾岩	层理和节理发育
	2.70	直接底	砂质泥岩	遇水易膨胀

图 2-29　Ⅱ2a 煤层顶底板综合柱状图

表 2-11　Ⅱ2a 煤层及顶板力学性质

项目类别	单轴抗压强度/MPa	抗拉强度/MPa	弹性模量/GPa	泊松比	黏聚力/MPa	内摩擦角/(°)	强度公式
顶煤	9.11	0.98	1.42	0.16	2.14	37.4	$\tau =2.14+\sigma\tan37.4°$
底煤	13.81	1.10	1.88	0.17	2.19	35.2	$\tau =2.19+\sigma\tan35.2°$
顶板	5.99	1.56	1.03	0.23	1.43	35.5	$\tau =1.43+\sigma\tan35.5°$

注:τ 为抗剪强度;σ 为正应力。

右三片工作面发生多次大面积切顶压架,2009 年 7 月 15 日发生了较为严重的大面积切顶压架灾害,工作面大部分支架不同程度处于被压死状态,无法正常推进。

3)工作面大面积切顶压架原因

为了分析铁北矿右三片工作面大面积切顶压架原因,选择代表性的 34、35、65、75 号支架工作阻力曲线进行分析,如图 2-30 所示。大面积切顶压架前,支架工作阻力较小或安全阀处于开启状态,支架没有发挥应有的性能,其大面积切顶压架的主要原因是支架工况较差,支撑效率较低,支架不能满足支护顶板要求。

铁北矿右三片工作面在 7 月 15 日中班发生压架,整个工作面大部分支架被压死,煤壁发生切顶,工作面长时间无法正常生产。对其正常回采时的周期来压、压架前一个停产检修班及三个生产作业循环内的支架工作阻力进行分析,如图 2-31 所示。压架前,多数支架普遍位态不佳,前后柱受力不均,压力在高低压之间频繁切换,有的支架前柱安全阀开启,后柱不受力,也有的支架前柱受力不佳,后柱安全阀频繁开启,工作面支架工况整体处于较差状态。

为了分析右三片工作面压架原因,与右四片进行对比,铁北矿右三片和右四片工作面作为相邻工作面,地质条件和支架参数基本相同,而右四片工作面没有发生大面积切顶压架,通过分析,其主要差别是支架工况差异较大,具体如下。

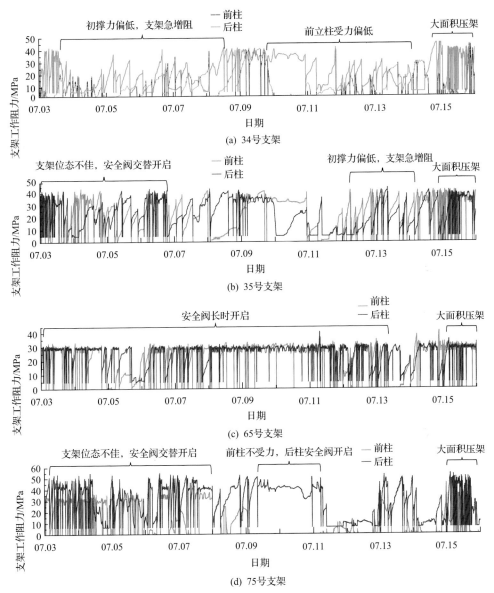

图 2-30 右三片工作面部分支架工作阻力曲线分布

①三片工作面动载系数较大

右三片工作面动载系数较右四片工作面增大了 41%，其主要原因不是来压时存在动载现象导致动载系数较大，而是由于非来压时支架工况较差，来压时安全阀开启，两者比值较大，导致动载系数较大。

②三片工作面支架初撑力较小

右三片工作面和右四片工作面支架初撑力统计见表 2-12 和图 2-32，右三片工

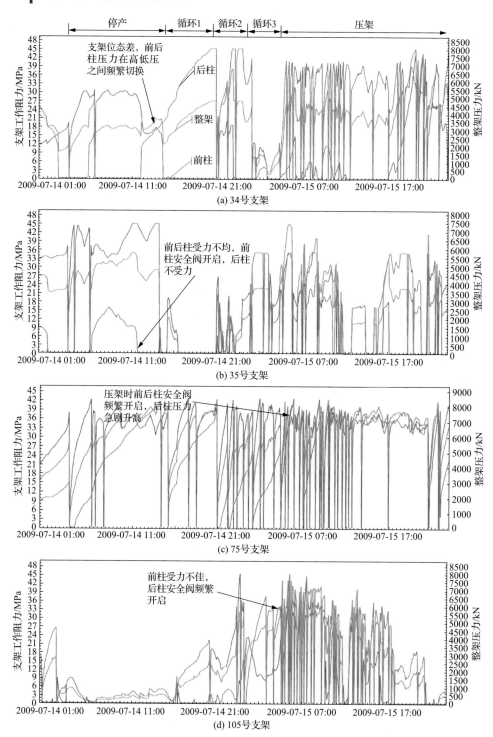

图 2-31　工作面压架前后支架工作阻力曲线分析

表 2-12　右三片与右四片工作面支架初撑力占比（%）

工作面	< 500kN	500~ 1000kN	1000~ 1500kN	1500~ 2000kN	2000~ 2500kN	2500~ 3000kN	3000~ 3500kN	3500~ 4000kN	4000~ 4500kN	4500~ 5000kN	> 5000kN
右三片	8.89	8.89	8.89	16.67	21.11	12.22	13.33	2.22	7.78	0	0
右四片	0.34	0.68	5.41	5.41	13.85	11.49	11.15	36.15	6.42	5.74	3.38

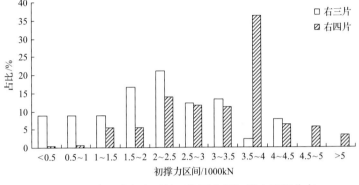

图 2-32　右三片与右四片工作面支架初撑力区间分布

作面支架初撑力主要分布在 1000~3500kN，右四片工作面主要分布在 2500~4500kN。由于支架初撑力不同，工作面顶板支撑效率不同，影响了工作面来压时的矿压显现强度。

右三片工作面回采期间，非来压时液压支架增阻率平均为 42.39kN/min，周期来压期间割煤循环增阻率为 53.83kN/min，压架时增阻率为 124.41kN/min；右四片工作面开采期间，非来压时增阻率平均为 18.79kN/min，周期来压期间割煤循环增阻率为 27.96kN/min，周期来压增阻率较非来压时增加了 48.74%。右三片工作面非来压和周期来压循环增阻率比右四片工作面分别增加了 125.5% 和 92.55%，说明支架初撑力对工作面支架增阻量和增阻率影响较大。

③右三片工作面支架立柱不保压严重

右三片工作面支架不同程度存在漏液或不保压问题，图 2-33 为 35 号和 55 号

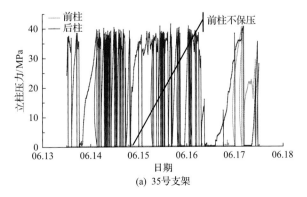

(a) 35 号支架

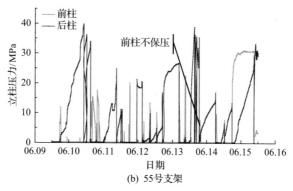

图 2-33 右三片工作面支架立柱压力曲线

支架的工作阻力曲线，其中 35 号支架前柱长时间不承载，55 号支架仅泵站打压时有压力，关闭注液阀后立即不保压，说明立柱漏液严重。

2.4 三类顶板灾害关系及相互转化

大面积片帮冒顶、大面积突然垮落和大面积切顶压架三类顶板灾害的特点、形成原因、发生条件虽有不同，但也存在一些共同点，有时会相互转化或同时发生。如当坚硬顶板在控顶区突然断裂垮落时，会引起压架，也会伴随冒顶，这种情况三类顶板灾害会同时发生，即大面积突然垮落冲击支架，形成飓风，并压死支架，顶板矸石冒落。

小范围片帮冒顶不会对工作面生产和安全有较大的影响，但若处理不妥，会引发更大范围的片帮冒顶。大范围片帮冒顶导致煤壁前方出现大范围的空洞，冒顶区域支架接顶较差，支架支撑能力下降，顶板及上覆岩层载荷转移至尚未发生冒顶区域的支架上方，导致支架载荷增加，安全阀开启，引起更大范围冒顶，直至工作面大部分支架接顶效果不好，支架对基本顶和上覆岩层支撑能力较弱，顶板下沉量较大，发生大面积切顶压架。

当工作面压力较大或支架支撑能力不足时，工作面控顶区域范围内顶板下沉量较大，达到一定程度后，顶板在煤壁处断裂，并发生失稳，支架无法承载失稳的顶板及上覆岩层，支架活柱下缩，造成大面积切顶压架。切顶压架发生过程中和压架后，顶板的矸石从支架上方或前方的断裂处冒落，形成冒顶。冒落的矸石压死刮板运输机，处理难度加大，影响了切顶压架处理速度，进一步恶化了大面积切顶压架程度和范围。

顶板大范围突然垮落主要是由于顶板硬度较大，整体性较好，工作面回采后不能及时垮落，形成悬顶，达到一定程度后突然垮落，造成灾害。当突然垮落时顶板的断裂线不在支架控顶范围内(在采空区)，则不会发生大面积切顶，一般也不会冲击支架(有可能会出现侧推支架,造成支架推移油缸损坏),但会形成飓风灾害;当顶板突然垮落的断裂线在支架上方或煤壁切顶线时,会对支架造成冲击,也可能造成大面积切顶压架,在煤壁处形成的切顶线中有较小矸石冒落,导致发生大面积冒顶。

参 考 文 献

[1] 徐刚, 黄志增, 范志忠, 等. 工作面顶板灾害类型、监测与防治技术体系[J]. 煤炭科学技术, 2021, 49(2): 1-11.

[2] 范志忠, 潘黎明. 大采高综采煤壁动静载稳定性及采高的尺度效应研究[J]. 矿业科学学报, 2020, 5(5): 528-535.

[3] 范志忠. 大采高综采面围岩控制的尺度效应研究[D]. 北京: 中国矿业大学(北京), 2020.

[4] 徐刚, 范志忠, 等. 阳煤矿区 15 号煤层大采高综采(放)安全高效开采技术研究[R]. 北京: 天地科技股份有限公司, 2017.

[5] 徐刚, 于健浩, 范志忠, 等. 国内典型顶板条件工作面矿压显现规律研究[J]. 煤炭学报, 2021, 46(6): 25-37.

[6] 国家矿山安全监察局山西局. 大同煤矿集团同生安平煤业有限公司"3·23"顶板大面积垮落导致瓦斯爆炸重大事故调查报告[EB/OL]. [2016-03-23]. http://shanxi.chinamine-safety.gov.cn/article/23746.html.

[7] 徐刚, 张春会, 蔺星宇, 等. 基于分区支承力学模型的综放工作面顶板矿压演化与压架预测[J]. 煤炭学报, 2022, 47(10): 3622-3633.

[8] 徐刚, 范志忠, 张春会. 宏观顶板活动支架增阻类型与预测模型[J]. 煤炭学报, 2021, 46(11): 3397-3407.

[9] 徐刚, 李正杰, 等. 崔木煤矿富含水顶板特厚煤层综放开采压架防治技术研究报告[R]. 北京: 天地科技股份有限公司, 2014.

[10] 徐刚. 综放工作面切顶压架机理及应用研究[D]. 北京: 煤炭科学研究总院, 2019.

[11] 徐刚, 张春会, 张振金. 综放工作面顶板缓慢活动支架增阻预测模型[J]. 煤炭学报, 2020, 45(11): 3678-3687.

第3章　工作面矿压显现定量化分析方法

矿压监测、分析及预警是工作面顶板灾害防治的基础，本章介绍工作面矿压监测的方法和相关概念，把支架工作阻力曲线分解为多个单一割煤循环，并提取其蕴含的特征，提出支架工况多参量综合定量评价方法和工作面矿压显现强度的定量分级评价方法，建立预警指标体系和预警模型，实现支架工况和矿压显现强度的定量化分析与预警。

3.1　工作面矿压数据类型及监测方法

对工作面矿压数据进行监测、采集和分析，并在此基础上实现工作面支护质量的有效管理和矿压显现规律的掌握，是工作面顶板灾害预防和防治的核心内容。工作面矿压数据主要分为两类，即位移和应力，具体包括工作面顶底板移近量、煤体应力、立柱伸缩量、支架立柱受力等数据[1]。

1. 工作面顶底板移近量

工作面顶底板移近量具体监测方法是在工作面的控顶区顶板安装位移传感器，通过监测对比不同时间顶板和底板的位移变化，分析顶底板移近量。但工作面回采以及设备工作等因素对顶底板移近量监测有很大干扰，另外，由于工作面控顶区一般为5~6m，割6~8刀就需要挪移传感器，在实际矿压数据观测中，大多数矿井很少监测工作面顶底板移近量。

2. 煤体应力

煤体应力是反映工作面在采动影响下煤体内部的应力变化，一般采用钻孔应力计(图3-1)测量，具体监测方法是在煤体内打孔，把钻孔应力计油压枕安装在钻孔内(图3-2)，通过压力泵注入液压油，产生初始压力，并促使油压枕与孔壁紧密接触。当煤体应力改变时，压力通过孔壁传导至孔内油压枕，从而使传感器接收到的压力数据发生相应变化。需要说明的是，采用钻孔应力计监测的煤体应力为相对应力(相对初始压力的应力改变)，并非绝对的煤体应力。由于现有钻孔应力计的油压枕多为上下两片，监测的是垂直应力，也并非三向应力；并且当孔壁由于某种原因发生塌孔或油压枕封闭不紧发生漏油时，都会影响钻孔应力计监测数据的真实性。此外，钻孔应力计一般是在巷道内向煤体深部安装，受安装手段限制，安装深度一般不会超过30m，很难监测到工作面中部的煤体应力。

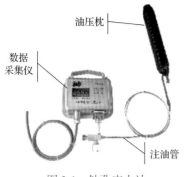

图 3-1 钻孔应力计

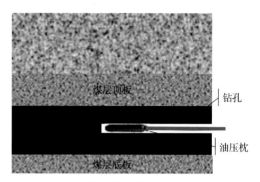

图 3-2 钻孔应力计布置方式

钻孔应力计可以安装在工作面不同巷道和联巷内根据不同需求测试不同区域的煤体应力。图 3-3 为某矿 209 和 211 工作面钻孔应力计安装布置图。图 3-3 中布置了 5 个测站，①号测站布置在 209 工作面接近停采线位置的煤体内，可测接近停采线位置超前支承压力影响范围、大小和峰值；②号和③号测站布置在 209 和 211 工作面区段煤柱内，可测区段煤柱内工作面超前支承压力及工作面采空区煤柱应力大小和随工作面推进情况变化规律；④号测站布置在 211 工作面胶运巷和辅运巷煤柱联巷内，可监测联巷内不同位置煤体应力随工作面推进变化规律；⑤号测站布置在 211 工作面辅运巷内，可监测 211 工作面辅运巷工作面应力随 211 工作面回采变化规律，也可监测 213 工作面回风巷应力随 213 工作面回采变化规律。

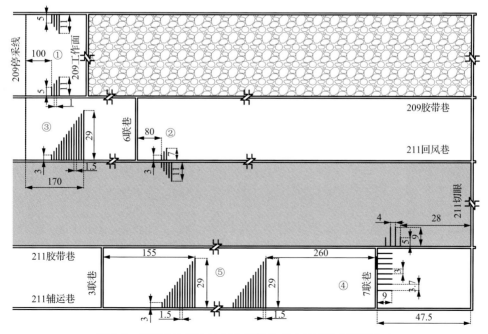

图 3-3 某矿 209 和 211 工作面钻孔应力计安装布置图(m)

图 3-4 和图 3-5 分别为②号和④号测站钻孔应力计应力变化曲线。由图 3-4 可知，209 工作面超前影响范围为 121.5m，超前 43.2m 为显著影响范围，煤体相对应力从 4.4MPa 增到 13MPa。由图 3-5 可知，④号测站安装的钻孔应力计长度都为 9m，分别安装了 7 个钻孔应力计，距离巷道煤壁分别为 6m、9m、12m、15m、18m、21m、24m，211 工作面超前影响范围为 21.5～24.2m，采空区距离工作面 2.6m 的大多数钻孔应力计应力开始增加，在 45.8～54.8m 应力显著增加，其中距离巷道煤壁 21m 的编号为 21-9 的钻孔塌孔，出现应力下降。

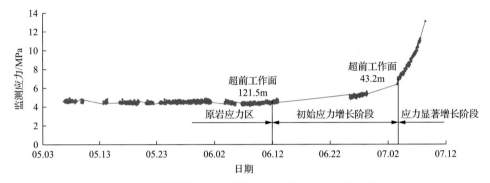

图 3-4　②号测站 209 回风巷 5m 测点应力变化曲线

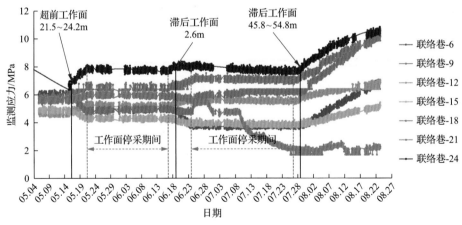

图 3-5　④号测站 211 运输巷 7 联巷钻孔应力计应力曲线

3. 立柱伸缩量

立柱伸缩量是反映支架立柱在顶板压力作用下的下缩情况，具体监测方法是采用拉伸传感器或其他原理传感器测量立柱长度变化，间接反映立柱伸缩量[2]，监测方法如图 3-6 所示。测量立柱伸缩量的意义在于可以反映顶板下沉量、矿压显现强度、开采高度、安全阀开启情况等。在安全阀未开启状态下，由于乳化液具有一定的可压缩性，支架增阻引起立柱下缩；若安全阀开启，立柱伸缩量的变化分为前后两部分,分别为前期支架增阻引起的活柱下缩和后期安全阀开启引起的活柱下缩。一般矿井综采(综放)工作面支架很少安装专门的立柱伸缩量传感器,通过液压支架配套的电液控制系统自带的采高监测功能也可得出立柱伸缩量的变化情况。

4. 支架立柱受力

支架立柱受力是反映顶板下沉对支架立柱产生的作用力,具体监测方法是在立柱上安装压力传感器,监测立柱乳化液的压强变化,如图 3-7 所示。监测支架立柱受力是最有效、最常用、最方便的矿压监测方法,可以很好地反映工作面顶板活动和矿压显现情况。通常意义的矿压监测分析主要是分析工作面支架受力,辅助采用煤体应力、立柱伸缩量等监测数据,因此,本书重点对支架立柱受力分析进行阐述。

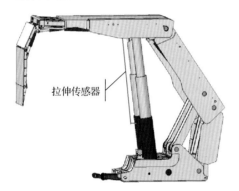
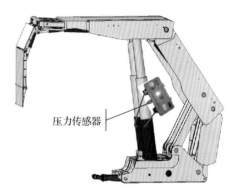

拉伸传感器

压力传感器

图 3-6 立柱伸缩量监测方法   图 3-7 支架立柱受力监测方法

3.2 支架工作阻力等相关概念

1. 支架额定工作阻力

支架额定工作阻力是指支架理论上可达到的最大工作阻力,由支架立柱数量、立柱缸径、安全阀额定开启压力决定,具体计算公式如下:

$$F_e = 3.14 n P_k r^2 \times 1000 \qquad (3\text{-}1)$$

式中:F_e 为支架额定工作阻力,kN;n 为支架立柱数量,一般为 2 或 4;P_k 为立柱安全阀额定开启压力,MPa;r 为立柱缸径(半径),m。

当支架立柱压力达到安全阀开启压力时,立柱安全阀开启,在支架所有立柱安全阀均开启后,支架工作阻力不再增长,在小幅波动状态下保持恒定。支架额定工作阻力一般是支架可达到的最大工作阻力,当支架立柱安全阀实际开启压力设置过高时，也会出现支架工作阻力超出额定工作阻力的情况。

2. 支架工作阻力

支架工作阻力为支架在应对工作面顶板下沉时对顶板产生的支撑作用力，是由顶板活动引起的，随着时间和工作面推进动态变化，可反映顶板活动状态和规律。通常说的支架工作阻力就是动态变化的工作阻力某一时刻的具体数值。

3. 支架额定初撑力

支架初撑力由乳化泵站泵压提供，支架额定初撑力是指支架在特定泵站压力下，在理论上所能达到的最大初撑力。支架额定初撑力的计算公式如下：

$$F_{ce} = 3.14 n P_e r^2 \times 1000 \tag{3-2}$$

式中：F_{ce}为支架额定初撑力，kN；n为支架立柱数量；P_e为泵站额定压力，目前一般为31.5MPa、37.5MPa或42MPa等；r为立柱缸径（半径），m。

4. 支架实际初撑力

工作面移架后，支架立柱注液升起托住支架顶梁，在注液阀关闭瞬时产生对顶板主动的支撑力，称为支架实际初撑力，简称为支架初撑力，支架初撑力是特殊的支架工作阻力。支架初撑力大小主要受泵站实际出口压力、管路损失和注液时间等决定，一般要求支架初撑力不小于额定初撑力的80%。支架初撑力的作用在于压缩浮煤、浮矸等中间介质，增加工作面支护系统中的刚度，使支架的支撑力能及早发挥作用，减少顶板下沉量，抑制顶板离层，对工作面支护极为重要[3,4]。

5. 支架循环末阻力

循环末阻力是在一个采煤循环结束，支架降架前的工作阻力，是特殊的工作阻力。一般情况下，循环末阻力是支架在一个循环内的最大工作阻力。循环末阻力是评价工作面顶板来压和矿压显现强度的重要指标之一。支架初撑力和末阻力表征着一个循环的开始和结束，从而把一段时间内的支架工作阻力曲线分割为多个循环。初撑力与末阻力示意图如图3-8所示。

6. 时间加权工作阻力

循环末阻力可以评价每个循环结束时工作面矿压显现强度，但并不能反映支架工作阻力随时间的变化情况。时间加权工作阻力考虑了支架工作阻力随时间变化的影响，也可反映支架工作阻力的变化趋势。按照不同时间段划分，时间加权工作阻力有循环加权工作阻力和日加权工作阻力，前者分析时段为一个割煤循环，后者分析时段为一天（24h）。循环加权工作阻力计算原理如图3-9所示。时间加

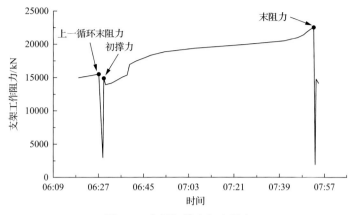

图 3-8 支架初撑力和末阻力

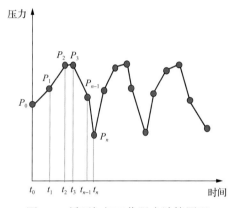

图 3-9 循环加权工作阻力计算原理

权工作阻力计算公式为

$$F_t = \frac{\sum_{i=1}^{n}(F_{i-1}+F_i)(t_i-t_{i-1})}{2(t_n-t_1)} \tag{3-3}$$

式中：F_t 为时间加权工作阻力，kN；F_i 为某支架在 t_i 时刻的工作阻力，kN；t_i 为第 i 个数据时刻，min。

7. 支架额定支护强度

支架支护强度是支架在控顶范围内对单位面积顶板的平均支护阻力，支架额定支护强度一般是指支架在额定工作阻力下对控顶区顶板所能提供的最大支护强度，具体计算公式为

$$P_{eq} = 1000F_e / (L \times W) \tag{3-4}$$

式中：P_{eq} 为支架额定支护强度，MPa；F_e 为支架额定工作阻力，kN；L 为支架控顶区长度，控顶区长度分为最大控顶区长度和最小控顶区长度，最大控顶区长度=截深+端面距+支架顶梁长度，m；W 为支架中心距离，目前支架中心距一般为1.5m、1.75m、2.05m、2.4m。

需要说明的是，由于存在最大控顶区长度和最小控顶区长度的差别，并且支架立柱与顶梁存在一定倾角，使得支架在不同工作高度下的支撑能力也不相同，因此，支架额定支护强度一般是一个范围，而不是一个固定值。

3.3 支架工作阻力曲线

1. $F\text{-}T(S)$ 曲线和 $P\text{-}T(S)$ 曲线

以时间（T）或工作面推进距离（S）为横轴，以支架工作阻力为纵轴，把监测一段时间内的支架工作阻力（F）时序变化绘成曲线，该曲线称为支架工作阻力曲线，简称 $F\text{-}T(S)$ 曲线，对应的支架立柱压力（压强）曲线，简称为 $P\text{-}T(S)$ 曲线。图 3-10 为上湾煤矿 12401 超大采高工作面两柱掩护式支架 $F\text{-}T$ 曲线。图 3-11 为上述支架的 $P\text{-}T$ 曲线。$F\text{-}T(S)$ 曲线一般指支架整架工作阻力曲线（所有立柱工作阻力之和），而 $P\text{-}T(S)$ 曲线中的压力（压强）一般是支架各立柱原始的压力（压强），而不强调整个支架压力（压强）。

2. 循环 $F\text{-}T$ 曲线

由于 $F\text{-}T$ 曲线和 $P\text{-}T$ 曲线意义的相近性，以下都以 $F\text{-}T$ 曲线为例进行阐述。一段时间内 $F\text{-}T$ 曲线由多个割煤循环单元组成，如图 3-12 所示。一个循环内的支架工作状态包括上一循环结束后的降柱过程、新循环开始后的移架、升柱过程和采煤机割煤期间的增阻过程。升柱过程产生初撑力，降柱过程产生末阻力，初撑力与末阻力之间为支架实时工作阻力，如图 3-13 所示。单元循环 $F\text{-}T$ 曲线是由支

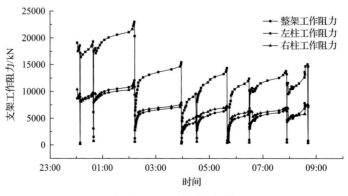

图 3-10 支架 $F\text{-}T$ 曲线

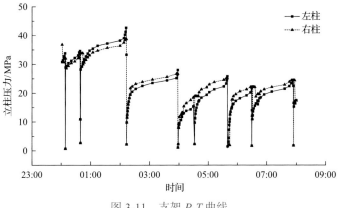

图 3-11　支架 *P-T* 曲线

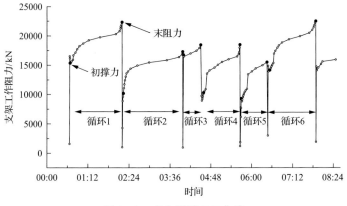

图 3-12　多个循环 *F-T* 曲线

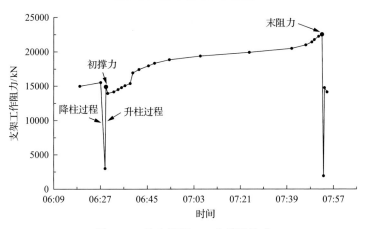

图 3-13　单个循环 *F-T* 曲线及构成

架动作和顶板活动共同形成的，包括支架升架到初撑力形成，顶板下沉引起支架增阻直至支架降架产生末阻力，支架降架过程中的降阻等三个阶段。

3.4　工作面支架工况多参量分析方法

目前，工作面支架在选型时，为了保证支架的可靠性和预防顶板灾害发生，一般追求"大马拉小车"，支架额定工作阻力或支护强度留有较大的富裕系数。但却往往忽视了矿压监测和支护质量的管理，支架初撑力低、前后柱受力不均、支架带病作业等工况不良问题普遍存在，高阻力支架在没有发挥应有支护效能的情况下，并不能有效避免工作面顶板灾害的发生。实践表明，保障支架良好工况和高支护效能是工作面避免顶板灾害发生的有效措施之一[5]。支架工况和支护效能难以从井下直观感知，只能通过矿压数据分析得到，因此，需通过矿压数据分析掌握支架的工况水平是顶板管理和顶板灾害防治的首要任务。

$F\text{-}T$ 曲线就像人的心电图一样，蕴含较多支架工作状态信息和特征，如支架初撑力合格率、安全阀开启率、支架不保压率、支架受力不平衡率、工作阻力不合格比例、动载冲击频次等信息，如图 3-14 所示，这些信息对支架工况和支护效能有较大影响，分析支架工况首先要从大量的 $F\text{-}T$ 曲线中提取与支架工况相关的特征和信息。

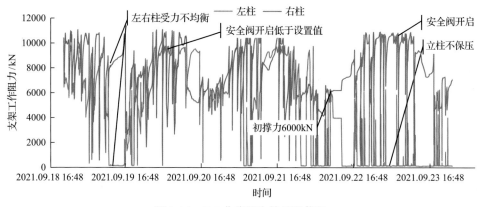

图 3-14　$F\text{-}T$ 曲线蕴含特征及信息

3.4.1　支架初撑力

1. 初撑力分析方法和作用

每台支架的每个割煤循环都会产生一个初撑力，人工识别工作量大，费时费力。作者根据支架动作特征及支架工作阻力曲线特点，发明了一套自动识别初撑力的算法[6]，并置入中煤科工开采研究院有限公司研发的 KJ21 顶板灾害监测预警系统分析软件和平台[7]，实现了实时初撑力的及时快速自动识别，如

图 3-15 所示。

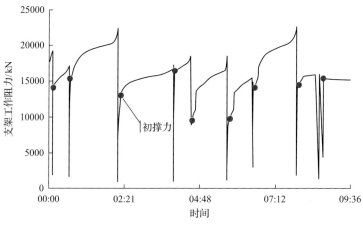

图 3-15　支架初撑力识别结果

支架初撑力是由泵站高压乳化液注入支架立柱产生的，对抑制控顶区顶板早期下沉，维护顶板完整性具有重要的作用。提高支架初撑力水平，可减小工作面动载来压强度，避免顶板灾害的发生。合理支架初撑力对顶板维护有两个方面的作用：一是较高初撑力可以减少顶板下沉量，并维护直接顶和基本顶稳定性，使顶板和支架共同承担上覆岩层载荷，若支架初撑力较低，直接顶和基本顶易在控顶区断裂和失稳，不能承载上覆岩层载荷，并直接作用在支架上，导致矿压显现强烈或工作面顶板灾害发生；二是若不同支架初撑力大小不统一，造成初撑力较大的支架承担整个工作面顶板载荷，支架增阻速率较快，顶板下沉量大，当达到一定程度后，逐渐转移到初撑力较小的支架，导致整个工作面矿压显现较为强烈。

2. 支架初撑力水平及分析

《煤矿安全质量标准化标准》和现场顶板管理要求支架初撑力不低于额定初撑力 80%。作者分析了多个矿区和矿井的支架初撑力，受现场管理水平和地质条件制约等多种因素影响，很多工作面支架初撑力都不能满足要求，如表 3-1 所示，统计的 9 个综放工作面支架初撑力最高为额定初撑力的 68.7%，最低仅为 30.0%，均达不到 80%的要求；统计的 5 个综采工作面也仅有 2 个工作面支架初撑力达到了额定初撑力的 80%以上，说明我国对初撑力水平的重视程度不够。

支架初撑力大小对顶板控制效果影响较大，当初撑力较小时，循环顶板下沉量较大，矿压显现较为明显。图 3-16 为石圪台矿工作面支架初撑力与增阻量散点图，散点主要分布在两条直线内，支架初撑力越小，支架增阻量分布范围越大。

表 3-1　综放和综采工作面支架初撑力统计

序号	矿名	工作面名称	采煤方法	额定工作阻力/kN	额定初撑力/kN	统计循环个数/个	初撑力/kN			占额定初撑力百分比/%
							最大值	最小值	平均值	
1	—	19106	综放	12000	7917	2411	7744	67	2951	37.3
2	—	1103	综放	11000	8000	1864	7921	241	3322	41.5
3	—	39107	综放	10000	7760	771	7043	102	2328	30.0
4	—	3803	综放	5600	5000	461	4974	307	2691	53.8
5	—	1308	综放	3200	2860	780	2724	229	1965	68.7
6	—	601	综放	12000	10128	566	9596	93	3998	39.5
7	—	5203	综放	10000	7760	351	7367	230	4199	54.1
8	—	6201	综放	9000	6972	664	6938	63	3807	54.6
9	—	N4002	综放	8000	6182	430	5890	200	3438	55.6
综放平均值										48.3
10	—	05	综采	5800	5000	178	4592	122	3583	71.6
11	—	15105	综采	8600	6413	1368	6310	97	2880	44.9
12	榆家梁煤矿	44305	综采	10600	7141	332	7103	278	6060	84.9
13	—	4108	综采	6800	5060	531	4929	7	3813	75.3
14	纳林庙一矿	316-2^{上}04	综采	6800	5060	690	5034	35	4382	86.6
综采平均值										72.3
总平均值										57

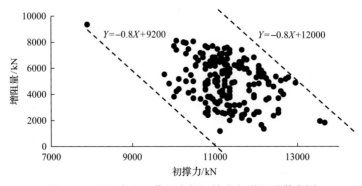

图 3-16　石圪台矿工作面支架初撑力与增阻量散点图

3. 支架初撑力低的原因

工作面支架初撑力不达标主要有主观和客观两方面的原因，具体表现在以下几个方面。

1) 现场管理不善

《煤矿安全质量标准化标准》和采煤工作面作业规程对支架初撑力都虽有明确规定，但由于顶板管理水平低下或重视程度不足，部分矿井对初撑力缺乏考核，工人升柱随意性大，升柱操作时注液时间不足或同时升多个支架，导致实际初撑力不达标；另外，井下液压系统管理不善，如泵站能力不足，液压管路及阀组跑冒滴漏，乳化液浓度不达标，水质差等问题，同样会对支架初撑力造成很大影响。

2) 初撑力概念认识错误

支架初撑力是工作面支架升柱时，注液阀关闭瞬时对顶板产生的主动支撑力，由于初撑力是在支架升柱的瞬间完成的，在井下观察难以跟踪捕捉，考核人员下井查看的往往是在支架升柱完成较长时间，支架增阻之后的即时工作阻力，并不是实际初撑力，如图 3-17 所示。由于在支撑状态下的液压支架增阻之后的工作阻力一般明显大于实际初撑力，考核人员在误判的情况下认为支架初撑力达到了要求，而对支架实际初撑力情况并没有掌握或有效考核。

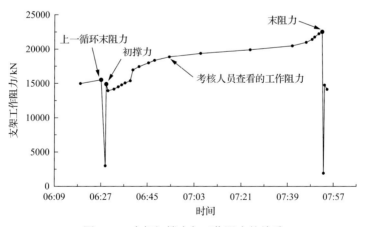

图 3-17　支架初撑力与工作阻力的关系

3) 工作面顶板破碎或顶煤较软

在综采工作面破碎顶板条件下，或综放工作面顶煤松软条件下，放煤过量会导致架后放空，支架与顶板(顶煤)接触不实，支架初撑力很难达到较高水平(尤其是四柱支撑掩护式支架的后柱)，如图 3-18 所示。对于该种情形，应采取及时移架、擦顶移架、控制放煤等措施，并对后柱初撑力适当降低要求。

图 3-18 工作面顶煤较软后柱不受力示意图

3.4.2 安全阀开启

1. 安全阀开启分析方法及作用

支架安全阀是支架结构件、立柱及千斤顶的保护装置，当顶板压力超过支架安全阀设定值时，安全阀开启，当压力小于设定值时关闭。安全阀的作用是当支架在受到较大的动载或超过支架设计支护强度时避免支架损坏。工作面有一定比例的支架安全阀在较短时间内开启是正常的，但当工作面大多数支架安全阀同时开启或某个支架安全阀长时间开启对工作面顶板维护是不利的。安全阀开启率和安全阀开启压力是两个需要重点分析的安全阀开启指标。

1) 安全阀开启率

安全阀开启率高表明支架处于超负荷工作状态，原因可能是工作面矿压显现强烈或支架额定工作阻力偏小。安全阀开启率分为循环开启率和时间开启率，循环开启率是指安全阀开启的循环数占统计时间内总循环数的百分比；时间开启率是指统计时间段内安全阀开启时间占统计时间的百分比。循环开启率和时间开启率是评价工作面支架适应性的重要评价指标，也可反映工作面顶板活动和矿压显现情况。两者分别表示安全阀开启频率和开启时长，单一指标具有一定片面性，两者结合分析更能准确反映工作面矿压显现强烈程度。

表 3-2 为崔木煤矿 302 工作面 3 次支架压架前安全阀开启统计数据，支架安全阀循环开启率平均达到了 46%，时间开启率平均达到了 31.2%，循环开启率和时间开启率均处于较高水平，导致工作面顶板长时间持续下沉，最终发生工作面大面积切顶压架[8]。

表 3-2　崔木煤矿 302 工作面压架前安全阀开启统计表

支架号	5 月 18 日		10 月 20 日		1 月 9 日	
	循环开启率/%	时间开启率/%	循环开启率/%	时间开启率/%	循环开启率/%	时间开启率/%
12	—	—	50	32	100	62
19	56	30	45	25	—	—
26	—	—	55	51	—	—
33	64	53	—	—	—	—
54	—	—	43	18	—	—
89	5	11	—	—	—	—
平均值	循环开启率平均值为 46%，时间开启率平均值为 31.2%					

2) 安全阀开启压力

在支架架型、尺寸和立柱缸径确定的情况下，支架额定工作阻力和支护强度主要与安全阀开启压力有关。支架出厂时安全阀开启压力已经调定，一般要求实际开启压力误差小于设计值的±5%。若安全阀实际开启压力明显大于设计值，则可能损坏立柱或支架构件，而当安全阀实际开启压力明显小于设计值时，支架支撑能力得不到充分发挥，对顶板控制作用减弱。如图 3-19 所示，该支架左柱安全阀开启压力为 30MPa，远小于设计值 42MPa，造成支架左右立柱受力不均衡，支架实际工作阻力达不到额定工作阻力。

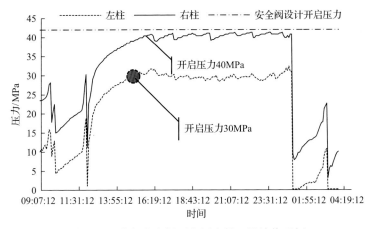

图 3-19　支架安全阀开启压力低于设计值示例

由于人工识别统计安全阀开启费时费力，作者在安全阀开启规律研究的基础上，形成了安全阀开启压力、关闭压力、开启时长等特征的判断方法，并设计了计算机自动分析算法[9]，从而实现支架安全阀开启自动识别，如图 3-20 所示。

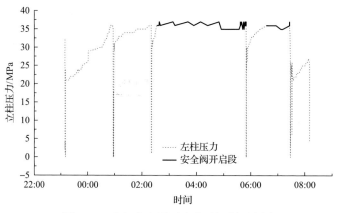

图 3-20   支架安全阀开启自动识别示意图

2. 安全阀开启类型

支架安全阀开启会造成顶板加速下沉，一般安全阀开启时间越长，顶板下沉量越大，而发生安全阀开启的支架越多，表明工作面顶板剧烈活动的范围越大。安全阀开启的表现形式有多种，如水滴状、流水状、喷射状，其反映的工作面顶板活动剧烈程度也不相同。水滴状表明工作面矿压显现不强烈，顶板下沉速度较慢；流水状安全阀开启，安全阀开口范围较大，乳化液泄液流速较快，表明矿压显现较为强烈，顶板下沉速度较快；喷射状安全阀开启是指支架立柱下缩速度超出了安全阀开启的乳化液泄液速度，形成喷雾状，表明顶板来压非常强烈，顶板下沉非常快，甚至有动载冲击现象。

3. 安全阀开启与顶板下沉量关系

安全阀开启主要表现为乳化液外溢和顶板下沉量及下沉速度可能较大。图 3-21 为安全阀开启后乳化液溢出照片，安全阀开启后乳化液大量外溢，形成乳白色液体。图 3-22 为安全阀开启导致采高快速下降的现场照片，正常采高为 5.5～5.8m，安全阀开启后导致顶板下沉量较大，降至采高仅为 3m 左右。图 3-23 为支架工作阻力和采高随时间变化曲线，在 6 月 4 日和 6 月 6 日安全阀持续开启，采高分别降低了 1m 和 2m，下降幅度较大。

工作面顶板下沉量和下沉趋势在安全阀开启前后有本质区别，开启前顶板下沉量与支架工作阻力成正比关系，主要受顶板活动情况和支架刚度影响。一般情况下，工作面来压期间顶板下沉量大于非来压期间，统计了上湾煤矿 12401 工作面 2019 年 7 月 15 日～8 月 15 日期间，推进长度 300m 范围内总计 20 次周期来压，分析了工作面 30 号、40 号、60 号、64 号、70 号、80 号、113 号支架的顶板下沉量。上湾煤矿 12401 工作面来压及非来压期间顶板下沉量及下沉速度如图 3-24 所示。

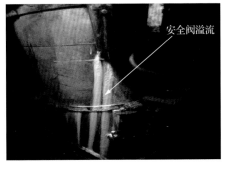

图 3-21 安全阀开启后乳化液溢出

图 3-22 安全阀开启采高降低

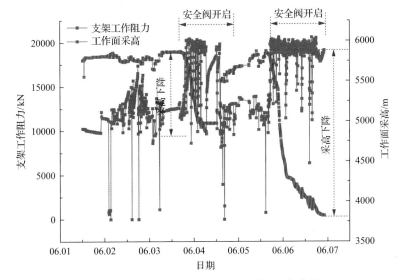

图 3-23 支架工作阻力和采高随时间变化曲线

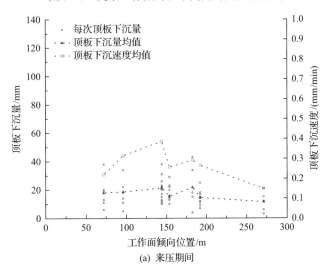

(a) 来压期间

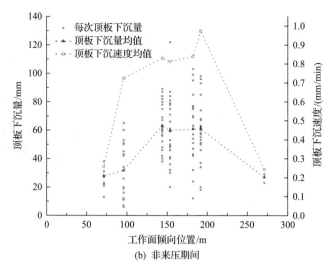

图 3-24 超大采高工作面顶板下沉量分析

从图 2-24 中可知，工作面不同阶段顶板下沉量变化差异性显著，其中来压期间工作面沿倾向方向呈现的"两端小中部大"的分布特征非常明显，非来压期间工作面沿倾向方向顶板下沉量基本一致。来压期间工作面中部顶板下沉量 12～122mm，平均为 61.3mm，顶板下沉速度为 0.72～0.97mm/min，工作面两端头顶板下沉量为 6～65mm，平均为 27.9mm，顶板下沉速度为 0.24～0.26mm/min；非来压期间工作面沿倾向方向，顶板下沉量差异性较小，工作面中部顶板下沉量为 4～43mm，平均为 18.1mm，顶板下沉速度为 0.27～0.39mm/min，工作面两端头顶板下沉量为 3～38mm，平均为 15.9mm，顶板下沉速度为 0.15～0.22mm/min。

对比分析不同阶段顶板下沉量，见表 3-3。来压期间工作面中部顶板下沉量比非来压期间增长幅度为 199.5%～325.0%，下沉速度增长幅度为 112.8%～273.1%，工作面两端头顶板下沉量增长幅度为 57.3%～98.5%，下沉速度增长幅度为 18.2%～132.2%。

表 3-3 超大采高工作面不同阶段顶板下沉量分析

支架号	顶板下沉量/mm		增长幅度/%	顶板下沉速度/(mm/min)		增长幅度/%
	来压	非来压		来压	非来压	
30	28	17.8	57.3	0.26	0.22	18.18
40	31.8	18.5	71.9	0.72	0.31	132.2
60	63.2	21.1	199.5	0.83	0.39	112.8
64	59.8	15.3	290.9	0.81	0.26	211.5
70	60.8	21.6	181.5	0.84	0.29	189.6
80	61.2	14.4	325.0	0.97	0.26	273.1
113	27	11.4	98.5	0.24	0.15	60

图 3-25（a）为安全阀开启前后顶板下沉量和支架增阻量与时间的关系图。从图 3-25（a）可知，安全阀开启前顶板下沉量为 100mm，安全阀开启后顶板下沉了 50mm，开启后的斜率略小于开启前的斜率，说明支架在安全阀开启后顶板下沉速度有所减缓。图 3-25（b）为安全阀开启前后顶板下沉量与支架增阻量关系图，由于支架刚度是固定值，安全阀开启前曲线斜率近似直线，安全阀开启后支架增阻量稳定在 11000kN 左右。

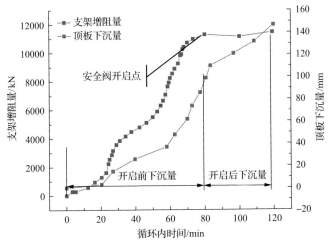

(a) 安全阀开启前后顶板下沉量和支架增阻量与循环内时间的关系图

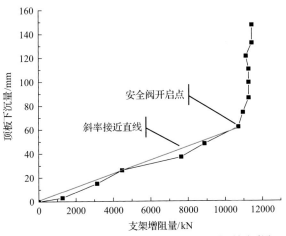

(b) 安全阀开启前后顶板下沉量与支架增阻量关系图

图 3-25　安全阀开启前后支架增阻量与顶板下沉量关系

为准确分析安全阀开启后顶板下沉量随时间增长的持续变化状态，图 3-26 给出了来压期间不同循环内工作面中部区域支架安全阀开启前后顶板下沉量与循环内时间的关系曲线。表 3-4 统计了安全阀开启前后顶板下沉速度。从图 3-26 和

表 3-4 可知，大多数安全阀开启后，顶板下沉速度不同程度呈现增大的趋势，下沉速度由 0.4～1.16mm/min 增至 1.02～3.33mm/min，安全阀开启后顶板的最大下沉速度为开启前的 4.3 倍，如图 3-26(a) 中的曲线 2 安全阀开启后比开启前下沉速度快 3 倍左右，开启一段时间后，下沉速度有所减缓。安全阀开启后，顶板下沉量持续增加，短时开启(60min 内)状态下，顶板下沉增量为 22～65mm，长时开启(大于 60min)状态下，顶板下沉增量为 71～104mm。因此，大多数情况下，安全阀开启后顶板下沉速度增大，对于控制顶板不利。

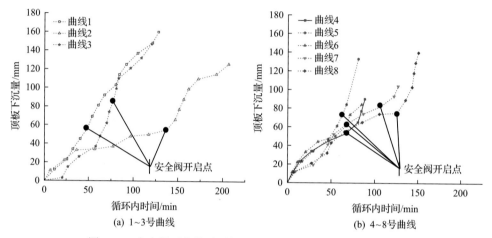

图 3-26 安全阀开启前后顶板下沉量与循环内时间的关系曲线

表 3-4 安全阀开启前后顶板下沉速度

曲线号	安全阀开启前状态		安全阀开启后状态	
	下沉量/mm	平均下沉速度/(mm/min)	下沉量/mm	平均下沉速度/(mm/min)
1	56	1.15	104	1.32
2	55	0.40	71	1.02
3	62	0.88	85	1.70
4	53	0.79	37	1.71
5	73	1.16	60	3.33
6	61	0.91	23	1.28
7	82	0.77	22	1.11
8	75	0.60	65	2.60

3.4.3 支架受力不均衡

支架受力不均衡是指支架前后或左右立柱压力大小不相同，支架受力处于偏载状态。按照支架类型，分为两柱掩护式支架左右立柱受力不均衡和四柱支撑掩护式支架前后立柱受力不均衡两种。一般支架出现轻微的立柱受力不均衡是正常现象,但当立柱受力不均衡达到一定程度时,会直接影响工作面支护效果。四柱(两柱)支架前后(左右)立柱压力中的较小值与较大值的比值,称为受力均衡率,反映支架受力均衡性。单台支架受力均衡率计算公式如下:

$$\eta = \frac{F_{\mathrm{b}}}{F_{\mathrm{a}}} \times 100\%$$　　　　　　　　(3-5)

式中:η 为受力均衡率;F_{a} 和 F_{b} 分别为前柱和后柱(或左柱和右柱)1 个循环内平均实际工作阻力($F_{\mathrm{a}} > F_{\mathrm{b}}$),单位为 kN。

　　四柱式支架由两片阀组控制,易出现前后立柱注液量不一致现象,同时,四柱式支架由于易受到顶板垮落结构和放煤程度影响,造成顶板对支架的合力作用点偏离支架两排立柱的中间位置,支架前后柱受力不均衡问题往往比两柱式支架严重[9,10]。图 3-27 为酸刺沟煤矿 6^{上}105 综放工作面四柱支撑掩护式支架工作阻力曲线和受力均衡率统计,支架前后柱受力不均衡现象较为严重,前柱安全阀已开启,后柱压力尚处于较低水平,支架受力均衡率偏低,统计 4 个循环的支架受力均衡率最低为 33%,最高仅为 58%。图 3-28 为上湾煤矿 12401 超大采高工作面两柱掩护式支架工作阻力曲线和受力均衡率,支架左右柱受力平衡,相差较少,7 个循环支架受力均衡率平均达到 94%。

　　支架受力不均衡的原因较多,有顶底板不平整、放煤过量、支架工操作不规范、支架立柱损坏不保压、立柱安全阀开启压力不一致等原因。图 3-29 为某矿工作面支架左右柱安全阀开启压力不同,导致支架左右柱受力不均衡,右柱安全阀开启压力为 51MPa,左柱安全阀开启压力为 42MPa,相差 9MPa,受力均衡率为 82.35%。图 3-30 为某矿工作面支架由于左柱不保压,导致左右柱受力不均衡,其中一段时间内,由于左柱不保压,右柱安全阀开启,支架实际工作阻力仅为设计额定值的 50%。

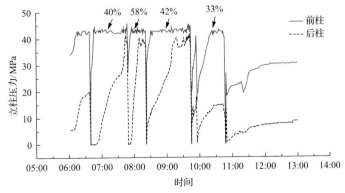

图 3-27　6^{上}105 综放工作面四柱支撑掩护式支架工作阻力曲线和受力均衡率统计

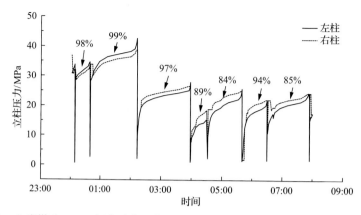

图 3-28 上湾煤矿 12401 超大采高工作面两柱掩护式支架工作阻力曲线和受力均衡率

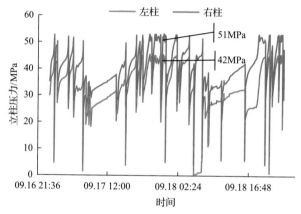

图 3-29 支架受力不均衡(安全阀开启压力不同)

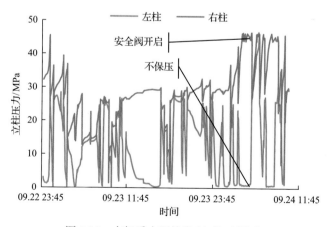

图 3-30 支架受力不均衡(立柱不保压)

3.4.4 支架立柱不保压

立柱不保压是指由于立柱密封、阀组、结构部件损坏等原因，支架在尚未承受顶板压力时已发生自动泄液或窜液，立柱压力不能保持，无法有效支撑顶板，其工作阻力曲线表现形式为：在升柱后立柱压力持续下降甚至衰减为无压状态(压力减小为 0)。立柱不保压对工作面顶板管理会造成很大危害，主要体现在以下几方面。

1. 易引起大面积顶板事故

立柱不保压使得支架实际支护能力大为减弱，降低了工作面整体支护强度，不能有效控制顶板离层和下沉，易引起大面积顶板事故。图 3-31 为崔木煤矿 302 工作面在发生压架前的某支架左右立柱压力曲线，支架左柱在工作面发生压架前存在长时间不保压的问题。根据事故原因分析，支架漏液严重，大量立柱不保压，支架支护效能低下，是 302 工作面发生多次大面积切顶压架的重要原因之一[11]。

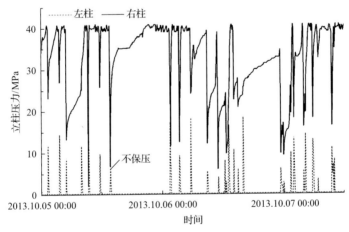

图 3-31 崔木煤矿 302 工作面支架立柱不保压曲线示例

2. 降低乳化液质量损坏立柱

支架立柱不保压漏液严重，会大量消耗乳化液，造成乳化液供给困难，若不能对乳化液质量严格把控，在乳化油加注不及时时，乳化液浓度会愈发稀释，劣化乳化液质量，不能满足支架使用要求，同时会引起其他完好的支架立柱密封、管路、安全阀、阀组等损坏，造成工作面支架立柱漏液和不保压问题更为严重，形成恶性循环。

3. 造成支架立柱受力不均或支架损坏

支架不保压或漏液，在降低支架支护强度的同时，还会造成支架前后或左右立柱受力不均衡，不仅影响顶板支护效果，还导致支架受力偏载，容易造成支架结构件的损坏，衰减支架的使用寿命。

不保压的支架立柱压力曲线表现为压力持续下降，可采用压力下降梯度评价立柱不保压程度，压力下降梯度越大说明不保压或漏液问题越严重。图 3-32 为千树塔煤矿 13302 工作面 90 号支架立柱不保压情况，统计的 4 个循环立柱都不能保压，在立柱注液后，支架立柱内的乳化液快速漏失，压力下降梯度分别为 0.61MPa/min、0.71MPa/min、0.74MPa/min、0.52MPa/min。表 3-5 为不同工作面支架立柱不保压统计数据，各工作面都出现了不同程度的立柱不保压现象。

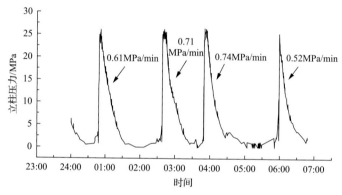

图 3-32　千树塔煤矿 13302 工作面 90 号支架立柱不保压识别结果

表 3-5　不同工作面支架立柱不保压统计数据

开始时间	结束时间	开启压力/MPa	结束压力/MPa	开启时长/min	压力差/MPa	下降梯度/(MPa/min)
石圪台 22206 工作面						
10:31:58	15:37:42	42.6	0.3	305.7	42.3	0.138
22:58:00	00:17:00	27.6	2.1	79.0	25.5	0.323
00:38:50	01:20:30	18.9	9.3	41.7	9.6	0.230
01:39:30	02:31:11	28.5	12.3	51.7	16.2	0.313
11:49:00	13:25:00	27.9	1.2	96.0	26.7	0.278
23:44:00	01:37:00	34.2	7.8	112.5	26.4	0.235
石圪台 42202 工作面						
09:08:00	10:56:00	29.4	5.7	108.0	23.7	0.219
02:26:00	04:52:00	31.5	4.2	145.8	27.3	0.187
16:53:00	13:25:03	18.9	3.9	208.4	15.0	0.072
13:24:00	11:04:00	26.7	4.2	140.2	22.5	0.160
千树塔煤矿 13302 工作						
02:48:00	01:26:00	21.4	0.9	82.3	20.5	0.249
平均值						0.219

3.4.5　支架工作阻力频率分布

支架工作阻力频率分布能够很好地反映支架工作阻力是否处于合理区间，是评价支架效能发挥情况和顶板来压强度的指标之一。支架工作阻力频率分布一般有支架原始工作阻力频率分布和时间加权工作阻力频率分布两种形式。把额定工作阻力分为几等份，统计支架原始工作阻力或时间加权工作阻力在不同阻力区间的占比情况，即得到支架工作阻力频率分布。

理想的支架工作阻力频率分布是工作阻力大部分分布在支架额定初撑力的80%至额定工作阻力的90%范围内，呈现正态分布特征。若低阻力区间占比较大，表明支架工作阻力实际使用效率偏低，富余系数较大，或是存在支架初撑力不足、不保压等问题。图 3-33 为铁北矿右三片工作面一个月内的(7 月 31 日~8 月 31 日)支架原始工作阻力频率分布图，支架原始工作阻力在 0~1000kN 的占比达到了60.1%，而在 5000~8000kN 仅占 0.1%，说明该支架(额定工作阻力为 8000kN)没有发挥出应有的性能，支架工作阻力利用率较低，并最终发生大面积切顶压架[12]。

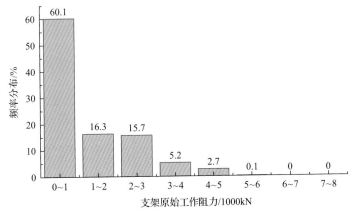

图 3-33　铁北矿右三片工作面支架原始工作阻力频率分布图

支架高阻力区间占比过高，表明支架长期在高负荷状态工作，工作面矿压显现强烈。图 3-34 为崔木煤矿 303 工作面一个月内(6 月 16 日~7 月 16 日)的支架原始工作阻力频率分布图，支架原始工作阻力主要分布在 10000~16000kN，占比达到了 64.52%，其中 14000~16000kN 占比达到了 12.33%，说明该支架长时间处于接近或超过额定工作阻力(额定工作阻力为 15000kN)的工作状态，支架安全阀开启率偏高，影响支架的使用寿命，并对维护顶板不利。

3.4.6　支架工作阻力高报比例

工作面支架立柱工作阻力达到高报预警值的比例称为支架工作阻力高报比

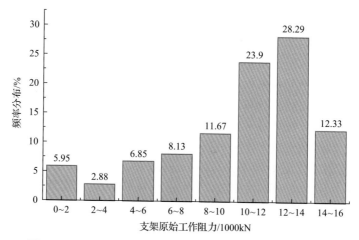

图 3-34　崔木煤矿 303 工作面支架原始工作阻力频率分布图

例。当支架工作阻力高报比例较高时，说明此时工作面矿压显现强烈，应注意防范压架、冒顶等强矿压顶板事故的发生。一般认为支架工作阻力达到额定工作阻力的 95% 左右时处于高报状态。如图 3-35 所示，设置支架工作阻力高报预警值为42MPa，高报比例为 34.6%。

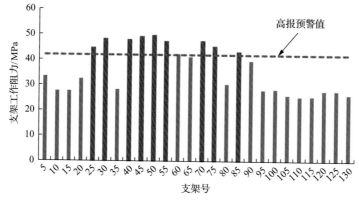

图 3-35　支架工作阻力高报预警示例

3.4.7　支架工况综合评价方法

影响支架工况因素较多，采用单一指标难以全面准确地评价支架工况，作者通过大量支架工作阻力实时监测数据分析，获得反映支架工况的评判指标集，并基于模糊层次分析法原理，采用多个指标综合分析与评价，以提高支架工况评价及预警的准确性[13]。在支架工况评价与预警模型中，将支架工况分为四个等级，分别为良好、中等、较差、很差，并按照隶属度评价方法对支架工况预警等级进行划分，见表 3-6。

表 3-6　支架工况预警等级划分

支架工况等级	很差	较差	中等	良好
隶属度 μ	<0.4	0.4～0.6	0.6～0.8	≥0.8

在大量案例分析的基础上，确定了 6 个预警指标的不同取值区间对工作面顶板管理的影响程度，对每个预警指标参数对应的支架工况预警等级和隶属度函数按照表 3-7～表 3-12 和式(3-6)～式(3-11)进行区间划分。

表 3-7　支架初撑力不合格比例等级划分

支架初撑力不合格比例 u_1/%	0～10	10～20	20～40	40～100
隶属度 μ_1	0.8～1.0	0.6～0.8	0.4～0.6	0～0.4
评价等级	良好	中等	较差	很差

$$\mu_1 = \begin{cases} 1 - 2u_1 & (0 \leqslant u_1 < 0.1) \\ 1 - 2u_1 & (0.1 \leqslant u_1 < 0.2) \\ 0.8 - u_1 & (0.2 \leqslant u_1 < 0.4) \\ \dfrac{2}{3}(1 - u_1) & (0.4 \leqslant u_1 < 1.0) \end{cases} \tag{3-6}$$

表 3-8　安全阀开启比例等级划分

安全阀开启比例 u_2/%	0～10	10～20	20～40	40～100
隶属度 μ_2	0.8～1.0	0.6～0.8	0.4～0.6	0～0.4
评价等级	良好	中等	较差	很差

$$\mu_2 = \begin{cases} 1 - 2u_2 & (0 \leqslant u_2 < 0.1) \\ 1 - 2u_2 & (0.1 \leqslant u_2 < 0.2) \\ 0.8 - u_2 & (0.2 \leqslant u_2 < 0.4) \\ \dfrac{2}{3}(1 - u_2) & (0.4 \leqslant u_2 < 1.0) \end{cases} \tag{3-7}$$

表 3-9　支架工作阻力高报比例等级划分

支架工作阻力高报比例 u_3/%	0～20	20～40	40～60	60～100
隶属度 μ_3	0.8～1.0	0.6～0.8	0.4～0.6	0～0.4
评价等级	良好	中等	较差	很差

$$\mu_3 = 1 - u_3 \quad (0 \leqslant u_3 \leqslant 1) \tag{3-8}$$

表 3-10　支架工作阻力分布不合格比例等级划分

支架工作阻力分布不合格比例 u_4/%	0～20	20～40	40～60	60～100
隶属度 μ_4	0.8～1.0	0.6～0.8	0.4～0.6	0～0.4
评价等级	良好	中等	较差	很差

$$\mu_4 = 1 - u_4 \quad (0 \leqslant u_4 \leqslant 1) \tag{3-9}$$

表 3-11　支架不保压比例等级划分

支架不保压比例 u_5/%	0～5	5～10	10～20	20～100
隶属度 μ_5	0.8～1.0	0.6～0.8	0.4～0.6	0～0.4
评价等级	良好	中等	较差	很差

$$\mu_5 = \begin{cases} 1 - 4u_5 & (u_5 < 0.05) \\ 1 - 4u_5 & (0.05 \leqslant u_5 < 0.1) \\ 0.8 - 2u_5 & (0.1 \leqslant u_5 < 0.2) \\ (1 - u_5) \times 0.5 & (0.2 \leqslant u_5 < 1.0) \end{cases} \tag{3-10}$$

表 3-12　支架不平衡比例等级划分

支架不平衡比例 u_6/%	0～10	10～20	20～40	40～100
隶属度 μ_6	0.8～1.0	0.6～0.8	0.4～0.6	0～0.4
评价等级	良好	中等	较差	很差

$$\mu_6 = \begin{cases} 1 - 2u_6 & (0 \leqslant u_6 < 0.1) \\ 1 - 2u_6 & (0.1 \leqslant u_6 < 0.2) \\ 0.8 - u_6 & (0.2 \leqslant u_6 < 0.4) \\ \dfrac{2}{3}(1 - u_6) & (0.4 \leqslant u_6 < 1.0) \end{cases} \tag{3-11}$$

通过样本学习，采用专家打分方法对 6 个评价指标对支架整体工况的影响权重进行两两比较，基于模糊层次分析法原理对 6 个评价指标的权重系数进行分析。设评判因素集 $U=\{u_1, u_2, \cdots, u_n\}$，表示各因素两两比较重要性程度的模糊互补判断矩阵为

$$Q = \begin{bmatrix} q_{11} & q_{12} & \cdots & q_{1n} \\ q_{21} & q_{22} & \cdots & q_{2n} \\ \vdots & \vdots & & \vdots \\ q_{n1} & q_{n2} & \cdots & q_{nn} \end{bmatrix}$$

若模糊互补判断矩阵 $Q=[q_{ij}]$ 满足：$\forall i, j, k = 1, 2, \cdots, n$；$q_{ij} = q_{ik} - q_{jk} + 0.5$，则称模

糊互补判断矩阵 $\boldsymbol{Q}=(q_{ij})_{n\times n}$ 为模糊一致判断矩阵。此时,权重向量 $\boldsymbol{w}=[w_1 \; w_2 \; \cdots \; w_n]^{\mathrm{T}}$ 表示如下:

$$w_i(\beta) = \beta^{\frac{1}{n}\sum_{j=1}^{n} q_{ij}} \bigg/ \sum_{k=1}^{n} \beta^{\frac{1}{n}\sum_{j=1}^{n} q_{kj}} \tag{3-12}$$

根据 6 个评判指标两两比较重要程度的隶属度,得出模糊一致判断矩阵如下:

$$\boldsymbol{Q} = \begin{bmatrix} 0.5 & 0.8 & 0.8 & 0.8 & 0.7 & 0.88 \\ 0.2 & 0.5 & 0.5 & 0.5 & 0.4 & 0.6 \\ 0.2 & 0.5 & 0.5 & 0.5 & 0.4 & 0.6 \\ 0.2 & 0.5 & 0.5 & 0.5 & 0.4 & 0.6 \\ 0.3 & 0.6 & 0.6 & 0.6 & 0.5 & 0.8 \\ 0.12 & 0.4 & 0.4 & 0.4 & 0.25 & 0.5 \end{bmatrix}$$

根据式(3-12),取底数 $\beta=100$,求得各因素权重为

$$\boldsymbol{w}(100) = [0.25 \; 0.15 \; 0.15 \; 0.15 \; 0.2 \; 0.1]^{\mathrm{T}}$$

确定支架工况评价指标权重见表 3-13。

表 3-13 支架工况评价指标权重

评价指标	支架初撑力不合格比例	安全阀开启比例	支架工作阻力高报比例	支架不平衡比例	支架不保压比例	支架工作阻力分布不合格比例
权重 A_i	0.25	0.15	0.15	0.15	0.2	0.1

在上述常权重系数确定的前提下,即可计算支架工况等级的综合隶属度。但是当某一预警指标的状态量严重偏离正常值时,会对支架整体工况造成很大影响,而常权重系数不会因状态量的恶化而发生改变,因此,为反映某一预警指标状态量变化对支架整体工况的影响,引入变权重系数对支架工况进行综合评价[14]。变权重系数采用如下公式进行计算:

$$A_i' = \frac{\varepsilon_i \cdot A_i}{\sum_{i=1}^{n} \varepsilon_i \cdot A_i} \tag{3-13}$$

式中: A_i' 为变权重系数; ε_i 为状态量调整系数; A_i 为常权重系数。

状态量调整系数 ε_i 采用如下方式计算:当某一预警指标的评价等级为良好 ($\mu_i \geq 0.8$) 时,设 $\varepsilon_i = 1$;当某一预警指标的评价等级为中等、较差或很差 ($\mu_i < 0.8$) 时, ε_i 按照式(3-14)进行计算:

$$\varepsilon_i = \begin{cases} 1 & (\mu_i \geqslant 0.8) \\ \dfrac{1-\mu_i}{1-\mu_0} & (\mu_i < 0.8) \end{cases} \tag{3-14}$$

式中：μ_i 为某一预警指标的隶属度实际值；μ_0 为状态量调整的隶属度阈值，设为 0.8。

支架工况等级的综合隶属度 μ 可按式(3-15)进行计算：

$$\mu = \sum_{i=1}^{n=6} A_i' \cdot \mu_i \tag{3-15}$$

将 6 个预警指标对应的单项隶属度 μ_i 和变权重系数 A_i' 代入式(3-15)计算得出支架工况综合隶属度，根据计算结果判断工作面支架工况综合评价与预警等级，并在系统预警界面以雷达图的形式展示每个预警指标值和对应的支架工况预警等级。当以上 6 个指标中的任一指标值达到设定的支架工况等级较差或很差的预警阈值时，系统界面发出预警信息。

表 3-14 为几个矿的支架工况评价结果，按照支架工况评价标准，对上湾煤矿 12402 工作面、曹家滩矿 122108 工作面以及某矿 5302 工作面的支架工况进行分析和评价，得出支架工况综合等级分别为良好、中等、较差。通过对工作面支架初撑力、不保压、安全阀开启等信息实时预警，为煤矿现场及时发现支架支护问题，改善顶板管理提供了可靠依据。

表 3-14 支架工况评价及预警等级划分

矿井、工作面	评价指标	参数 u_i/%	单项隶属度 μ_i	变权重系数 A_i'	综合隶属度 μ	工况等级
上湾煤矿 12402 工作面	支架初撑力不合格比例	0.0	1.00	0.240	0.89	良好
	支架工作阻力高报比例	18.3	0.82	0.144		
	支架工作阻力分布不合格比例	10.8	0.89	0.096		
	支架不保压比例	0.0	1.00	0.192		
	支架不平衡比例	7.8	0.84	0.144		
	支架安全阀开启比例	12.9	0.74	0.185		
曹家滩矿 122108 工作面	支架初撑力不合格比例	29.0	0.51	0.383	0.65	中等
	支架工作阻力高报比例	16.0	0.84	0.094		
	支架工作阻力分布不合格比例	36.0	0.64	0.113		
	支架不保压比例	7.0	0.72	0.175		
	支架不平衡比例	15.0	0.70	0.141		
	支架安全阀开启比例	8.0	0.84	0.094		

续表

矿井、工作面	评价指标	参数 u_i/%	单项隶属度 μ_i	变权重系数 A_i'	综合隶属度 μ	工况等级
某矿 5302 工作面	支架初撑力不合格比例	66.3	0.22	0.350	0.41	较差
	支架工作阻力高报比例	50.0	0.50	0.135		
	支架工作阻力分布不合格比例	55.8	0.44	0.101		
	支架不保压比例	11.3	0.57	0.154		
	支架不平衡比例	30.4	0.50	0.136		
	支架安全阀开启比例	25.8	0.54	0.124		

3.5 工作面矿压显现强度分析及评价方法

在工作面生产过程中，开挖导致覆岩活动和原始应力重新平衡对支架围岩产生的作用力称为矿山压力。在矿山压力作用下通过采场围岩运动与支架受力等形式所表现出来的矿压现象，称为矿山压力显现[15]。工作面内的矿压显现包括顶板下沉、煤壁片帮、支架受力、安全阀开启、支架变形损坏、矿震、冲击等。根据顶板破断状态，工作面矿压显现可分为顶板来压(老顶初次来压和周期来压)和非来压期间矿压显现，对工作面生产造成的影响一般为顶板来压期间的矿压显现。要实现工作面周期来压预警需要先掌握两方面的信息：一是判断工作面是否处于周期来压状态，并判断什么时间将要发生周期来压，以及分析预判来压强度大小；二是评判工作面不同矿压显现强度和程度对工作面安全生产的影响程度及大小。

3.5.1 工作面周期来压

传统矿压分析的主要内容有工作面来压步距、动载系数、末阻力等。随着矿压数据获取手段越来越丰富和先进，工作面矿压分析内容更加全面和深入(如支架压力云图、支架工作阻力增阻率等)，也更能准确表征工作面矿压显现强度。

工作面顶板来压包括基本顶初次来压和周期来压。基本顶第一次较大范围的断裂而产生的工作面顶板来压，称为基本顶初次来压；在基本顶初次来压后，基本顶发生周期性的断裂或失稳导致工作面顶板来压，称为基本顶周期来压。

初次来压发生时工作面推进距离加上切眼宽度，计为初次来压步距。两次周期来压之间工作面的推进距离为周期来压步距。初次来压步距和周期来压步距对于分析工作面矿压显现规律有重要的意义。初次来压和周期来压都是由于工作面回采顶板断裂或失稳引起的，由于工作面顶板断裂或失稳监测难度较大，通过顶板断裂和失稳来分析工作面来压难以实现，一般采用分析工作面支架工作阻力随工作面推进过程中的变化规律来推断工作面是否来压。

1. 基于数据统计的工作面来压分析方法

钱鸣高院士撰写的《矿山压力与岩层控制》一书中，采用循环末阻力或循环加权阻力加上其均方差作为来压判据，大于判据判定为来压，小于判据判定为非来压，判据计算方法如下：

$$P_t' = \bar{P}_t + \eta \sigma_P \tag{3-16}$$

$$\sigma_p = \sqrt{\frac{1}{n}\sum_{i=1}^{n}(P_{ti} - \bar{P}_t)^2} \tag{3-17}$$

$$\bar{P}_t = \frac{1}{n}\sum_{i=1}^{n}P_{ti} \tag{3-18}$$

式中：P_t' 为来压判据；σ_P 为循环末阻力(或循环加权阻力)均方差；n 为实测循环数；P_{ti} 为各循环的实测循环末阻力(或循环加权阻力)；$\bar{P}_t$ 为循环末阻力的(或循环加权工作阻力)平均值；η 为系数，一般为 1~2。

从上述工作面来压分析方法可知，判定是否来压和来压步距都是以循环末阻力或循环加权阻力为基础，首先要根据 F-T 曲线进行初撑力和末阻力识别，再计算来压判据。图 3-36 为纳林河二矿 31101 工作面在初采期间(2014 年 9 月 2 日~2015 年 3 月 24 日)分析的来压情况，以循环末阻力和循环加权阻力综合分析来压强度和来压步距，表 3-15 为不同支架来压判据计算数值。

从图 3-36 中可知，工作面中部的 69 号和 87 号支架来压较为频繁，且来压时循环加权阻力和循环末阻力较大，循环加权阻力最大为 12000kN 左右，循环末阻力最大为 13000kN 左右，两端头的 15 和 132 号支架来压步距较大，且来压时阻力较小，15 号支架小于 8000kN，132 号支架小于 10000kN。

表 3-15 纳林河二矿 31101 工作面来压判据计算数值

支架号	循环加权阻力/kN			循环末阻力/kN		
	平均循环加权阻力 $\bar{P}_t$	加权阻力均方差 σ_{P_t}	来压判据 $P_t^p = \bar{P}_t + \sigma_{P_t}$	平均循环末阻力 $\bar{P}_{max}$	循环末阻力均方差 $\sigma_{P_{max}}$	来压判据 $P_{max}^p = \bar{P}_{max} + \sigma_{P_{max}}$
15	7590	803	8393	7328	628	7956
69	9652	1766	11418	8570	1230	9800
87	9529	1468	10997	8598	1202	9800
132	8255	886	9141	7756	755	8511

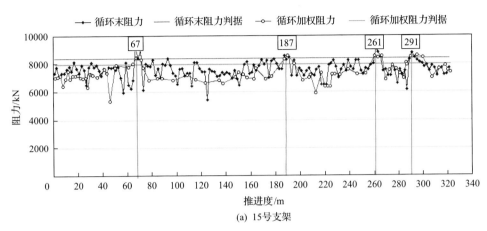

(a) 15号支架

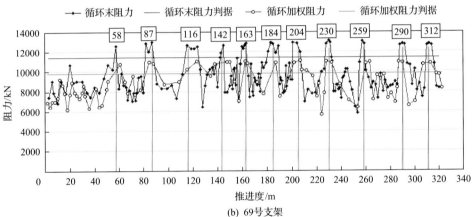

(b) 69号支架

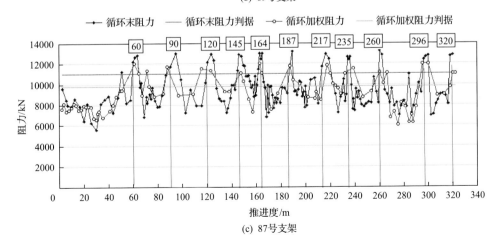

(c) 87号支架

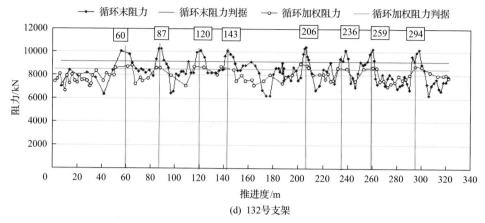

图 3-36 纳林河二矿 31101 工作面来压步距分析曲线

采用统计方法分析周期来压步距应用较多，但存在以下几个问题。

(1)分析对象是某个或几个支架，而这几个支架并不能代表整个工作面来压情况，有些工作面不同区域来压时间和步距并不相同，采用个别支架分析周期来压存在以点代面问题。

(2)人工处理数据量大，费时费力且分析效率低，需要提前分析目标支架的循环末阻力和循环加权阻力，再计算判据并生成曲线，通过来压划分得到来压步距等信息。

2. 基于支架工作阻力云图的工作面来压分析法

云图是较早应用在天气预报，能反映天空中云的尺度、形状、纹理、分布等特征的图片集，优点是可以把成千上万的数据整合在一张图上显示，可以一目了然地看到整体情况，后来应用到力学分析、温度分析等方面。

每个工作面有上百台支架，每台支架每天形成成千上万个数据，采用支架工作阻力曲线无法显示整个工作面支架工作阻力随工作面推进的动态变化情况。把支架工作阻力以一定规则生成云图，不同颜色表示阻力大小，展示某个区域或时间段内阻力变化或整体分布情况，是分析工作面来压较为直观的分析方法。

支架工作阻力云图是由支架工作阻力按时间顺序或推进距离形成的，需要对没有数据的位置和数据间进行插值。相关插值法较多，通过对线性插值三角网法、自然邻点插值法等 12 种插值方法进行对比分析，发现克里金、自然邻点两种插值方法比较适用于支架工作阻力云图，尤其是自然邻点插值法最为适用。图 3-37 为同一批数据不同插值方法的计算结果。

自然邻点插值法是基于空间自相关性，其基本原理是先对所有样本点创建泰森多边形，当对未知点进行插值时，就会修改这些泰森多边形并对未知点生成一

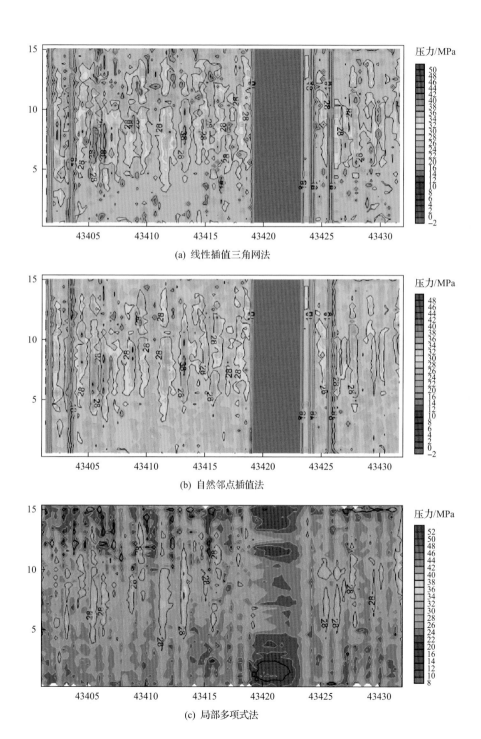

(a) 线性插值三角网法

(b) 自然邻点插值法

(c) 局部多项式法

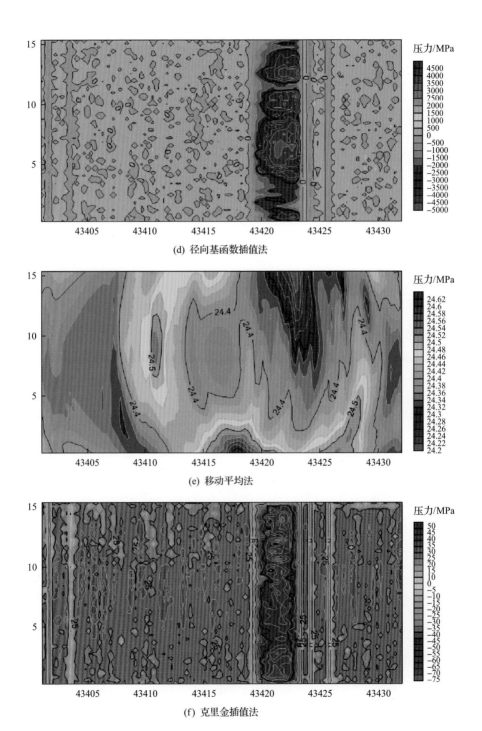

(d) 径向基函数插值法

(e) 移动平均法

(f) 克里金插值法

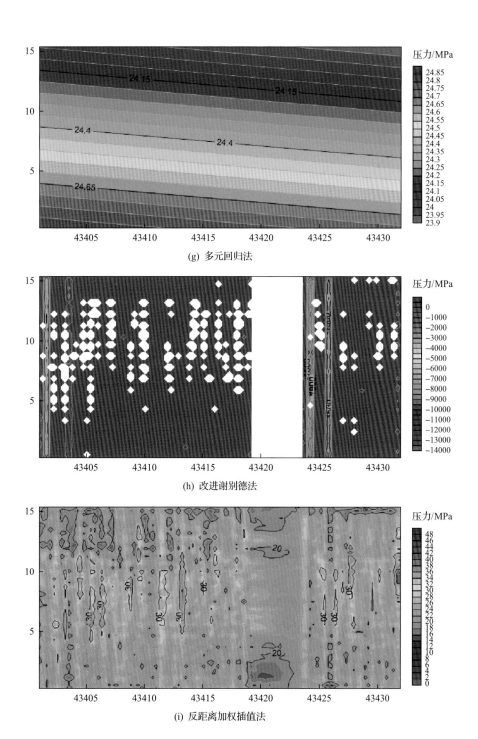

(g) 多元回归法

(h) 改进谢别德法

(i) 反距离加权插值法

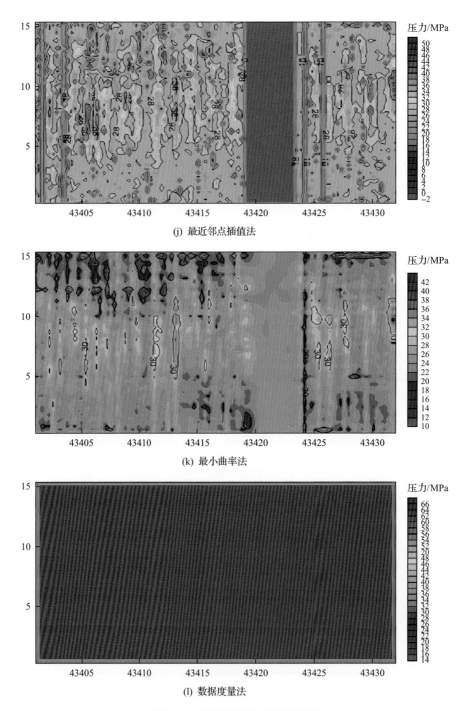

(j) 最近邻点插值法

(k) 最小曲率法

(l) 数据度量法

图 3-37 不同插值法对比示意图

个新的泰森多边形。与待插值点泰森多边形相交的泰森多边形中的样本点被用来参与插值，它们对待插值点的影响权重与它们所处泰森多边形和待插值点新生成的泰森多边形相交的面积成正比[16]，如图 3-38 所示。

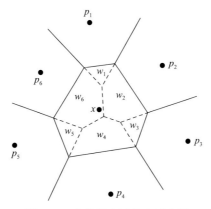

图 3-38 自然邻点插值法示意图

公式如下：

$$f(x) = \sum_{i=1}^{n} w_i(x) f_i \tag{3-19}$$

式中：$f(x)$ 为待插值点 x 处的插值结果；$w_i(x)$ 为参与插值的样本点 $i(i=1,2,\cdots,n)$ 关于插值点 x 的权重；f_i 为样本点 i 处的值。

权重由式(3-20)决定：

$$w_i(x) = \frac{a_i \bigcap a(x)}{a(x)} \quad (0 \leqslant w_i(x) \leqslant 1) \tag{3-20}$$

式中：a_i 为参与插值的样本点所处泰森多边形的面积；$a(x)$ 为待插值点 x 处泰森多边形的面积；$a_i \bigcap a(x)$ 为两者相交的面积。

把自然邻点插值法计算过程植入分析软件内，可以自动生成支架工作阻力云图。图 3-39 为 KJ21 顶板灾害监测预警系统及平台生成的上湾煤矿 12401 工作面 1370～1620m 阶段支架工作阻力云图，该图纵轴为支架编号，横轴为时间，以左右柱压力平均值生成压力云图，从工作阻力云图中可非常清楚看出工作面支架压力大小的分布情况，掌握该时间段支架压力总体演化过程，并据此分析来压步距、来压持续时间或距离以及来压强度等。

3.5.2 工作面矿压显现强度指标及评价方法

工作面矿压显现对工作面顶板管理和安全生产具有重要影响，且影响程度与

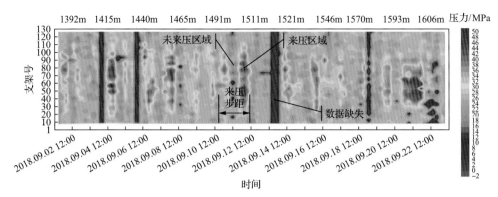

图 3-39　上湾煤矿 12401 工作面 1370～1620m 阶段支架工作阻力云图

矿压显现强度有关，工作面较强的矿压显现一般发生在基本顶初次或周期来压过程中，矿压显现强度不仅和地质条件相关，还和采煤方法、回采工艺、顶板管理水平等相关。受地质条件、开采强度等不同因素影响，不同矿井、不同工作面乃至同一工作面不同区域矿压显现强度都可能不同。为了在强矿压显现到来时或到来前及时采取应对措施，需要根据矿压监测得出的预警信息对矿压显现强度进行预判，这对于防止顶板灾害的发生具有重要意义。

1. 工作面矿压显现强度指标

通过支架压力监测并对监测数据进行深入分析是对顶板灾害提前预判和量化分析的重要手段。经过多年的顶板灾害防治实践和矿压显现规律研究，将支架工作阻力利用率、支架增阻速率、动载系数、支架安全阀开启指数、支架活柱下缩量等作为工作面矿压显现强度的主要判别指标[17]。

1) 支架工作阻力利用率

将分析时段的支架循环末阻力平均值与支架额定工作阻力的比值称为支架工作阻力利用率，该参数可以很好地反映工作面支架工作阻力的富余程度和工作面矿压显现强度，因此它是判断顶板来压强弱和致灾危险性的重要评判指标。某支架工作阻力利用率 η 可用式(3-21)表示：

$$\eta = \frac{\overline{P}_{\mathrm{m}}}{P_{\mathrm{e}}} \tag{3-21}$$

式中：$\overline{P}_{\mathrm{m}}$ 为分析时段循环末阻力平均值，kN；P_{e} 为支架额定工作阻力，kN。

2) 支架增阻速率

支架在循环内的增阻情况一方面反映了支架初撑力与顶板压力是否匹配，另一方面也表征了工作面矿压显现的剧烈程度。支架增阻速率与顶板活动强度或顶板下沉速度呈正相关关系。在基本顶发生初次或周期性断裂、失稳时，一般会伴随支架在短时间内的快速增阻现象，且来压越强烈，支架增阻速率越快，而非来压期间支架增阻特征多呈缓增阻或恒阻状态，因此，支架增阻速率是评价工作面矿压显现强弱的一个重要表征指标。支架增阻速率 v 可用式 (3-22) 表示：

$$v = \frac{\Delta F}{T} \tag{3-22}$$

式中：v 为支架增阻速率，kN/min 或 MPa/min；ΔF 为循环内支架工作阻力增阻量，kN 或 MPa；T 为循环增阻时间，min。

3) 动载系数

当工作面周期来压时，可以采用动载系数来评价周期来压的强度。动载系数是工作面顶板来压期间支架平均循环末阻力与非来压期间支架平均循环末阻力的比值，可用式 (3-23) 表示：

$$K = \frac{P_{t来压}}{P_{t非来压}} \tag{3-23}$$

式中：$P_{t来压}$ 为工作面来压期间支架平均循环末阻力，kN；$P_{t非来压}$ 为工作面非来压期间支架平均循环末阻力，kN。

一般情况下，动载系数越大，周期来压强度越大或矿压显现越强烈，但当工作面支架工况不好时，支架支撑效率较低，非来压期间循环末阻力较小，也会导致动载系数较大，造成矿压显现强烈的假象。

4) 支架安全阀开启指数

工作面支架选型时，支架支护强度应与工作面顶板来压强度相匹配，工作面顶板来压时支架安全阀开启比例应在合理范围内。当工作面顶板来压强烈或发生顶板灾害时，往往会发生支架安全阀大范围长时间开启，造成顶板持续下沉，从而可能引发压架或冒顶事故，因此，安全阀开启比例和安全阀开启时间是表征工作面顶板来压强度和顶板灾害危险性的重要指标。为了同时体现安全阀开启比例和安全阀开启时间的影响，引入安全阀开启指数的概念，安全阀开启指数用式 (3-24) 表示：

$$A_q = \frac{\sum_{i=1}^{j} t_i}{N} \tag{3-24}$$

式中：A_q 为安全阀开启指数；j 为工作面周期来压期间发生安全阀开启的支架数

量；t_i 为工作面本次周期来压期间第 i 台支架安全阀开启总时间，min；N 为工作面安装支架总数量。

5) 支架活柱下缩量

工作面顶板结构周期性失稳造成工作面来压不仅体现在支架工作阻力升高、安全阀开启等现象，还往往表现在顶板下沉造成支架活柱下缩，当顶板压力远超支架支撑能力时，会造成支架压死。现场可通过监测支架活柱下缩量变化进行工作面顶板来压预警，且由于特定条件下支架刚度恒定，顶板来压强度越高，支架活柱下缩量越大，因此可将支架活柱下缩量作为表征工作面顶板来压强度的指标之一。

2. 工作面矿压显现强度等级

按照工作面矿压显现强烈程度以及对生产的影响，将工作面矿压显现强度分为四级。

Ⅰ级(弱)：工作面动载矿压不显著，安全阀基本无开启，工作面片帮不严重，支架活柱下缩不明显，工作面矿压显现对工作面正常生产无影响。

Ⅱ级(中等)：工作面有一定的动载矿压显现，支架安全阀有开启现象，支架活柱有少许下缩量，工作面有片帮现象，工作面矿压显现对工作面正常生产影响较小。

Ⅲ级(强烈)：工作面来压期间支架安全阀开启比例较高，支架活柱下缩明显，工作面动载矿压显现强烈，煤壁片帮较严重，产生较多大块煤，有时造成转载口拥堵，造成工作面短时间停机，对工作面连续作业造成一定干扰，工作面顶板偶尔存在掉矸现象。

Ⅳ级(异常)：工作面支架安全阀大范围长时间开启，支架活柱快速下缩，工作面片帮冒顶严重，工作面正常生产受到极大干扰，工人安全作业环境受到威胁；支架活柱过小，采煤机无法通过，甚至支架直接压死，或工作面片帮冒顶严重，造成工作面被迫停产，形成重大顶板灾害；工作面有较强烈的动载冲击，冲击后安全阀开启或部分立柱损坏。

3. 工作面矿压显现强度分级评价预警模型

1) 工作面矿压显现强度指标权重分配

按照模糊层次分析法原理对矿压显现强度分级指标权重和模型进行研究。这种模糊性是指存在现实中的不分明现象，如矿压显现强度级别之间找不到明确的边界，从差异的一方到另一方，中间经历了一个从量变到质变的连续过渡过程，即在质上没有确切的含义，在量上没有明确的界限。于是需要模糊数学来定量地研究这类模糊现象。

综合评价是对给定对象综合考虑多种因素进行评价和判决的问题。在实际应用中，评价的对象往往具有模糊性，将模糊理论与经典综合评价方法相结合，便是模糊综合评价。模糊综合评价具有 3 个要素：①评判因素集 U，即被评判对象的各因素组成的集合；②评语集 V，由评语组成的集合；③单因素判断，即对 U 中单个因素的评判，得到 V 上的模糊集 $\{r_{i1}, r_{i2}, \cdots, r_{im}\}$。

相比于传统权重确定方法，模糊层次分析法可以提高权重的客观性。设评判因素集 $U=\{u_1, u_2, \cdots, u_n\}$，若模糊互补判断矩阵 $\boldsymbol{Q}=(q_{ij})$ 满足任意两行对应元素之差为常数，即 $\forall i, j, k = 1, 2, \cdots, n$；$q_{ij} = q_{ik} - q_{jk} + 0.5$，则称模糊互补判断矩阵 $\boldsymbol{Q}=(q_{ij})_{n \times n}$ 为模糊一致判断矩阵[18]。

当 $\boldsymbol{Q}$ 为模糊一致判断矩阵时，权重向量 $\boldsymbol{w}=[w_1 \; w_2 \; \cdots \; w_n]^{\mathrm{T}}$ 表示如下：

$$w_i(\beta) = \beta^{\frac{1}{n}\sum_{j=1}^{n} q_{ij}} \Bigg/ \sum_{k=1}^{n} \beta^{\frac{1}{n}\sum_{j=1}^{n} q_{kj}}$$

①评判因素集的确定

工作面顶板来压强度分级评判因素集 U 由矿压显现强度分级的 5 个评判指标构成，即支架工作阻力利用率 u_1、支架增阻速率 u_2、动载系数 u_3、支架安全阀开启指数 u_4、支架活柱下缩量 u_5，故评判因素集可表示为

$$U = \{u_1, u_2, u_3, u_4, u_5\} \tag{3-25}$$

②评语集的建立

评语集实质是工作面矿压显现强度的等级，定义评语集为 $V=\{$ Ⅰ级(弱)、Ⅱ级(中等)、Ⅲ级(强烈)、Ⅳ级(异常)$\}$，用符号记为 $V=\{v_1, v_2, v_3, v_4\}$。

③指标权重的确定

权重是指某一评价指标的因素在确定评语等级时的重要性程度或贡献大小。确定权重的方法有很多，如模糊层次分析法、统计试验法、等权重法等，其中模糊层次分析法克服了其他方法主观性强、评价结果可靠性差的缺点，是一种确定权重科学合理的方法。

根据评判因素集 5 个评判指标两两比较重要程度的隶属度，得出模糊一致判断矩阵：

$$\boldsymbol{Q} = \begin{bmatrix} 0.5 & 0.4 & 0.55 & 0.55 & 0.3 \\ 0.6 & 0.5 & 0.65 & 0.5 & 0.4 \\ 0.45 & 0.35 & 0.5 & 0.5 & 0.35 \\ 0.45 & 0.5 & 0.5 & 0.5 & 0.35 \\ 0.7 & 0.6 & 0.65 & 0.65 & 0.5 \end{bmatrix}$$

考虑方案优劣的分辨率，取底数 $\beta=100$，求得各因素权重为

$$w(100)=[0.184\ 0.212\ 0.172\ 0.184\ 0.248]^\mathrm{T}$$

各评判因素对矿压显现强度的权重分配见表 3-16。

表 3-16　各评判因素对矿压显现强度的权重分配

因素	支架工作阻力利用率	支架增阻速率	动载系数	支架安全阀开启指数	支架活柱下缩量
权重 A_i	$A_1=0.184$	$A_2=0.212$	$A_3=0.172$	$A_4=0.184$	$A_5=0.248$

2) 工作面矿压显现强度分级指标阈值

根据多年对不同矿井工作面矿压数据分析，得出了工作面矿压显现强度分级指标阈值。需要说明的是，由于地质条件的复杂性、工作面矿压显现影响因素多、统计数据的局限性等，需要增添更多样本数据对分级指标阈值不断完善。表 3-17 为所统计的不同矿井发生大面积切顶或压架时的各指标值。根据国内多个矿井和工作面不同来压强度的案例分析，确定工作面矿压显现强度 II ～ IV 级的各预警指标阈值见表 3-18。

表 3-17　工作面矿压显现强度 IV 级时各指标统计值

煤矿	日期	支架初撑力/MPa	循环末阻力/MPa	工作阻力利用率	最大增阻速率/(MPa/min)	动载系数	支架安全阀开启指数/(min/架)
石圪台矿	10.19	27.2	45.9	1.00	2.64	1.53	70
杨伙盘矿	04.11	23.6	40.8	1.06	1.90	1.63	44
	04.27	26.0	38.0	1.00	0.60	1.5	107
	平均值	24.8	39.4	1.03	1.25	1.57	75.5
酸刺沟煤矿	04.14	21.4	41.2	1.12	0.99	1.59	548
	04.22	22.9	38.2	1.00	1.40	1.5	287
	05.19	21.2	41.6	1.10	0.70	1.4	220
	平均值	21.8	40.3	1.07	1.03	1.50	352
崔木煤矿	05.18	23.2	39.6	0.90	1.00	1.6	196
	06.18	10.1	38.8	0.84	0.68	1.55	104
	10.19	14.6	38.6	0.83	0.62	1.54	359
	平均值	16.0	39.0	0.86	0.77	1.56	220
铁北矿	07.15	17.3	39.9	1.25	0.77	1.90	179
招贤矿	03.28	25.6	41.1	1.05	0.39	1.37	260
	05.06	25.0	40.6	1.03	0.57	1.35	264
	07.01	25.7	41.7	1.06	1.00	1.39	354
	平均值	25.4	41.1	1.05	0.65	1.37	293
总平均值		21.9	40.3	0.83～1.12/1.00	0.39～2.64/1.02	1.35～1.9/1.52	44～548/231

表 3-18　工作面矿压显现强度分级指标阈值

矿压显现强度	支架工作阻力利用率/%	支架增阻速率/(MPa/min)	动载系数	支架安全阀开启指数/(min/架)	支架活柱下缩量/mm
Ⅱ级	75	0.1	1.2	20	20
Ⅲ级	90	0.3	1.4	50	100
Ⅳ级	100	0.6	1.5	100	300

3) 各项指标对矿压显现强度等级的隶属度计算

根据工作面不同顶板矿压显现强度对应的各指标阈值的实测统计,分别建立了各指标不同量化区间对矿压显现强度的隶属关系,见表 3-19～表 3-23,并根据隶属度的计算方法,建立了单指标因素 u_i 与矿压显现强度等级的隶属函数 μ_i。

①支架工作阻力利用率

支架工作阻力利用率对矿压显现强度的隶属度见表 3-19。根据不同支架工作阻力利用率对矿压显现强度影响程度的不同,支架工作阻力利用率对矿压显现强度的隶属度 μ_1 可表示为式(3-26):

表 3-19　支架工作阻力利用率对矿压显现强度的隶属度 μ_1

支架工作阻力利用率/%	<75	75～90	90～100	100～110
工作面矿压显现强度等级	Ⅰ级(弱)	Ⅱ级(中等)	Ⅲ级(强烈)	Ⅳ级(异常)

$$\mu_1 = \begin{cases} 0 & (u_1 < 0.5) \\ 1.6u_1 - 0.8 & (0.5 \leqslant u_1 < 0.75) \\ 2u_1 - 1.1 & (0.75 \leqslant u_1 < 1.0) \\ u_1 - 0.1 & (1.0 \leqslant u_1 < 1.1) \\ 1.0 & (u_1 \geqslant 1.1) \end{cases} \quad (3\text{-}26)$$

②支架增阻速率

支架增阻速率对矿压显现强度的隶属度见表 3-20。支架增阻速率对矿压显现强度的隶属度 μ_2 表示为式(3-27):

表 3-20　支架增阻速率对矿压显现强度的隶属度 μ_2

支架增阻速率/(MPa/min)	<0.1	0.1～0.3	0.3～0.6	>0.6
工作面矿压显现强度等级	Ⅰ级(弱)	Ⅱ级(中等)	Ⅲ级(强烈)	Ⅳ级(异常)

$$\mu_2 = \begin{cases} 4u_2 & (0 < u_2 \leqslant 0.1) \\ 1.5u_2 + 0.25 & (0.1 < u_2 \leqslant 0.3) \\ \dfrac{2}{3}u_2 + 0.5 & (0.3 < u_2 \leqslant 0.6) \\ 0.25u_2 + 0.75 & (0.6 < u_2 \leqslant 1.0) \\ 1.0 & (u_2 > 1.0) \end{cases} \tag{3-27}$$

③动载系数

动载系数对矿压显现强度的隶属度见表 3-21。动载系数对矿压显现强度的隶属度 μ_3 表示为式(3-28)：

表 3-21　动载系数对矿压显现强度的隶属度 μ_3

动载系数	<1.2	1.2~1.4	1.4~1.5	>1.5
工作面矿压显现强度等级	I级(弱)	II级(中等)	III级(强烈)	IV级(异常)

$$\mu_3 = \begin{cases} 2u_3 - 2 & (1.0 < u_3 \leqslant 1.2) \\ 1.5u_3 - 1.4 & (1.2 < u_3 \leqslant 1.4) \\ 2u_3 - 2.1 & (1.4 < u_3 \leqslant 1.5) \\ u_3 - 0.6 & (1.5 < u_3 \leqslant 1.6) \\ 1 & (u_3 > 1.6) \end{cases} \tag{3-28}$$

④支架安全阀开启指数

支架安全阀开启指数对矿压显现强度的隶属度见表 3-22。安全阀开启指数对矿压显现强度的隶属度 μ_4 表示为式(3-29)：

表 3-22　支架安全阀开启指数对矿压显现强度的隶属度 μ_4

支架安全阀开启指数/(min/架)	0~20	20~50	50~100	>100
工作面矿压显现强度等级	I级(弱)	II级(中等)	III级(强烈)	IV级(异常)

$$\mu_4 = \begin{cases} 0.02u_4 & (0 \leqslant u_4 \leqslant 20) \\ 0.01u_4 + 0.2 & (20 < u_4 \leqslant 50) \\ 0.04u_4 + 0.5 & (50 < u_4 \leqslant 100) \\ 0.001u_4 + 0.8 & (100 < u_4 \leqslant 200) \\ 1.0 & (u_4 > 200) \end{cases} \tag{3-29}$$

⑤支架活柱下缩量

支架活柱下缩量对矿压显现强度的隶属度见表 3-23。支架活柱下缩量对矿压显现强度的隶属度 μ_5 表示为式(3-30)：

表 3-23　支架活柱下缩量对矿压显现强度的隶属度 μ_5

活柱下缩量/mm	<20	20～100	100～300	>300
工作面矿压显现强度等级	Ⅰ级(弱)	Ⅱ级(中等)	Ⅲ级(强烈)	Ⅳ级(异常)

$$\mu_5 = \begin{cases} 0.02u_5 & (0 \leqslant u_5 \leqslant 20) \\ 0.00375u_5 + 0.325 & (20 < u_5 \leqslant 100) \\ 0.001u_5 + 0.6 & (100 < u_5 \leqslant 300) \\ 0.0005u_5 + 0.75 & (300 < u_5 \leqslant 500) \\ 1.0 & (u_5 > 500) \end{cases} \tag{3-30}$$

各指标对工作面矿压显现强度的综合隶属度 μ 可按式(3-31)进行计算:

$$\mu = \sum_{i=1}^{n=6} A_i \cdot \mu_i \tag{3-31}$$

根据以上综合分析,得出工作面矿压显现强度等级判定标准见表 3-24。

表 3-24　工作面矿压显现强度等级判定标准

隶属度 μ	0～0.4	0.4～0.7	0.7～0.9	0.9～1.0
工作面矿压显现强度等级	Ⅰ级(弱)	Ⅱ级(中等)	Ⅲ级(强烈)	Ⅳ级(异常)

参 考 文 献

[1] 徐刚, 黄志增, 范志忠, 等. 工作面顶板灾害类型、监测与防治技术体系[J]. 煤炭科学技术, 2021, 49(2): 1-11.

[2] 范志忠. 一种综采工作面支架多位态和活柱下缩量测定系统及方法: 201410654649.5[P]. 2017-09-08.

[3] 徐刚. 支架初撑力对工作面矿压影响研究[C]//综采放顶煤技术理论与实践的创新发展——综放开采 30 周年科技论文集. 北京: 煤炭工业出版社, 2012: 247-250.

[4] 万峰, 张洪清, 韩振国. 液压支架初撑力与工作面矿压显现关系研究[J]. 煤炭科学技术, 2011, 39(6): 18-20, 25.

[5] 任艳芳. 综采工作面液压支架支护能力的分析与评价方法[J]. 采矿与岩层控制工程学报, 2020, 2(3): 036012.

[6] 范志忠. 工作面液压支架初撑力与循环末阻力的判识方法和系统: 202011056466.5[P]. 2021-02-02.

[7] 毛德兵, 徐刚, 付东波, 等. 一种顶板灾害监测系统: 202110222657.3[P]. 2015-02-18.

[8] 徐刚, 卢振龙, 刘前进, 等. 液压支架安全阀工作状态的监测方法: 202010584973.X [P]. 2020-11-10.

[9] 张震, 闫少宏, 毛德兵, 等. 两柱及四柱放顶煤支架适应性对比分析[J]. 煤炭工程, 2012, (3): 80-82, 86.

[10] 刘前进. 两柱式与四柱式综放支架对顶煤的适应性研究[D]. 北京: 煤炭科学研究总院, 2015.

[11] 徐刚. 综放工作面切顶压架机理及应用研究[D]. 北京: 煤炭科学研究总院, 2019.

[12] 徐刚. 基于实测数据的非坚硬顶板综采工作面大面积来压原因分析[J]. 煤矿开采, 2014, 19(2): 98-100, 116.

[13] 刘前进, 徐刚, 张震, 等. 一种液压支架工况的预警方法: 中国, 202010840281.7[P]. 2020-12-29.

[14] 杜毅博. 液压支架支护状况获取与模糊综合评价方法[J]. 煤炭学报, 2017, 42(S1): 260-266.

[15] 钱鸣高, 石平五, 许家林. 矿山压力与岩层控制[M]. 徐州: 中国矿业大学出版社, 2010.

[16] 陈欢欢, 李星, 丁文秀. Surfer 8.0 等值线绘制中的十二种插值方法[J]. 工程地球物理学报, 2007, 4(1): 52-57.

[17] 刘前进, 徐刚, 张震, 等. 综采工作面顶板来压分级预警方法: 202111528634.0[P]. 2022-03-08.

[18] 宋高峰, 潘卫东, 杨敬虎, 等. 基于模糊层次分析法的厚煤层采煤方法选择研究[J]. 采矿与安全工程学报, 2015, 32(1): 35-41.

第4章 我国不同地质条件工作面矿压显现规律及特征

工作面开采条件不同，矿压显现规律也存在差异性，影响工作面矿压显现规律的因素较多，如地质条件、采煤方法、管理水平等，本书着重根据顶板岩性、来压特征和灾害表现形式，把工作面顶板分为浅埋煤层、坚硬顶板和非坚硬顶板三类，结合典型案例分别对此三类顶板条件工作面矿压显现规律及特征进行分析。

4.1 浅埋煤层工作面矿压显现规律及特征

4.1.1 浅埋煤层赋存特征

根据全国煤炭保有储量统计，埋深小于 300m 的保有储量约占 30%。从地域分布上，一般京广铁路以西的煤田，煤层埋藏较浅，不少地方可以采用平硐或斜井开采，其中，晋北、陕北、内蒙古、新疆和云南少数煤田的部分地段，浅埋煤层可露天开采。榆神、神东等矿区是我国典型的浅埋煤层大规模开发矿区，地质构造简单，可采煤层多，储量大，埋藏浅，开采条件优越。其中，榆神矿区面积 1196km^2(不含深部区)，普查煤炭资源量 300 余亿吨，先期开发区面积 546km^2，煤炭资源量达 119 亿 t，主要可采煤层自上而下依次为 2^{-2}、3^{-1}、4^{-3}、5^{-3} 煤，3^{-1} 煤层埋藏深度仅 30～150m；神府东胜煤田分布面积 2000km^2，煤炭探明储量约 2236 亿 t，远景储量约 10000 亿 t，占全国探明储量的 1/3。

目前，对于浅埋煤层的界定有多种方法。黄庆享等[1]将浅埋煤层分成薄基岩厚松散层和厚基岩薄松散层两类，前者顶板破断形式为整体切断，易出现台阶下沉，属于典型浅埋煤层；后者工作面矿压显现特征介于浅埋深和普通埋深工作面之间，定义为近浅埋煤层，并给出了浅埋煤层的定量判定指标：埋深不超过 150m，基载比小于 1，顶板体现单一主关键层结构和来压具有明显动载现象。李凤仪[2]通过三个界定指标划分了浅埋煤层开采类型，依重要性分别为：①煤层上覆岩层由薄基岩及松散载荷层组成，基岩厚度≤30～50m；②长壁回采工作面覆岩活动规律为顶板来压剧烈，来压时间短，动压现象明显，地表出现大型张开裂缝和较大落差的地堑；③煤层埋藏深度≤80～100m。任艳芳[3]综合考虑地质条件、采煤方法、工作面参数等因素，将开采煤层上覆岩层能否形成稳定承压拱结构作为判定依据，即不能形成稳定承压拱结构的煤层属于浅埋煤层。杨俊哲等[4]结合神东矿区浅埋煤层大量的高强度开采实践以及新的开采特征，对浅埋煤层定义有了新的认识：①从煤层赋存方面，埋藏深度应不大于 250m；②从力学机理上，顶板形成不了稳定的力学承载结构和完整的"三带"结构；③从矿压显现上，来压时动载系数大，工作面矿压显现较顺槽更加强烈，且基载比小时顶板容易发生切落。浅埋煤层的界定虽然存在分歧，但浅埋煤层开采表现出了一些宏观共性特征，如浅埋煤层工作面来压强烈，但顺槽压力表现缓和；工作面开采影响至地表，地表出现裂隙或台阶下沉，时常发生切顶压架事故。

我国对浅埋煤层工作面顶板及上覆岩层活动规律进行了大量的理论研究，并对如何防治工作面顶板灾害进行了长时间探索，取得了一系列成果，浅埋煤层工作面顶板灾害发生次数趋于大幅下降，且大多数工作面均实现了高产高效，有的工作面年产量超过了 1500 万 t。但近年来，顶板灾害仍然是浅埋煤层工作面的主要灾害，如石圪台、凯达、榆家梁、杨伙盘等浅埋矿井开采都发生过大面积切顶压架、片帮冒顶等顶板灾害，尤其是石圪台矿，其支架工作阻力达 18000kN，仍在短时间内发生大面积支架压死，甚至造成支架结构件损坏，严重影响矿井正常生产和作业安全。

综上所述，工作面大面积切顶压架是浅埋煤层的主要顶板灾害，其特征是顶板在煤壁处切落，支架立柱急剧下缩甚至被压死，支架结构件损坏，采煤机无过机空间，地表台阶下沉，对工作面安全生产造成很大威胁，如图 4-1 和图 4-2 所示。

(a) 压架现场   (b) 架前冒落大块矸石   (c) 支架柱窝压裂

图 4-1　浅埋工作面切顶压架现场

图 4-2　浅埋工作面地表台阶下沉

本节以神东地区浅埋煤层工作面为背景，通过分析浅埋煤层正常开采及灾害发生过程中的支架 F-T 曲线、压力云图、来压步距、动载系数、支架增阻速率等基础指标，揭示浅埋工作面的矿压规律和顶板灾害特征。

4.1.2　上湾煤矿

1. 地质条件

上湾煤矿 12401 超大采高综采面是 1^{-2} 煤四盘区首采工作面，工作面宽度 299.2m，推进长度 5254.8m，设计采高 8.5m，煤层厚度 7.56～10.79m，平均为 9.26m，可采出煤量 1872 万 t。工作面埋深 124～244m，平均为 189m，上覆松散层厚度 0～27m，上覆基岩厚度 120～220m。综采面上方赋存有 0.52～1.75m 厚的伪顶，普氏系数约 1.32，坚固性较低，属不坚硬类不稳定型；直接顶为平均厚度 6.54m 的灰白色细粒砂岩，普氏系数约 1.35，属不坚硬类不稳定型；基本顶为灰白色粉砂岩，普氏系数约 2.32，属中等坚硬较稳定性顶板；直接底为黑灰色泥岩，普氏系数约 1.86。

工作面采用 ZY26000/40/88D 型两柱掩护式液压支架，支护强度为 1.71～1.83MPa，共布置 128 台支架，其中 6 台端头支架，4 台过渡支架。两顺槽采用迈步式超前支架支护，主运输顺槽超前支架型号 ZYDC33700/29/55D，支护长度 23.2m；回风顺槽超前支架型号 ZFDC80000/29/55D，支护长度 21.2m。工作面平面布置情况如图 4-3 所示。

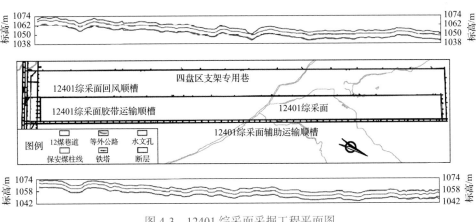

图 4-3　12401 综采面采掘工程平面图

图中曲线为顺槽顶板、中线和底板剖面

2. 工作面矿压显现规律及特征

12401 工作面在推采 5254.8m 全过程中，回采较为顺利，工作面围岩控制效果较好。仅在推进至 129m 时中部 60～90 号支架接连发生了冒顶及部分支架倾倒，停产处理冒落矸石时间约 10 天,其主要原因是乳化液泵可靠性差,注液能力不足,影响工作面支架的初撑力和及时移架。

1)初采期间来压情况

采集电液控制系统立柱压力数据对立柱压力数据进行分析,以自然邻点插值法生成支架左右柱压力平均值云图。工作面支架压力云图如图 4-4 所示,总体来看,工作面来压与非来压区分明显,来压时工作面大部分支架(特别是工作面中部支架)处于高阻力工作状态。工作面初采期间进行了深孔爆破强制放顶,基本顶初次来压步距约 45m(不含切眼宽度),来压持续距离约 5m,中部 30~95 号支架压力集中显现。初次来压期间支架循环末阻力及动载系数见表 4-1,直接顶垮落—基本顶垮落过程中支架循环末阻力平均为 15800kN,初次来压期间最大循环末阻力为 23060~28260kN,平均为 26419kN;动载系数为 1.46~1.79,平均为 1.67,初次来压动载显现较为强烈。

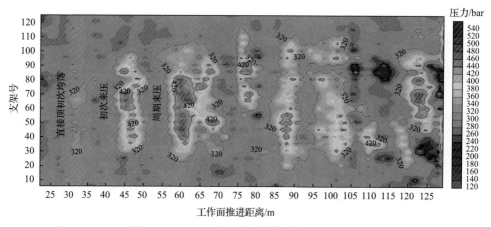

图 4-4 12401 工作面初采期间支架压力云图

$1bar=10^5Pa=1dN/mm^2$

表 4-1 初次来压期间支架循环末阻力及动载系数

支架号	30	40	50	60	70	80	90	平均值
来压期间支架循环末阻力/kN	23060	26564	27186	28260	27469	26508	25886	26419
动载系数	1.46	1.68	1.72	1.79	1.74	1.68	1.64	1.67

2)周期来压情况

正常开采期间工作面典型压力云图如图 4-5 所示。以工作面推进 300~450m 为例,周期来压特征统计见表 4-2~表 4-4,周期来压间隔距离为 1.6~16.4m,平均为 9.5m,来压间隔距离短,但来压持续长度较大,平均达 6.1m;支架动载系数为 1.48~1.66,平均为 1.6,来压动载强烈;来压期间支架安全阀开启比例为 8%~32%,

平均为 18%；非来压期间支架增阻速率为 –2.1～14.4kN/min，平均为 2.3kN/min；来压时增阻速率为 12.4～139.6kN/min，平均为 62.2kN/min，比非来压增加了约 27 倍。

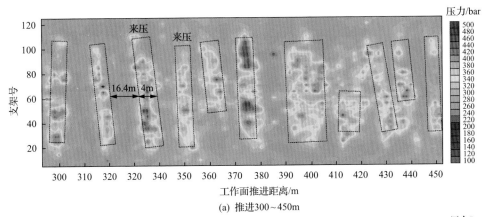

(a) 推进300～450m

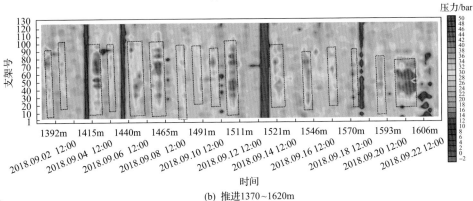

(b) 推进1370～1620m

图 4-5　工作面正常回采期间支架压力云图

表 4-2　12401 工作面周期来压特征统计（300～450m）

来压次序	周期来压间隔/m	来压持续长度/m	来压影响支架范围	支架最大压力/MPa
1	10.9	5.6	20～80	49
2	9.3	3.2	20～100	49
3	16.4	4	20～110	48.4
4	10.2	3.2	20～90	47
5	11.4	6.4	50～100	49.3
6	13.4	10.6	20～110	50
7	7.6	10.9	20～100	48.5
8	5.8	6.4	20～60	49
9	1.6	7.9	20～100	48.7
10	8.2	3.2	30～110	48.6
平均值	9.5	6.1	30～100	48.8

表4-3 12401工作面来压动载系数统计

参数	支架号								
	30	40	50	60	70	80	90	100	平均值
来压期间支架循环末阻力/kN	22455	24590	26340	26273	26244	26257	24674	24542	25172
非来压期间支架循环末阻力/kN	15134	15808	16052	15876	15972	15858	15935	15817	15807
动载系数	1.48	1.58	1.64	1.65	1.64	1.66	1.55	1.55	1.60

表4-4 12401工作面支架增阻速率统计

支架号	非来压支架增阻速率/(kN/min)					来压支架增阻速率/(kN/min)		
	循环1	循环2	循环3	循环4	循环5	循环1	循环2	循环3
40	−1.5	3.0	−1.8	0.5	8.9	19.7	51.6	—
50	1.2	14.4	1.4	1.9	10.7	20.5	65.7	71.0
60	3.6	2.4	3.3	0.4	5.0	15.5	84.5	71.5
70	0.2	−3.5	1.5	1.1	12.2	12.4	86.5	107.5
80	−2.0	5.4	0.6	6.1	−0.6	16.4	98.9	77.2
90	−0.8	5.8	1.4	−2.1	2.2	16.1	112.3	139.6
100	0.0	1.1	−1.7	0.1	1.2	15.9	137.2	24.0
平均值	2.3					62.2		

图4-6为不同支架F-T曲线对比情况,12401工作面来压与非来压时期对应的工作面支架压力对比显著,非来压期间增阻缓慢,来压时急增阻,支架压力曲线呈典型的"尖峰"状。

4.1.3 石圪台矿

1. 地质条件

石圪台矿31201综采工作面为3^{-1}煤二盘区首采面,工作面宽度311.4m,走向长度1865m,煤层厚度3.0~4.4m,平均为3.9m,埋深103~137m,属于典型浅埋深矿井。工作面地层综合柱状图如图4-7所示,直接顶以砂质泥岩为主,厚度为3.6~5.3m;基本顶以中粒砂岩为主,厚度为12~35.2m;松散层厚度为0~51m,基岩厚度为80~120m。采用支架型号为ZY18000/25/45D,支架中心距2.05m,支护强度约1.52MPa,安全阀开启压力为458bar(45.8MPa)。

31201综采工作面上部是2^{-2}煤房采空区,多处遗留有集中煤柱。2^{-2}煤与3^{-1}煤间距为33~41m,2^{-2}煤埋深67~101m。第1段集中煤柱在31201主运顺槽30~32联巷(推进度1479~1540m),长度61m;第2段集中煤柱在主运顺槽25联巷前后(推进度1107~1168m),长度61m;第3段集中煤柱在主运顺槽17~18联巷(推进度740~763m),长度23m。平面位置对应关系如图4-8所示。

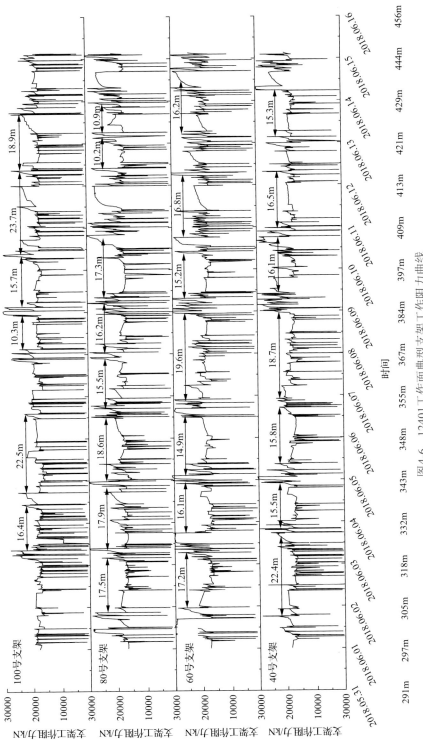

图4-6　12401工作面典型支架工作阻力曲线

岩层柱状	厚度/m	埋深/m	岩性	岩性描述
	4.74	99.54	2⁻²煤	宏观煤岩型: 0.45(半暗型), 0.05(半亮型), 2.30(半暗型), 1.94(半亮型)
	0.92	100.46	泥岩	深灰色, 含黄铁矿薄膜, 具构造滑动面, 水平层理
	0.48	100.94	2⁻²煤	
	5.37	106.31	粉砂岩	灰色, 层面含植物化石碎片, 波状 层理与交错层理发育
	1.63	107.94	细粒砂岩	灰色, 下部层面含炭屑及植物化石碎片, 泥质胶结
	5.06	113.00	粉砂岩	灰色, 层面含完整植物叶片化石, 块状层理
	16.02	129.2	中粒砂岩	灰色, 成分以石英、长石为主, 暗色矿物 含量较高, 泥质胶结, 局部发育斜层理, 与下伏地层呈冲刷接触关系
	0.50	129.52	粉砂岩	灰色, 上部与下部发育交错层理
	4.68	134.20	砂质泥岩	深灰色, 中部夹粉砂岩薄层, 波状层理
	4.18	138.38	3⁻¹煤	宏观煤岩型: 1.06(半暗型), 0.40(半亮型), 0.10(半暗型), 0.78(半亮型), 0.27(半暗型), 0.25(半亮型), 1.32(半暗型)
	4.25	142.63	粉砂岩	灰色, 层面含大量植物茎秆及碎片化石, 顶部含植物根化石及斜层理

图 4-7 31201 工作面地层综合柱状图

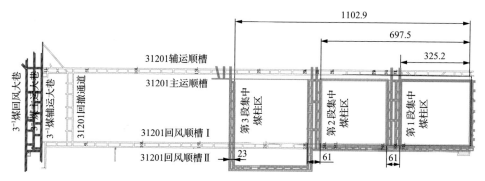

图 4-8 31201 工作面与 2⁻²煤房柱采空区煤柱位置关系(m)

2. 工作面矿压规律及特征

1)工作面来压情况

31201 工作面在正常推进过程中矿压显现特征与其他浅埋工作面类似, 支架满足支护要求, 在正常推进区域工作面没有发生大范围切顶压架等灾害。当工作面推进至 2⁻²煤采空区第 1 段、第 2 段集中煤柱区下方时，发生了切顶压架。工作面支架压力云图如图 4-9 所示，总体来看，周期来压与非来压区分明显，周期来压期间支架急增阻，非来压期间支架增阻小，支架压力曲线呈"尖峰"状(图 4-10)。31201 工作面来压特征统计见表 4-5，初次来压步距为 48.8m，压力峰值为 45.8MPa，来压持续长度为 8m；周期来压步距为 1.6～10.4m，平均为 5.7m；来压持续长度为 3.2～9.6m，平均为 5.5m；压力峰值基本在 45MPa 以上，最大为 47.1MPa；来压动载系数平均为 1.49，安全阀开启比例为 5%～15%；周期来压具有间隔距离短、持续长度大、动载强烈的特点。31201 工作面正常开采期间支架增阻速率统计见表 4-6，增阻速率为-7.5～15kN/min，平均为 1.8kN/min；周期来压增阻速率为 8.6～269.1kN/min，平均为 57.9kN/min，比非来压期间提高了 32 倍。

表 4-5　31201 工作面来压特征统计

来压类型		来压步距/m	来压持续长度/m	压力峰值/MPa
初次来压		48.8	8	45.8
周期来压	第 1 次	4	8	45.9
	第 2 次	5.6	9.6	46.5
	第 3 次	4.8	7.2	46.2
	第 4 次	1.6	6.4	45.5
	第 5 次	3.2	3.2	45.2
	第 6 次	4.8	3.2	46.2
	第 7 次	4	4	45.7
	第 8 次	4.8	3.2	46.0
	第 9 次	4	3.2	44.9
	第 10 次	4	4	45.8
	第 11 次	6.4	5.6	45.7
	第 12 次	4.8	3.2	45.8
	第 13 次	8.8	6.4	46.2
	第 14 次	8.8	8	45.8
	第 15 次	7.2	4.8	44.8
	第 16 次	10.4	9.6	47.1
	第 17 次	6.4	5.6	45.5
	第 18 次	4.8	3.2	46.2
	第 19 次	6.4	5.6	45.8
	第 20 次	9.6	6.4	45.8
平均值		5.7	5.5	48.3

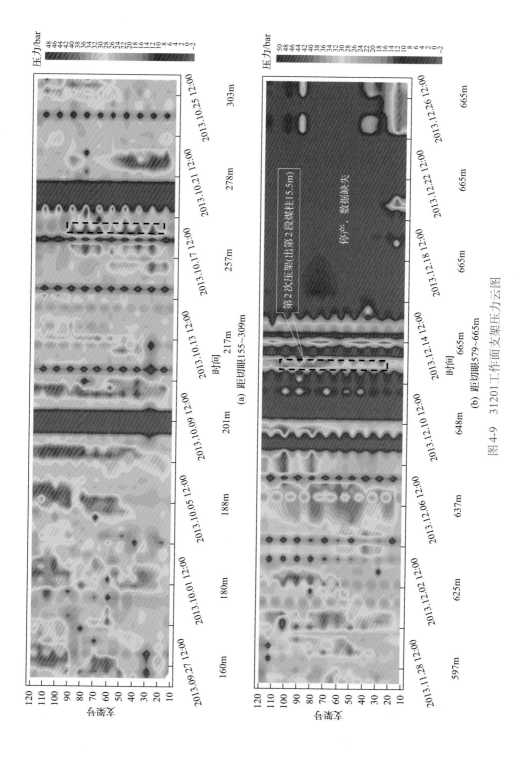

图4-9 31201工作面支架压力云图

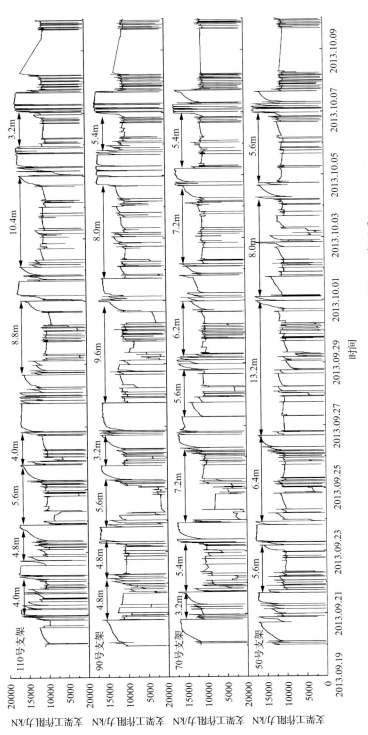

图 4-10 31201 工作面典型支架压力曲线（正常开采）

表 4-6 31201 工作面正常开采期间支架增阻速率统计

支架号	非来压支架增阻速率/(kN/min)					周期来压支架增阻速率/(kN/min)		
	循环1	循环2	循环3	循环4	循环5	循环1	循环2	循环3
10	−7.5	−1.5	−2.0	−2.5	−4.8			
15	1.3	2.6	0.3	0.0	0.2			
20	1.3	1.9	1.5	1.2	4.5	7.7	3.6	—
25	−0.5	−1.9	−2.4	−1.9	−0.7	3.6	15.5	25.7
30	0.7	1.4	0.4	−1.2	12.2	7.8	122.4	42.1
35	−3.7	−5.6	−1.5	2.0	3.6	27.4	35.7	71.5
40	−1.4	−2.0	−3.7	3.1	7.2	21.9	33.9	—
45	1.7	−1.6	−0.5	−1.9	1.5	16.0	30.6	43.1
50	−1.8	−1.0	−2.6	1.8	0.6	17.7	38.9	—
55	0.7	3.7	11.4	1.9	1.8	16.1	33.8	54.7
60	2.0	−1.1	1.3	6.8	11.6	90.9	147.9	56.0
65	0.0	−2.3	−1.0	0.5	−0.9	29.9	8.6	14.5
70	−6.8	7.9	0.0	1.4	4.6	12.7	28.5	30.9
75	1.8	−0.4	−1.9	−2.6	1.7	72.5	120.0	78.5
80	1.3	2.0	−1.2	4.8	5.5	20.9	53.9	42.9
90	0.3	2.0	3.5	0.8	3.1	70.1	69.7	55.1
95	15.0	4.1	12.2	8.2	3.5	48.4	94.8	269.1
100	2.4	−0.2	−1.0	2.1	13.8	79.7	78.7	88.3
105	1.9	0.0	1.9	7.6	0.9	27.8	44.9	94.9
110	1.5	3.2	0.2	2.1	1.6	161.5	53.6	54.2
115	7.8	−0.2	4.9	1.2	1.3	47.5	41.2	38.9
120	13.6	3.7	13.4	6.7	3.5	62.1	90.5	43.0
平均值			1.8				57.9	

2）集中煤柱下切顶压架特征

31201 工作面上部是 2^{-2} 煤房采空区，多处遗留有集中煤柱。2^{-2} 煤与 3^{-1} 煤层间距为 33～41m，2^{-2} 煤埋深 67～101m。31201 工作面在 10 月 19 日走向推进距离约 360.4m，已进入第 1 段集中煤柱区下方 36.4m，工作面大面积来压，40～120号支架压力值达 45MPa，其中，60～110 号支架立柱在 0.5h 内下缩量超过 1m，造成局部支架被压死。在遗留煤柱影响区下工作面支架压力云图如图 4-11 所示，压架前后典型支架压力曲线如图 4-12 所示。12 月 16 日 00:40 左右，工作面走向推进距离约 773m，已推过上覆第 2 阶段集中煤柱区 15.5m，此时，工作面 30～80

号支架来压，压力达 46MPa，对应工作面采高 3.8～4.1m。约 10min 后，工作面整体来压，安全阀大面积开启，并发生架前切顶，在 20 多秒内，22～142 号支架活柱行程由 1.3～1.5m 快速下缩至 0～0.2m，压死支架 121 架。地表塌陷滞后工作面位置约 30m，塌陷带长度约 300m，深度达 0.7m。此次大面积切顶压架造成 484 个立柱安全阀、200 根立柱、20 根平衡油缸、21 根护帮板油缸、206 块压力表和 100 多个各类阀组损坏，采煤机顶护板 3 根油缸破裂，右滚筒最外侧旋叶底部压出 2mm×25mm 长裂缝。

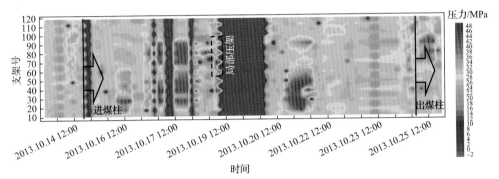

图 4-11　遗留煤柱影响区下工作面支架压力云图（10 月 19 日）

10 月 19 日局部切顶压架过程中，支架增阻速率和安全阀开启统计见表 4-7。在切顶来压前的正常割煤循环内，支架增阻速率平均为 16.5kN/min，周期来压时支架增阻速率平均为 57.9kN/min，切顶发生时支架增阻速率平均为 634kN/min，增加了近 11 倍，最大达到了 1678kN/min，表明破断前顶板没有发生显著下沉变形，切顶破坏具有突发性；切顶后动载系数为 1.62，动载异常强烈，压架发生前安全阀频繁开启，开启比例达 65%。

12 月 16 日大面积切顶压架发生之前，支架增阻速率和安全阀开启统计见表 4-8。非来压阶段仍以微增阻为主，平均支架增阻速率为 12.6kN/min；切顶前的来压期间，平均支架增阻速率为 65.2kN/min，约提高 5.2 倍，与正常开采周期来压期间支架增阻速率相当。此次切顶压架范围为 40～120 号支架，在压架前 42h 存在前兆信息，即工作面切顶后支架急增阻，安全阀大量开启卸压，开启比例高达 68%。

4.1.4　杨伙盘煤矿

1. 地质条件

杨伙盘煤矿 20104 工作面回采 2^{-2} 煤层，上覆基岩厚度为 75～126m，松散层厚度为 0～75m。走向长度为 2454m，工作面宽度为 238m。煤层厚度为 2.3～2.5m，平均为 2.4m，近水平分布。直接顶为 19.4m 细砂岩，基本顶为 10.3m 粉砂岩，直

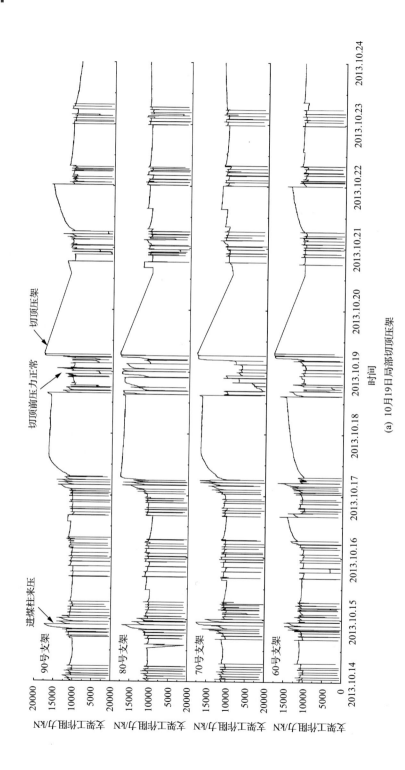

(a) 10月19日局部切顶压架

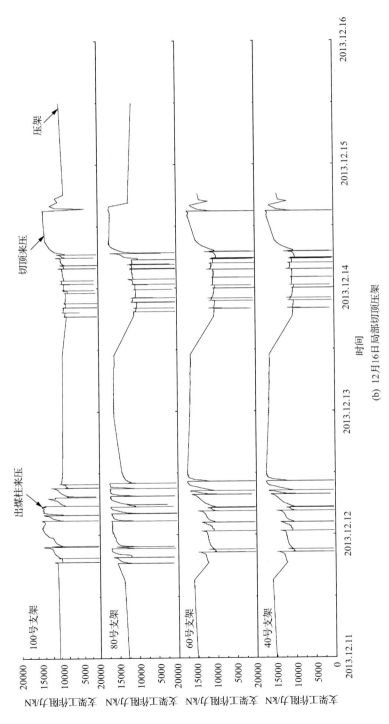

图 4-12 31201 工作面切顶压架前后典型支架压力曲线

(b) 12月16日局部切顶压架

表 4-7 31201 工作面局部切顶压架过程中支架增阻速率及安全阀开启统计

支架号	正常支架增阻速率/(kN/min)					切顶来压支架增阻速率/(kN/min)			安全阀开启情况
	循环 1	循环 2	循环 3	循环 4	循环 5	循环 1	循环 2	循环 3	
60	5.7	7.1	4.5	7.8	16.2	147.2	485.8	922.3	开启
65	16.5	0	−5.3	−1.1	20.6	311.5	1216.8	647.6	开启
70	4.2	18.3	15.7	3.2	9.9	212.5	1228		开启
75	14.2	10.2	9.3	2.6	3.1	130.6	1483.6		开启
80	50.1	92.3	161.9	49.4	22.2	131.5	905.3		开启
85	25.6	180.3	22.6	4.0	46.5	739.3	1678		开启
90	23.3	44.5	0.6	15.0	26.8	356.3	1079.3		开启
95	11.2	16.1	6.6	19.3	62.4	286.6	811.1		开启
100	1.2	23.7	30.7	104.5	89.6	412.1	561.5		开启
105	−0.9	1.1	28.4	22.2	62.4	365	574		开启
110	−1.4	−5.6	2.7	17.5	33.9	100.8	498.5	552.5	开启
115				未切顶压架					未开启
120									未开启

表 4-8 31201 工作面大面积切顶压架前支架增阻速率及安全阀开启统计

支架号	正常支架增阻速率/(kN/min)					切顶前来压支架增阻速率/(kN/min)		安全阀开启情况
	循环 1	循环 2	循环 3	循环 4	循环 5	循环 1	循环 2	
40	−2.0	−1.3	−9.2	3.5	17.1	26.6	76.0	开启
45	−9.0	8.0	−10.0	−22.7	39.6	39.7	91.5	开启
50	−5.8	−3.5	−1.0	−3.9	60.9	31.3	103.4	开启
55	2.3	−1.2	−0.9	9.0	82.6	71.7	70.7	开启
60	9.5	0.0	14.0	19.3	71.6	61.4	46.3	开启
65	−2.6	5.6	5.0	7.2	87.6	63.2	87.2	开启
70	6.8	7.3	14.4	27.7	77.8	14.1	89.6	未开启
75		16.5	10.6	19.4	27.4	96.4	91.3	开启
80		13.9	4.9	25.8	-6.7	86.8	78.6	未开启
85		26.8	5.9	27.5	26.3	83.8	45.5	开启
90		23.6	6.4	27.2	36.4	77.6	13.9	开启
95		21.6	10.0	34.3	36.1	80.1	40.8	开启
100		11.7	13.2	45.7	29.2	69.2	37.2	开启

续表

| 支架号 | 正常支架增阻速率/(kN/min) | | | | | 切顶前来压支架增阻速率/(kN/min) | | 安全阀开启情况 |
	循环 1	循环 2	循环 3	循环 4	循环 5	循环 1	循环 2	
105	15.8	10.3	29.6	26.0	70.9	40.9		开启
110	11.7	4.3	17.4	23.6	87.7	34.8		开启
115	5.3	4.1	8.7	—	—	—		未开启
120	21.6	6.7	34.3	36.1	80.1	44.1		开启

接底为 1.6m 砂质泥岩。工作面中部支架为 ZY9500/16/30 型两柱掩护式液压支架，支护强度为 1.03～1.07MPa。20104 工作面钻孔综合柱状图如图 4-13 所示，属于典型浅埋深工作面。

岩层柱状	厚度/m	埋深/m	岩性	岩性描述
	15.19	15.19	粉土	灰黄色，成分以粉土为主，半固结
	34.91	50.10	粉砂	黄褐色，见植物根须
	24.48	74.58	黄土	黄褐色，成分以粉土为主，分选性差，爱黏结
	21.79	96.37	砂质泥岩	灰色，含植物化石，岩心破碎
	10.30	106.67	粉砂岩	灰色，夹细粒砂岩，泥岩薄层，岩心以长柱状为主
	19.44	126.11	细粒砂岩	浅灰色，分选较好，含黑色矿物，岩心完整，岩心以长柱状为主
	2.43	128.54	2^{-2}煤	煤，黑色，块状
	1.60	134.20	砂质泥岩	灰色含植物化石，岩心破碎
	14.06	138.38	粉砂岩	灰色，含植物化石，夹炭质泥岩薄层，岩心以长柱状为主，短柱状次之

图 4-13 20104 工作面钻孔综合柱状图

2. 工作面矿压规律及特征

1) 工作面来压情况

杨伙盘煤矿 20104 工作面在推进 1470m 全过程中，工作面支架压力云图如图 4-14 所示，总体来看，来压与非来压对比明显，停产期间压力持续处于高位，进出沟谷发生压架之前，工作面压力无异常变化，切顶后相应区域变为高压力区。

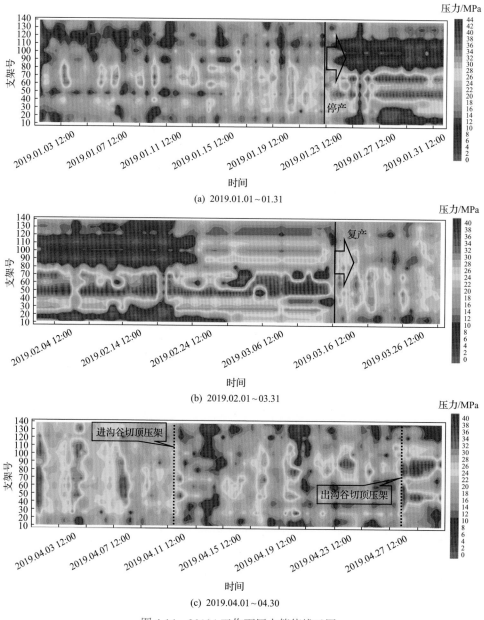

(a) 2019.01.01~01.31

(b) 2019.02.01~03.31

(c) 2019.04.01~04.30

图 4-14 20104 工作面压力等值线云图

正常开采期间支架增阻速率统计见表 4-9，4 月 11 日切顶压架过程中，非来压阶段基本以恒阻或降阻为主，平均支架增阻速率为–1.5kN/min；周期来压期间，支架增阻速率为 17～143.7kN/min，平均支架增阻速率为 50kN/min。

表 4-9 20104 工作面正常开采过程中支架增阻速率

支架号	非来压支架增阻速率/(kN/min)			来压支架增阻速率/(kN/min)	
	循环 1	循环 2	循环 3	循环 1	循环 2
10	−2.0	−1.9	−0.1	—	—
20	−3.7	−5.8	−6.9	143.7	—
30	−1.8	−3.3	2.7	47.0	17.0
40	3.6	−3.2	1.8	45.4	28.7
50	−2.7	−3.0	1.4	17.2	58.3
60	2.7	6.5	4.4	92.0	25.7
70	1.4	2.6	3.0	21.8	18.6
80	4.0	1.6	0.3	33.2	23.5
90	−22.2	−17.1	−5.9	63.0	97.5
100	0.5	3.8	10.3	25.7	97.9
120	−6.3	−0.9	−4.1	45.7	47.6
130	−1.5	−2.9	−7.6	—	—
140	0.4	−4.1	−1.3	—	—
平均值	−1.5			50.0	

2）大面积切顶压架情况

2019 年 4 月 11 日 20104 工作面推进至 1355m，经过地表沟谷区域边沿，45～130 号支架后方采空区坚硬砂岩顶板未及时垮落，悬顶面积大。割第 1 刀煤时，45～90 号支架后方采空区顶板突然垮落，造成工作面 30～110 号支架范围大面积来压，顶板大面积漏矸且伴有少量淋水，支架压力迅速升高，压力值普遍在 40MPa 以上，部分支架安全阀开启，支架立柱下缩；当割第 2 刀煤时，90～130 号支架后方采空区顶板持续垮落，工作面二次来压，工作面内掉落大量大块矸石，停机进行处理；当割第 3 刀煤时，35～100 号支架压力达 45MPa 以上，其中，60～90 号支架压力最大，顶板下沉量为 300～500mm，部分支架顶梁距离电缆槽仅 250～350mm，支架立柱几乎无伸缩行程。本次切顶压架影响生产时间约 54h。

2019 年 4 月 27 日工作面再次发生大面积切顶压架。此时，工作面推采至 1470m，正处于地表沟谷底部向山梁过渡的阶段，上覆基岩较薄，约 50m。工作面来压时，顶板沿煤壁切落，发生漏矸，约 20min 顶板下沉量达 500～1500mm，导致 28～80 号支架安全阀全部开启，30～65 号支架全部被压死，支架前梁挤压采煤机机身，采煤机行走箱支撑点螺栓全部断裂。

大面积切顶压架发展迅速，切顶后工作面支架呈急增阻，动载强烈，动载系数在 1.5 以上，大量安全阀开启，较短时间内造成支架活柱无行程。在切顶压架过程中，支架的增阻速率和安全阀开启情况统计见表 4-10，支架循环增阻曲线如图 4-15 所示，支架增阻速率达 59.1～854.4kN/min，平均支架增阻速率为 224kN/min，

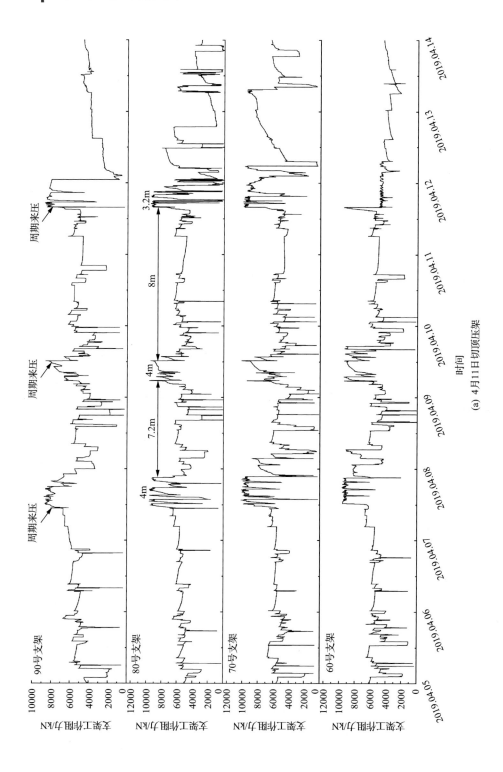

(a) 4月11日切顶压架

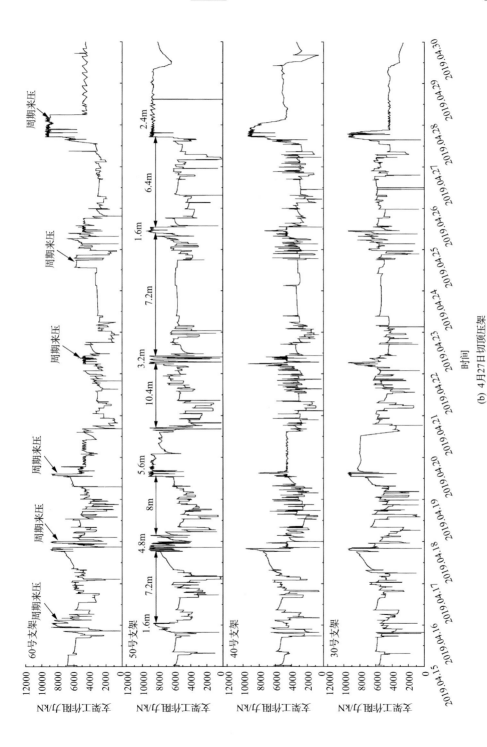

(b) 4月27日切顶压架前支架工作阻力变化曲线

图 4-15 20104工作面大面积切顶压架前支架工作阻力变化曲线

安全阀开启比例达 71.4%。4 月 27 日切顶压架过程中,支架增阻速率和安全阀开启情况统计见表 4-11,非来压阶段同样以微增阻为主,平均支架增阻速率为 4.9kN/min;在切顶压架过程中,支架增阻速率为 29.4～1388.2kN/min,平均支架增阻速率为 417.4kN/min,安全阀开启比例达 64.3%,支架受力不均衡比例为 21.4%。

表 4-10 20104 工作面 4 月 11 日切顶压架过程中支架增阻速率和安全阀开启统计

支架号	支架受力状态	切顶前正常支架增阻速率/(kN/min)			切顶压架支架增阻速率/(kN/min)		安全阀开启情况
		循环 1	循环 2	循环 3	循环 1	循环 2	
40	均衡	0.2	−0.9	−1.4	255.2	525.5	开启
50	均衡	−1.6	−0.5	−2.0	85.7	327.9	开启
60	均衡	0.3	−0.9	−4.3	59.1	—	开启
70	均衡	−0.9	−0.3	−6.3	854.4	204.1	开启
80	均衡	−0.5	−1.0	−1.5	76.6	77.8	开启
90	均衡	0.5	−0.4	−3.5	73.0	157.8	开启
100	均衡	−1.6	−4.0	−0.2	96.8	117.7	开启
平均值	—		−1.5			224	—

表 4-11 20104 工作面 4 月 27 日切顶压架过程中支架增阻率和安全阀开启统计

支架号	支架受力状态	切顶前正常支架增阻速率/(kN/min)			切顶压架支架增阻速率/(kN/min)		安全阀开启情况
		循环 1	循环 2	循环 3	循环 1	循环 2	
30	均衡	0.2	−1.0	−1.1	29.4	597.3	开启
40	不均衡	−1.8	5.5	4.5	181.5	565.2	开启
50	均衡	4.2	15.8	43.3	510.3	—	开启
60	不均衡	−0.4	3.9	2.7	330.1	149.1	开启
70	均衡	0.7	0.5	2.5	509.1	248.2	开启
80	均衡	2.8	3.3	2.2	82.8	1388.2	开启
平均值	—		4.9			417.4	—

4.1.5 浅埋工作面矿压显现规律及特征

通过对不同浅埋工作面矿压显现规律和特征分析可知,虽然受地质条件、采煤方法、装备、管理水平等影响,不同浅埋工作面矿压显现规律和特征有一定的差异,但也具有较为一致的规律和特征,其共性规律和特征归纳如下。

1)工作面来压明显

工作面来压明显表现在压力云图上来压与非来压区分度高,在压力云图上来压范围呈条状，在 *F-T* 曲线上，非来压期间为缓增阻、微增阻甚至降阻，来压时为急增阻，支架增阻速率是非来压期间几倍到几十倍，切顶时支架增阻速率为正常回采期间的几十倍到上百倍。浅埋工作面支架增阻速率统计见表 4-12。

表 4-12　浅埋工作面支架增阻速率统计

煤矿	工作面名称	支架增阻速率/(kN/min)		
		正常期间	周期来压	切顶前(时)
上湾	12401	−3.5～14.4/2.3	12.4～139.6/62.2	—
榆家梁	44305	−1～20.4/7.3	11.1～50.5/33.9	—
石圪台	31201	−5.6～62.4/16.5	8.6～269.1/57.9	100.8～1678/633.5
杨伙盘	20104	−6.3～43.3/1.5	17～143.7/50.0	29.4～1388.2/312.6

注：−3.5～14.4/2.3 为(最小值～最大值)/平均值。

2) 工作面周期来压间隔步距小，持续步距较大

除了上文中提及的浅埋矿井外，以神东公司浅埋工作面为例，统计周期来压步距见表 4-13，在采高、工作面宽度、开采煤层、埋深、岩性等参数不同的情况下，周期来压步距分布在 9.5～17.4m，其中，15m 以下的来压步距占比 81.3%，来压间隔距离仅为 5～14.9m，平均为 7.9m，来压持续长度为 2.5～8.1m，平均 4.7m。

表 4-13　神东矿区浅埋综采工作面来压步距统计

煤矿	煤层	工作面	面宽/m	采高/m	周期来压步距/m	来压持续长度/m	来压间隔距离/m
活鸡兔井	1–2上	12 上 312-1	237	3.5	12	4	8
活鸡兔井	1–2	12312	257	4.5	12.5	7.5	5
活鸡兔井	1–2	12305	257	4.5	11.5	3.6	7.5
活鸡兔井	2–2	22303	241.5	4	12	6.6	5.4
大柳塔矿	2–2	22614	201.7	5	9.5	4	5.5
哈拉沟矿	1–2	12101-2	280	1.9	17.4	2.5	14.9
哈拉沟矿	1–2上	12 上 101-2	450	2	15.3	3.1	12.2
石圪台矿	3–1	31304-2	324.8	3.8	16.9	8.1	8.8
石圪台矿	2–2	22406	223.6	4.5	11.8	4.2	7.6
锦界矿	3–1	31212	323.8	3	10.4	4.8	5.6
锦界矿	3–1	31407	217	3	14.1	6.8	7.3
乌兰木伦	1–2	12425	217.4	3.2	12.8	4.6	8.8
补连塔	1–2	12413	325.5	4.8	12	3.2	8.8
补连塔	1–2	12512	327.4	7.6	10.2	4.6	5.6

煤矿	煤层	工作面	面宽/m	采高/m	周期来压步距/m	来压持续长度/m	来压间隔距离/m
哈拉沟	2—2	22527	300	5.2	11	4.8	6.2
哈拉沟	2—2	22406	305	5.2	12	3.2	8.8

3) 地表形状影响矿压显现程度

浅埋煤层开采覆岩破坏发育至地表, 地表形态同样影响采场矿压。在经历地表沟谷或山体过程中, 工作面矿压规律会发生变化, 易引发切顶压架事故, 如神东矿区石圪台、哈拉沟、大柳塔以及榆神矿区杨伙盘等浅埋矿井均发生过类似切顶压架事故。浅埋工作面过沟谷时现场矿压情况统计见表4-14。

表4-14 神东矿区部分矿井过沟谷矿压情况统计

矿井	工作面	沟深/m	是否发生动载矿压	矿压显现情况	备注
大柳塔矿活鸡兔井	21304	63	是	片帮达1～2m, 漏顶1.5～2m, 地表台阶下沉量最大1m	上坡段
	21304	55	是	30～78号支架台阶下沉, 地表台阶下沉1～2m	上坡段
	21305	71	是	40～130号支架漏顶达1.2m	上坡段
	21305	70	是	70～120号支架立柱下缩1m	上坡段
大柳塔井	52304	137	否	最大片帮500～800mm, 漏顶高度0.5m之内	
哈拉沟矿	22206	41	否	来压强度不强烈, 片帮严重, 对生产影响有限	提前疏放水、井下腰巷注浆、地面导流
补连塔矿	22303	36	否	60～97号支架区域片帮300～400mm	
石圪台矿	31201	31	是	发生压架	
三道沟矿	85201	103	否	来压强度不强烈, 片帮严重, 未出现影响生产现象	井下注浆、地面导流

4.2 坚硬顶板工作面矿压显现规律及特征

4.2.1 坚硬顶板煤层赋存特征

坚硬顶板是指强度高、厚度大、节理裂隙不发育、整体性强、自稳能力强的顶板岩层, 一般情况下煤层开采后坚硬顶板大面积悬露而不冒落。坚硬顶板一般是由坚硬岩石组成的岩层。岩石的软与硬是一个相对概念, 尤其对顶板控制而言, 实践中发现相对强度低的厚岩层有时悬露面积也很大, 采场来压剧烈。

坚硬难垮落顶板多为砂岩、砂页岩和石灰岩,少数为砾岩。一般来说,坚硬难垮落顶板岩石的单轴抗压强度大于 60MPa,也有高达 200MPa 以上的,如重庆盐井一矿的燧石灰岩单轴抗压强度达 220MPa。部分难垮落顶板岩石的另一个强度特征是抗拉强度与单轴抗压强度之比较高,这类顶板岩石更容易压碎而不易受拉破坏。坚硬岩石的破坏通常表现为脆性破坏,即在破坏前变形很小,有较高的弹性模量,当应力达到强度极限后,出现突发性破坏。岩层整体性强,也是决定坚硬顶板难垮落的主要原因。

在工程实际中,有的顶板岩层岩石的单轴抗压强度并不是很高,但却由于其整体性强,节理裂隙不发育且分层厚度大,而表现出坚硬难冒顶板的矿压特征。例如,大同矿区 2 号煤层的厚层砾岩顶板,岩石单轴抗压强度一般为 30~50MPa,比其他层位的砂岩顶板强度还低,但由于其整体性很强,很少有明显的节理、裂隙、层理等弱面,因而成为大同矿区最难垮落的顶板之一,可悬露上万平方米的面积,常形成强烈的采场来压;而有些强度相对高的顶板,如霍州矿区 9 号煤层石灰岩顶板,单轴抗压强度达 50~80MPa,但其悬露面积仅 4000m² 左右,且分次冒落,来压并不剧烈,究其原因往往与岩层的地质构造、胶结程度有关,所以划分坚硬顶板类型一般应包括岩石的力学指标、岩体的结构特征和工程指标。

我国坚硬顶板煤层约占 1/3,且分布在 50%以上的矿区,随着综合机械化采煤技术的发展,有 38%的综采工作面属于来压强烈的坚硬顶板,特别是带有薄层直接顶的坚硬顶板工作面分布更广。我国坚硬顶板主要分布在山西大同矿区、阳方口矿区、晋城矿区、四川天池矿、新疆艾维尔沟、山东枣庄、黑龙江鹤岗、内蒙古东胜等地。坚硬顶板带来的安全隐患主要表现在以下几个方面。

1. 矿压显现剧烈

对于坚硬顶板回采工作面,顶板垮落范围往往达上万平方米,采空区悬顶如图 4-16 所示。据大同矿区不完全统计,共发生 50 次比较严重的大面积垮落和冒顶事故,一般每次垮落面积2 万~4 万 m²,最大达 16.3 万 m²(2016 年,安平矿"3·23"

(a) 工作面隅角悬顶   (b) 采空区悬顶

图 4-16 坚硬顶板现场照片

顶板大面积垮落导致瓦斯爆炸重大事故,悬顶面积达 3 万 m²),尤其是初采期间,初次来压前悬顶面积最大,一旦发生突发性垮落,安全危害大。此外,坚硬顶板的周期性垮落步距也较大,来压强烈,来压时有明显的动压冲击载荷现象,剧烈的矿压显现常造成支护设备损坏、人身伤亡等恶性事故。

2. 切顶压架

对于坚硬顶板工作面,顶板断裂方式多以垂直方向的剪切破坏为主。当顶板断裂位置处于工作面煤壁处,此时整个采空区上方的岩梁将以工作面支架处为支点,作用在支架上方,导致发生大面积切顶压架。有时甚至顶板断裂线沿煤壁向上破坏到地表,直接造成支架压死等灾害。

3. 产生"飓风"

坚硬顶板垮落具有突然性、急促、时间短的特点,大部分垮落是在瞬间发生,几小时后趋于稳定。由于大面积岩体整体瞬时落下,压缩采空区及工作面周围的空气,形成破坏力极强的冲击波"飓风",飓风甚至达到 14 级风速。如大同马脊梁矿曾经发生过一次大面积垮落,垮落时排风量约 59.4 万 m³,约 20s 暴风即喷出井口,暴风气浪所经之处常摧毁工作面及巷道的支架、风门、密闭墙,设备被掀起破坏,甚至使轨道弯曲,矿车翻倒,矿井的通风、运输系统常遭到严重破坏,人身安全受到严重威胁。

4. 瓦斯突然大量涌出或爆炸

悬露的顶板造成大量的瓦斯涌入采空区,由于采空区悬露面积大,采空区内风速极小或无风,无法稀释瓦斯。当悬露的顶板断裂、垮落时,在"挤出效应"下,大量的瓦斯被挤出采空区,进入上下隅角、工作面和两巷中,导致来压期间采空区瓦斯大量涌出,若"飓风"冲击电气设备或电缆发生火花,易引发瓦斯爆炸等事故。

4.2.2 酸刺沟煤矿

酸刺沟煤矿工作面地质条件已在前文阐述,在此不再说明。6^{上}105-2 综放工作面采用 ZF15000/24/45 型四柱支撑掩护式低位放顶煤支架,支护强度为 1.45MPa,每根立柱额定工作阻力为 3750kN($P = 36.86$MPa),支架额定初撑力 12818kN,共布置 144 台支架,其中 1 台排头支架,7 台过渡支架。

酸刺沟煤矿 6^{上}105-2 综放工作面 2011 年 3 月 18 日推进至 81m 处发生大面积来压,矿压数据自 4 月 7 日开始记录。选择 4 月 7 日至 7 月 13 日期间的矿压数据进行分析,在此期间工作面共推进了 453m,发生三次大面积来压,分别为

4 月 14 日（工作面自开切眼推进至 155m）、4 月 22 日（工作面推进至 182m）、5 月 18 日（工作面推进至 208m），压架期间部分支架损坏。工作面较强来压情况见表 4-15。

表 4-15　6^{上}105-2 工作面压架情况（部分）

日期	推进距离	来压情况	来压步距/m	支架情况
3 月 18 日	81m	80～120 号支架区域来压	20	支架损坏
4 月 14 日	155m	35～60 号、85～125 号支架区域来压	20.3	支架损坏
4 月 22 日	182m	5～40 号、85～105 号支架来压	27	支架损坏
5 月 18 日	208m	全工作面来压	26	安全阀开启

6^{上}105-2 工作面在推采 453m 全过程中，4 月 14 日发生大面积来压，来压区域为 35～60 号支架、85～125 号支架，涵盖了近半个工作面，部分支架立柱压力超过 40MPa；4 月 22 日工作面发生大面积来压，5～40 号支架、85～105 号支架区域发生压架，4 月 22 日～5 月 15 日停产处理压架，停产期间顶板持续下沉，已来压区域顶板压力下降，未来压区域压力上升；5 月 18 日，整个工作面全部来压，来压时支架工作阻力较大，部分支架安全阀开启。4 月 14 日和 4 月 22 日大面积来压时两次来压间距为 27m，在 4 月 14 日大面积来压时工作面还能生产推进，在 4 月 22 日大面积来压时发生压架，支架损坏严重，工作面无法生产。

6^{上}105-2 工作面于 5 月 18 日推至 208m 经历第一次见方来压，全工作面来压，之后工作面来压强度明显降低，进入正常推进阶段，来压周期性相对明显，来压步距小，通常小于 15m，支架压力以自然邻点插值法生成云图如图 4-17 所示，支架工作阻力曲线如图 4-18 所示，工作面来压特征和动载系数统计见表 4-16 和表 4-17，正常开采期间周期来压步距为 9.6～16m，相比初采期间有所降低，来压持续长度为 4.8～10.4m，动载系数为 1.15～1.44，平均为 1.35，来压动载强烈，周期来压期间支架安全阀大部分开启，开启比例达 88%。支架增阻速率见表 4-18，非来压期间支架增阻速率为 -2.5～30.6kN/min，平均为 7.3kN/min；来压时支架增阻速率为 12.6～170.6kN/min，平均为 68.6kN/min，比非来压期间增加了约 9.4 倍。

表 4-16　6^{上}105-2 工作面正常推进期间周期来压特征统计（回采 350～545m）

来压开始位置/m	来压结束位置/m	周期来压步距/m	来压持续长度/m	来压影响范围/号	支架最大压力/MPa
358	363.6	9.6	5.6	30～110	46.6
378.8	384.4	9.6	5.6	20～120	46.2
399.6	410	16	10.4	10～110	47
436.4	442	10.4	5.6	20～110	46.8
458	462.8	9.6	4.8	20～110	46.3

续表

来压开始位置/m	来压结束位置/m	周期来压步距/m	来压持续长度/m	来压影响范围/号	支架最大压力/MPa
477.2	483.6	12	6.4	30~110	47.2
502	507.6	11.2	5.6	30~90	47.8

表 4-17 6^{上}105-2 工作面周期来压动载系数统计

支架号	20	40	60	80	100	120	140	平均值
来压期间支架循环末阻力/kN	13455	15590	15340	15273	15244	15257	13674	14833
非来压期间支架循环末阻力/kN	10134	11808	11052	11876	11972	11858	11935	10948
动载系数	1.33	1.44	1.39	1.40	1.39	1.41	1.15	1.35

表 4-18 6^{上}105-2 工作面支架增阻速率统计

支架号	非来压支架增阻速率/(kN/min)					来压支架增阻速率/(kN/min)		
	循环1	循环2	循环3	循环4	循环5	循环1	循环2	循环3
20	6.9	−2.5	1.4	1.2	4.2	20.4	31.7	42.2
40	1.6	4.8	12.2	1.9	6.6	170.6	112.8	70.3
60	7.4	2.1	13.3	5.4	5.6	104.3	49.3	50.6
80	30.6	2.9	17.4	7.6	11.8	103.3	62.5	91.6
100	6.8	2.1	6.5	25.2	18.1	73.2	112.1	97.5
120	12.5	7.8	16.2	9.4	3.2	47.3	26.3	83.5
140	−0.93	3.8	−2.5	4.1	0.3	12.6	25.5	53.5

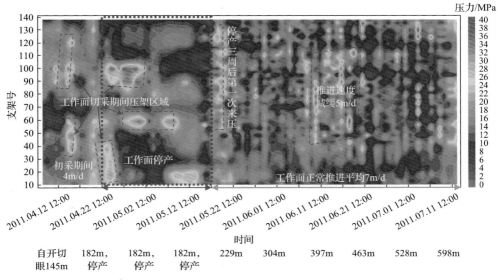

图 4-17 6^{上}105-2 工作面矿压云图自然邻点插值(2011.04.07~2011.07.13)

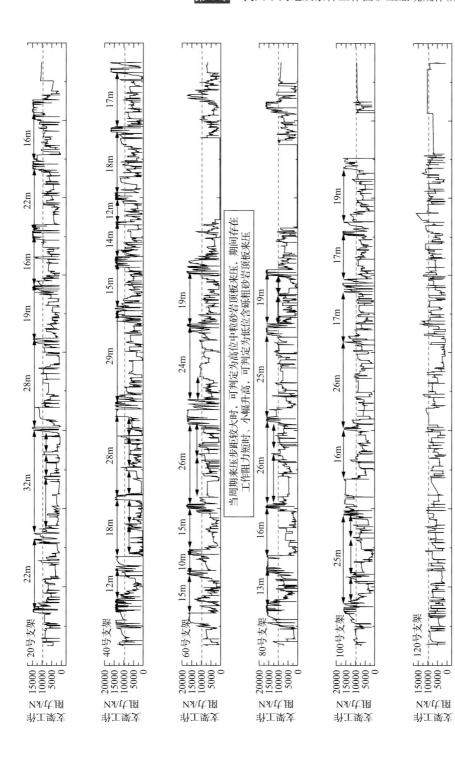

图 4-18　6上105-2 工作面典型支架工作阻力曲线（2011.06.13～2011.07.13）

4.2.3　千树塔煤矿

千树塔煤矿 13302 工作面地质条件已在前文阐述。现分析千树塔煤矿 13302 工作面矿压显现规律，从距切眼 520m 至推进 775m 的过程中，取 2020 年 2 月 29 日至 2020 年 3 月 31 日期间典型的矿压数据进行统计分析。正常开采时工作面压力云图如图 4-19 所示，可以看出，来压和非来压界限分明，周期来压较明显。

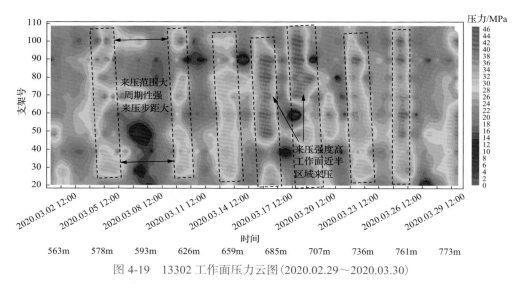

图 4-19　13302 工作面压力云图（2020.02.29～2020.03.30）

以 20 号、30 号、40 号、60 号、80 号、100 号、110 号支架工作阻力为纵坐标，以时间为横坐标，生成 F-T 曲线，如图 4-20 所示，周期来压与非来压区分明显，周期来压期间支架急增阻，非来压期间支架增阻小，来压后支架工作阻力下降明显。来压期间从压力曲线上看，呈现出升高—保持—下降的"正梯形"特征，支架增阻速率较大，非来压期间支架增阻速率较小，每次来压第一个循环内支架往往出现压力突增。

工作面来压步距见表 4-19，工作面来压间隔距离 6.4～20.1m，平均为 15.3m，来压持续长度为 3.2～7.8m，平均为 6.1m，来压持续时间较长；压力峰值基本在 45MPa 以上，最大为 46.6MPa。支架动载系数见表 4-20，来压动载系数平均为 1.58，最大为 1.78，矿压显现强烈。工作面支架增阻速率见表 4-21，非来压期间，支架增阻速率为 13.9～37.7kN/min，平均为 26.2kN/min；当工作面来压时支架增阻速率为 47.5～138.9kN/min，平均为 84.1kN/min，较非来压期间增加了 3.2 倍。

由于该工作面顶板较坚硬，发生顶板垮落对支架冲击频繁，例如在 3 月 1 日至 4 月 1 日期间，共发生 7～8 次动载冲击，其主要原因如下。

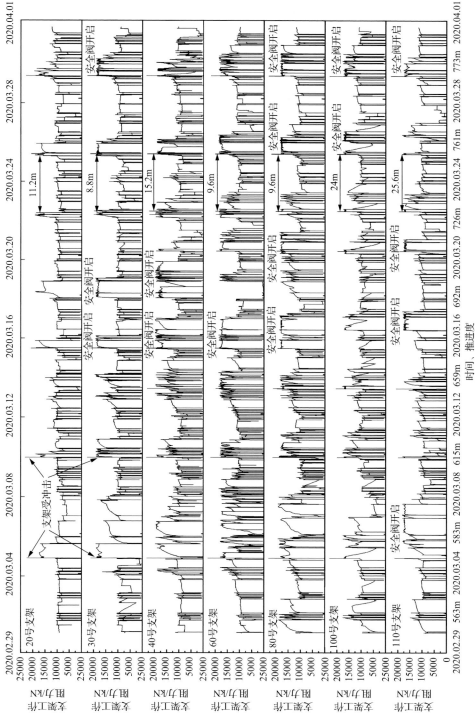

图 4-20 13302 工作面典型支架工作阻力曲线

表 4-19　13302 工作面来压步距统计

来压次数	来压间隔距离/m	来压持续长度/m	影响范围/号	支架最大压力/MPa
第 1 次	15.5	6.2	20～40	45.1
第 2 次	6.4	3.2	40	46.2
第 3 次	24	7.8	20～40、60～100	46.2
第 4 次	20.1	7.5	20～40、60～100	45.1
第 5 次	11.1	6.5	20～40、60～110	45.2
第 6 次	15.0	4.8	20～30、60～100	46.3
第 7 次	13.1	6.1	20～40、60～110	45.7
第 8 次	17.2	6.0	20～40、60～110	46.6
第 9 次	15.2	6.8	20～30	44.9
平均值	15.3	6.1	—	45.7

表 4-20　13302 工作面来压动载系数统计

支架号	20	30	40	60	80	100	110	平均值
来压期间支架循环末阻力/kN	16686	17007	18489	18461	19353	18820	17848	18094.9
非来压期间支架循环末阻力/kN	10864	10816	12788	13207	11544	10893	10020	11447.4
动载系数	1.54	1.57	1.45	1.40	1.68	1.73	1.78	1.58

表 4-21　13302 工作面支架增阻速率统计

支架号	20	30	40	60	80	100	110	平均值
来压期间支架增阻速率/(kN/min)	47.5	69.1	74.5	72.4	111.2	74.8	138.9	84.1
非来压期间支架增阻速率/(kN/min)	22.5	27.1	37.7	37.4	23.1	21.7	13.9	26.2

1. 坚硬顶板周期性断裂形成冲击载荷

　　工作面一次开采高度大，3 号煤层平均厚度 10.61m，采用大采高综放采煤方法，割煤高度达 4.3m，上覆岩层活动范围大，造成工作面矿压显现强烈。支架工作阻力分析结果表明，周期来压的特点是先有冲击载荷，随后支架工作阻力急增阻或安全阀开启，表明支架来压时顶板发生大范围断裂。

　　支架动载冲击现象如图 4-21 所示，个别支架冲击载荷瞬时达到了 60MPa，远超支架安全阀开启压力 45.8MPa，从所观测的 10 个支架来看，均存在冲击载荷，且具有明显的周期性，动载冲击前后支架工作阻力降低 30%～50%，冲击持续时间短，仅 1～3 个循环。13302 工作面支架受动载冲击的主要原因是顶板及上覆岩层周期断裂。由于顶板坚硬，悬顶范围较大，且采出空间大，顶板断裂对支架造成一定的冲击。

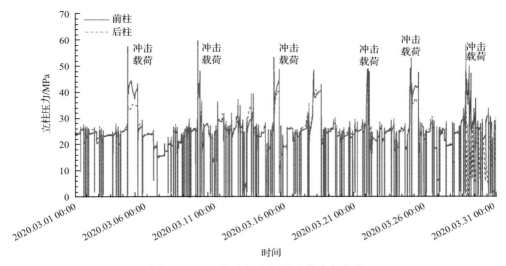

图 4-21 110 号支架来压受动载冲击曲线

2. 顶板一次垮落范围加大

顶煤及顶板坚硬，采空区悬顶范围大，造成周期来压步距增大，最大来压步距达 30.4m，顶板一次垮落范围加大，来压强度增大。支架工作阻力分析表明，每次来压间隔都达到了 20 个以上循环(工作面推进 16m)，有的达到了 30 个循环(工作面推进 24m)，甚至更大。顶板一次垮落范围增大，是造成动载大、来压显现强烈的主要原因。

3. 部分支架工况较差

部分支架工况较差，支架立柱长期不保压，导致同支架另一个立柱安全阀开启。从所观测的 10 个支架来看，其中 6 个支架立柱有不保压现象，达到了 60%；有的支架立柱不保压达 10 天，以此推断整个工作面支架工况，立柱不保压问题较突出，也是安全阀开启和矿压显现强烈的重要原因，如图 4-22 所示。

4.2.4 坚硬顶板工作面矿压及顶板灾害典型特征

通过不同矿井坚硬顶板工作面 F-T 曲线及压力云图分析，对坚硬顶板工作面矿压显现共性特征归纳如下。

(1)工作面周期来压明显，压力云图上来压与非来压区分度高。

(2)工作面来压支架增阻速率大，支架处于急增阻状态，来压持续时间较长，来压后压力降幅较大，来压前后 F-T 曲线呈"正梯形"特征，如图 4-23 所示，顶板自承能力强，来压后支架呈微增阻状态，顶板下沉量小。

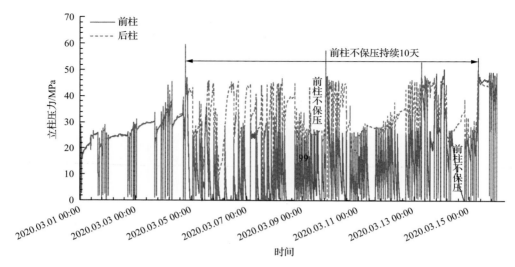

图 4-22　60 号支架立柱不保压情况分析

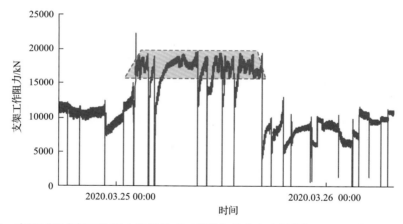

图 4-23　来压过程支架工作阻力发展呈"正梯形"状分布(千树塔 13302 工作面 60 号支架)

(3)工作面周期来压步距较大,步距变化大,端头来压步距比中部来压步距大。由于多层厚硬顶板存在,每层顶板破断均会产生周期来压,且破坏程度不协调造成破断不同步。当多层顶板同步来压时,安全阀开启率高,来压区域常发生压架事故。

(4)多数坚硬顶板工作面存在动载冲击现象。由于坚硬顶板强度较高,其断裂会对支架造成一定的冲击,该动载冲击具有明显的周期性,冲击持续时间短,峰值载荷甚至远超支架安全阀开启压力,动载冲击后支架工作阻力普遍降幅达30%~50%。

(5)部分矿井坚硬顶板的矿压显现特征见表 4-22。

表 4-22 不同长度的坚硬顶板工作面矿压情况统计

矿井	工作面	工作面长度/m	坚硬顶板	是否发生动载矿压	矿压显现情况
酸刺沟	6⁻105-2	245	13.9m 含砾粗砂岩	是	矿压显现强烈，工作面推进至 182m，发生大面积来压，5～40号支架、85～105 号支架区域发生支架事故，部分支架立柱损坏，来压时增阻速率达到 170.6kN/min，安全阀开启率达 88%
千树塔	13302	150	16.66m 长石砂岩	否	矿压显现较强烈，来压期间支架最大动载系数达 1.78，最大安全阀开启率达 34.1%，工作面来压时支架增阻速率为 47.5～138.9kN/min，平均为 84.1kN/min，较非来压期间提高 3.2 倍
塔山	8102	231	8m 中粗砂岩	是	矿压显现强烈，严重时损坏支架，压架现象时有发生。工作面推进到 141.5m，60～114 号专架安全阀开启后，顶板下沉量达 800mm，81～91 号支架后柱没有行程，片帮深度为 1.0～1.2m，88～102 号支架共有 21 根立柱被压坏。工作面推进至 160m 时，39～41 号支架发生冒顶，冒高达 1～1.5m，顶板最大下沉量达 500mm
芦子沟	3107	150	7.3m 中粗砂岩	否	矿压显现程度一般，来压期间动载系数平均为 1.47，安全阀开启率仅 5%，来压步距为 11.34～20.9m，无明显片帮冒顶现象
五家沟	5302	284	20.86m 细粒砂岩	是	矿压显现强烈，初采期间发生多次压架，来压期间全工作面范围均有不同程度的煤壁帮片，最大深度达 1.5m，立柱下降达 400mm，工作面有鸣炮声响等现象，近半支架安全阀开启

4.3 非坚硬顶板工作面矿压显现规律及特征

4.3.1 非坚硬顶板煤层赋存特征

坚硬顶板和浅埋条件下工作面易发生大面积垮落和切顶压架灾害已被广泛认识，而非坚硬顶板由于其属性特征从强度上不属于厚层难垮坚硬顶板，从埋深上也不属于浅埋煤层条件，传统观念认为，非坚硬顶板不易发生较大范围的顶板事故，但事实上，管理人员容易忽视非坚硬顶板管理，反而易引起顶板灾害。该类顶板灾害无论从发生机理还是在表现形式上均异于上述两种顶板条件。非坚硬顶板条件涵盖了我国除浅埋煤层和坚硬顶板外的几乎所有顶板类型，将该类顶板工作面统一泛指为"非坚硬顶板条件"。除了蒙陕矿区集中分布的浅埋煤层，以及部分矿区分布的坚硬顶板条件煤层外，我国大多数矿区的煤层条件均属非坚硬顶板。

与浅埋煤层和坚硬顶板条件单一致灾因素相比，非坚硬顶板工作面顶板灾害的诱因非常多，致灾机理较复杂，多为两种或多种因素叠加所致，如阳泉矿区的15 煤层顶板呈现典型的"五花肉"形态，强度较高的灰岩和软弱破碎的泥岩连续数层间隔分布。在非坚硬顶板条件下，设备选型不合理或顶板管理不当也易引发顶板灾害，如铁北矿Ⅱ2a 煤层，煤层顶板为炭质泥岩、泥岩和泥质砂岩互层组成，属非坚硬顶板，其右三片工作面于 2009 年 7 月 15 日发生工作面全局性切顶压架事故，该工作面由于涌水量大，推进缓慢，时常停产检修，工作面中部支架安全阀长时间处于持续开启状态。此外，支护质量较差，多数支架初撑力仅为额定值的 20%~30%，顶板下沉量较大，以致出现大规模切顶压架事故。

由于"非坚硬顶板"涵盖了大部分煤层条件，并非特指某一类煤层或顶板。本节通过对"非坚硬顶板"工作面开采过程中的矿压特征进行分析，在总结共性、规律性认识的基础上，进一步解析该类顶板灾害发生前后的异常矿压显现，即通过对工作面支架压力云图、F-T 曲线等进行分析，从来压时空关系上研究来压步距、来压范围、持续时间等指标，从来压强度上研究动载系数、支架增阻速率等指标，揭示"非坚硬顶板"工作面的矿压和顶板灾害规律及特征。

4.3.2 崔木煤矿

崔木煤矿地质条件已在前文阐述，不再赘述。301 和 302 工作面发生多次压架，造成 301 工作面支架全部报废，302 工作面压架停产导致了采空区自燃发火，工作面封闭。在采取有效措施后，303 工作面没有发生大面积切顶压架，303 工作面地质条件和 301 及 302 工作面基本相同，303 工作面安装 106 组 ZF15000/21/38 型基本液压支架、2 组 ZFG15000/21/38 型基本过渡支架和 7 组 ZFG16000/26/42 型过渡支架，其中，在第 1 架和第 115 架布置矿压监测分站，其余支架每隔 7 架安装 1 台在线监测分站，共 16 个矿压监测分站。工作面支架压力云图如图 4-24 所示，工作面来压与非来压界限不分明，高压力区连成片，低压力区被高压力区包围，总体来看，来压持续长，工作面长时间处于来压状态。

初采期间，从开切眼—直接顶垮落—基本顶初次垮落的过程中，支架工作阻力逐步提高。工作面初次来压步距约为 51m，来压持续长度约为 21.5m，中部 49~79 号支架安全阀频繁开启。初次来压期间支架循环末阻力及动载系数统计见表 4-23。支架平均工作阻力为 9500~13200kN，工作面整体平均工作阻力为 12260kN；支架前柱压力平均为 31.8MPa，后柱压力平均为 28.7MPa，前后立柱受力较均衡；动载系数平均为 1.15，动载不强烈。

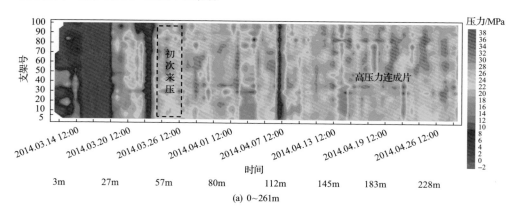

(a) 0~261m

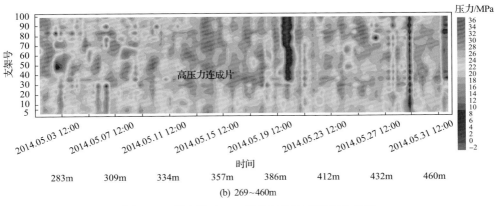

图 4-24　崔木煤矿 303 综放工作面支架压力云图

表 4-23　初次来压期间支架压力及动载系数

项目	整架平均阻力/kN	前柱平均压力/MPa	后柱平均压力/MPa	动载系数
非来压期间	10790	27.7	25.3	1.13
初次来压期间	12260	31.8	28.7	1.15

　　正常开采期间，工作面典型支架工作阻力曲线如图 4-25 所示。工作面来压与非来压界限不明显，F-T 曲线在非来压期间也有一定的增阻量，周期来压时增阻量较大，安全阀大面积长时间开启。以工作面推进 200～400m 为例，工作面来压特征统计见表 4-24、表 4-25，本阶段共来压 9 次，对应支架工作阻力平均为 13000kN；周期来压步距为 12.9～24.4m，平均为 17.4m，平均持续长度为 5.6m，支架平均工作阻力为 11230kN，动载系数为 1.11，立柱受力前后比为 1.12。周期来压步距 15m 以上约占 57%，来压步距较大，持续长度大，但来压时动载并不强烈。

表 4-24　综放工作面周期来压特征统计(推进距离 200～400m)

发生次序	距切眼/m	持续距离/m	来压步距/m
1	222.3	4.8	19.2
2	241.5	7.2	14.4
3	256.5	16.4	7.8
4	286.5	4	13.6
5	308	10.4	18.5
6	337	4	18.6
7	346	4.8	12.9
8	363.7	10.4	5
9	398.5	4	24.4

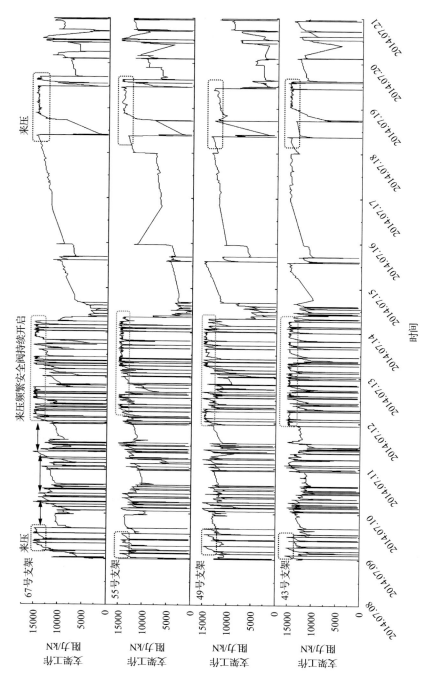

图 4-25　工作面正常开采期间典型支架工作阻力曲线

表 4-25 工作面周期来压动载系数统计

状态	整架/kN	前柱/MPa	后柱/MPa	动载系数	前柱/后柱
非来压	10117	27	22.7	—	1.19
来压期间	11317	29.1	26.4	1.12	1.1
	11143	28.9	25.8	1.1	1.12
平均值	11230	29	26.1	1.11	1.11

4.3.3 长平煤矿

1. 地质条件

长平煤矿 5302 工作面位于 3 号煤一水平五盘区南翼,为五盘区的首采工作面,地面标高 979~1170m,煤层底板标高 412~480m,工作面走向长度 1509.17m,倾斜长度 295.00m。主采 3 号煤层,煤层平均厚度 5.64m;该工作面在 1066m 处布置第二切眼,宽度 101.5m;工作面东部为 5301 工作面,西部为 5303 工作面,北部为五盘区大巷,南部为西珏山庙保护煤柱,如图 4-26 所示。

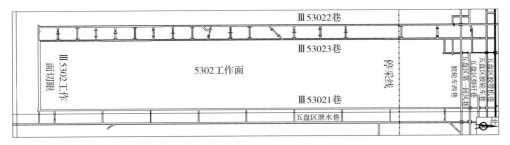

图 4-26 5302 工作面采掘平面图

5302 工作面采用综放工艺回采,支架型号为 ZF11000/20.5/38。工作面切眼东高西低,相对高差 12m 左右。工作面整体受泮沟南向斜影响,机头回采至 723m、机尾回采至 510m 段为工作面下山回采,坡度为 1°~9°,从机头 723m、机尾 510m 至第二停采线为工作面上山回采,坡度为 1°~7°。工作面直接顶为泥岩,呈黑色,水平裂隙发育;基本顶为粉砂岩,灰黑色,夹薄层灰色细砂岩,见垂直闭合裂隙。5302 工作面综合柱状如图 4-27 所示。

2. 工作面矿压规律及特征

5302 工作面属于大采高综放工作面,5302 工作面安装有电液控制系统,每个支架立柱压力均可通过传感器实时采集,图 4-28 为 5302 工作面支架压力云图。工作面来压差异性较大,并且明显具有不同步性,工作面上部、中部和下部来压不同步。工作面仅局部压力较大,范围大小不一,呈"斑点"状,从云图中很难确定来压步距大小。

岩层柱状	厚度/m	埋深/m	岩性	岩性性描述
	6.40	546.76	细砂岩	灰色，中厚层状，成分以石英为主，泥质胶结，交错层理
	6.40	553.16	中砂岩	灰色，中厚层状，成分以石英为主，泥质胶结，交错层理，硬度系数为4.7
	4.40	557.56	粉砂岩	灰黑色，薄层状，夹薄层灰色细砂岩，见垂直闭合裂隙，未充填，硬度系数为3.5
	3.30	560.86	泥岩	黑色，薄层状，水平裂隙发育，层面上见云母及植物化石碎片，硬度系数为2.0
	5.64	566.50	3号煤	黑色，块状，玻璃光泽，以亮煤为主，偶见丝炭，光亮型煤，结构为3.9(0.32)1.42，硬度系数为1.0
	0.67	567.17	泥岩	黑色，薄层状，水平闭合裂隙发育
	2.09	569.26	粉砂岩	灰黑色，薄层状，波状层理，层理面见云母碎片
	1.44	570.70	细砂岩	灰黑色，薄层状，波状层理，夹黑色薄层泥质条带

图 4-27　5302 工作面综合柱状图

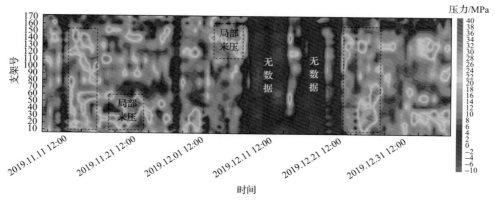

图 4-28　5302 工作面推进过程中支架压力云图(2019 年 11 月 10 日～2020 年 1 月 20 日)

5302 工作面初采期间各支架工作阻力普遍在 8000kN 以下，初次来压步距平均 33.2m，见表 4-26；支架普遍达到额定工作阻力，初次来压时各支架平均循环末阻力达到 11421kN，部分支架安全阀开启。

表 4-26　5302 工作面各支架初次来压分析

支架号	初次来压时间	初次来压步距/m	初撑力均值/kN	初撑力最大值/kN	循环末阻力均值/kN	循环末阻力最大值/kN
10	9.26～10.1	30	5771	7916	7501	11611
20	9.22～9.26	31.2	6776	8807	8691	11470

续表

支架号	初次来压时间	初次来压步距/m	初撑力均值/kN	初撑力最大值/kN	循环末阻力均值/kN	循环末阻力最大值/kN
30	9.21～9.24	30	5904	8380	7435	11498
40	9.24～9.26	33	5596	8410	6735	11441
50	9.19～9.25	27.3	5881	8101	7277	11413
60	9.15～9.19	22.6	5773	9577	7365	11667
70	9.22～9.25	34.3	4516	7987	5737	11468
80	9.25～9.28	36.6	4575	8913	6574	11432
90	9.25～9.26	37.6	4455	9713	6291	11441
100	9.19～9.21	30.2	5784	8277	7549	11498
110	9.17～9.21	29.2	5264	9502	7212	11463
120	9.22～9.24	37.3	3604	7993	5338	11329
130	9.17～9.18	30.7	5916	8713	8396	11385
140	9.28～9.29	47.8	5805	7913	7709	11366
150	9.23～9.24	41.4	5600	8973	7786	11385
160	9.16～9.24	30.2	6018	8609	7727	11387
170	9.19～9.24	34.4	5615	7969	7004	10905
平均值	—	33.2	5462	8574	7196	11421

现场观测发现，5302 工作面周期来压步距差异性较大，局部区域频发小型来压，强度低，且规律性较差。从单个支架工作阻力来分析，不同支架工作面周期来压步距一般在 4.9～28m，平均为 16m，见表 4-27。工作面机头、机尾附近支架周期来压频次较低，仅为 2～3 次，中部支架来压频次明显增多，平均 5 次，最多达 6 次。此外，工作面矿压整体呈现中部高、机头机尾低的特点。从支架工作阻力曲线也能区分是否处于来压阶段，支架仅小部分时间段压力较大，大部分时段压力较小，且各支架来压不同步，如图 4-29 所示。

表 4-27　5302 工作面支架周期来压步距分析

步距/m	支架号																
	10	20	30	40	50	60	70	80	90	100	110	120	130	140	150	160	170
1	9.9	19.8	9.9	—	—	23.5	16.1	—	—	10.9	22.9	—	15.4	18.6	—	20	—
2	18.5	—	11.2	15.7	—	—	—	—	18.1	13.1	—	10.8	—	—	6.5	—	19.9
3	21.1	20.1	—	22.9	19	28.4	25.2	26	14.6	10.3	10.3	8.5	17.8	9.3	—	8.5	—
4	—	—	—	—	—	—	—	—	9.3	—	14.1	10.1	9.7	—	15.1	—	—
5	16.8	10.6	10.6	11	7	14.7	8.5	8.5	12.6	11.1	6	—	12.2	11.1	11.1	11.1	11.1

续表

步距/m	支架号																
	10	20	30	40	50	60	70	80	90	100	110	120	130	140	150	160	170
6	13.3	7.7	12.6	7.7	7.7	15.4	9.8	9.8	6.3	—	9.7	12.3	—	15.6	15.6	6	15.6
7	20.7	11.7	27	25.6	11.7	20.7	—	9.7	13.2	20.3	15.6	22.4	19.2	14.2	—	23.8	14.2
8	—	23.8	—	—	—	—	22.2	18.7	—	14.2	9	13.7	6.1	18.4	—		6.1
9	14.5	11.1	11	21	27.5	18.2	—	14.7	10.8	13.7	4.2	9	—	—	4.9	11.1	—
10	24.8	13.1	12.7	9.6	16.6	24.9	—	13.9	—	—	—	—	—	—		9.9	—
11			17.8			26.4	20.7	29.4			23.7						
12								20.3	22		28						
13						11.6	11.2		11.2		23		8.1				
14			11.8	15.8		19	14.9		16.9	21.9		14.5	14.2			14.7	16.3
15		13.4	15.7	7.8	15.5	19.7	10.7					24.5			17.8	34.9	
16	13	23	13.1	17	16.2		17		12	18.2	12.7		15.8				
17	12.4		23.2	7.6	6	25.7				12.5	21.6	29.5	21.6				
18	14.8	18.2		18.2	9.7	19.2	24.9		19.3								
19		8.9	24.3	8.9		9	13.2				10.2	5.1	5.1				
20		12.8				11	22						12.8				
21		20.1	21.4			16.5	18.3					26.4					
22		17.7	18	19.8		14.2	15.1		4.7								
平均值	16.3	15.5	15.9	15.1	13.7	18.7	16.7	15.2	15	15.3	13.5	16.2	14.8	12.3	15.2	13.4	13.9

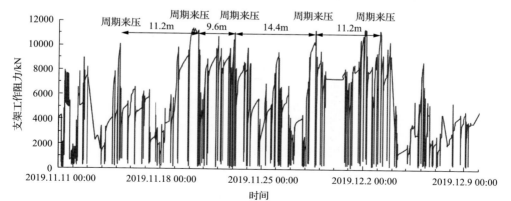

(a) 30号支架

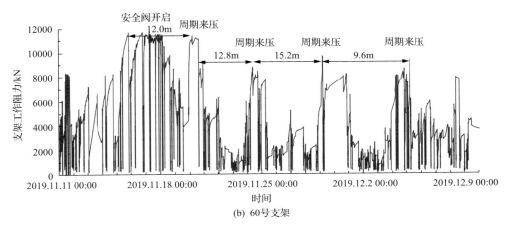

(b) 60号支架

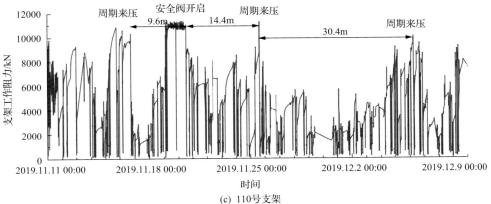

(c) 110号支架

图 4-29 5302 工作面部分支架工作阻力曲线

支架增阻速率在工作面中部与两端存在较大的差异性, 工作面中部支架的增阻速率高于工作面两端, 见表 4-28。总体而言, 无论来压还是非来压期间, 支架增阻速率均较小, 非来压期间平均支架增阻速率为 17.77kN/min, 周期来压期间平均支架增阻速率为 33.55kN/min, 来压比非来压期间支架增阻速率增加了 53%。长平煤矿工作面矿压显现不强烈的原因主要有煤层厚度较薄, 工作面没有悬顶以及顶板没有在煤壁处断裂等。

表 4-28 5302 工作面各支架增阻速率特征表

支架号	非来压支架增阻速率/(kN/min)							来压支架增阻速率/(kN/min)			
	循环 1	循环 2	循环 3	循环 4	循环 5	循环 6	循环 7	循环 1	循环 2	循环 3	循环 4
10	9.44	10.54	14.25	10.28	14.16	15.88	10.55	18.65	17.94	15.72	18.31
20	15.8	14.1	19.2	19.12	16.17	11.86	16.34	46.87	33.99	41.22	59.96
30	16.9	19.62	11.63	11.16	20.31	19.14	15.54	36.21	44.95	27.52	19.42

支架号	非来压支架增阻速率/(kN/min)							来压支架增阻速率/(kN/min)			
	循环1	循环2	循环3	循环4	循环5	循环6	循环7	循环1	循环2	循环3	循环4
40	26.01	29.52	14.36	23.12	17.39	36.47	27.81	15.74	25.72	41.44	40.05
50	17.59	10.42	21.34	27.59	22.49	25.97	20.13	11.51	24.99	11.97	53.45
60	16.53	15.55	4.57	18.42	17.41	14.99	26.41	31.45	23.37	17.87	27.73
80	16.43	18.18	15.85	15.25	10.31	20.67	13.33	17.75	37.41	17.73	51.15
90	23.76	14.62	19.43	24.6	14.24	21.49	10.54	46.11	44.94	59.15	34.1
100	18.82	11.15	18.78	15.85	22.92	18.95	18.97	21.85	35.9	25.8	31.97
110	25.87	27.31	17.29	26.58	13.21	15.62	29.31	46.89	50.35	37.46	32.07
120	24.36	19.88	22.75	15.15	23.65	12.9	20.03	59.57	35.75	51.93	48.59
130	19.17	19.32	24.25	23.36	23.13	22.08	24.47	68.1	43.79	25.75	29.22
140	11.62	27.9	12.91	27.24	28.86	23.48	30.45	34.16	37.14	34.75	43.83
150	13.53	13.85	11.97	11.52	17.28	13.49	14.27	67.44	18.58	47.97	46.75
160	10.37	13.75	12.07	11.44	15.79	2.19	14.68	18.41	15.91	14.57	34.31
170	10.91	11.86	15.85	11.21	12.47	10.83	18.86	17.05	24.61	19.15	13.37
平均值	17.77							33.55			

4.3.4 非坚硬顶板工作面矿压及顶板灾害典型特征

表4-29为部分非坚硬顶板工作面参数及矿压特征总结,非坚硬顶板工作面矿压显现共性特征如下。

(1)非坚硬顶板工作面来压分为两类,一类是工作面来压不强烈,来压时仅部分支架压力大,定义为缓和型,如长平煤矿;另一类是整个工作面或部分区域持续来压,工作面支架安全阀长时间开启,定义为剧烈型,如崔木煤矿。两类非坚硬顶板工作面共同特点是支架压力云图上来压界限不清晰,工作面周期来压规律性差。

(2)来压强度较弱的工作面,来压或非来压界限不明显,区分度低,仅部分支架载荷变化明显,来压云图区域呈现明显的"斑片"状特征,这是由于在非坚硬顶板工作面,基本顶往往强度低,整体性较差,多呈现分区域断裂和非同步垮落;来压强度较高的工作面,倾向和推进方向上支架高工作阻力区连成一片,扩散效应明显,伴随安全阀大面积长时间持续开启,如崔木煤矿303工作面、寺家庄煤矿15106工作面。

(3)非坚硬顶板大面积压架灾害受工作面煤层赋存条件、支护质量及支架工况影响较大。非坚硬顶板煤层往往赋存不稳定,存在顶底板凸凹不平、松软破碎,底板浮煤甚至涌水,使得该类工作面一方面支护质量合格率较低,初撑力不易保持,另一方面推进速度缓慢,顶板下沉量较大,较易发生大面积切顶压架,其大面积切顶压架过程往往没有动载冲击,是一个持续渐进的过程,压架灾害与工作面地质条件、支护质量及支架工况密切相关。

表 4-29 非坚硬顶板工作面来压特征分析

矿井	铁一矿	寺家庄煤矿	阳煤二矿	三元矿	长平煤矿	崔木煤矿
煤层	II 2a煤	15煤	15煤	3煤	3煤	3煤
工作面	右三片，右四片	15106	81201	1312	5302	303
煤厚/m	13.9	5.0	7.7	7.18	5.64	13.29
工作面长/m	165m	286.2m	220m	290.5m	295m	200m
周期来压步距/m	(4~21.6)/12.5	(5.6~47)/110.4	(1.6~41.95)/16.25	(4~16.4)/18.6	(4.2~34.9)/16.0	(5~24.4)/15.3
来压持续长度/m	2.4	10	3.24	2.0	2.4	1.11
动载系数	1.33	1.32	1.69	1.41	1.40	5.6
支架型号	ZF8000/18/35	ZY12000/30/68	ZFY10800/22/42D	ZF10000/20/32	ZF11000/20.5/38	ZF15000/21/38
额定初撑力/kN	7139	9600	7913	7758	8900	—
实测平均初撑力/kN	4218	5432	5310	5346	4261.6	—
占额定初撑力的比例	59.1%	56.6%	67.1%	68.9%	47.9%	—
正常增阻率/(kN/min)	(18.95~76.3)/42.39	(2.63~40.03)/18.9	(4.16~22.35)/12.08	(8.56~32.38)/14.96	(2.19~36.47)/17.77	(1.4~75.1)/12.7
周期来压增阻率/(kN/min)	(8.77~165.86)/53.83	(19.29~85.06)/44.92	(15.71~30.97)/27.91	(15.75~47.13)/35.09	(11.51~68.1)/33.55	—
压架增阻率/(kN/min)	(56.37~256.76)/124.41	—	—	—	—	(20.9~309.6)/132.0
云图形态	来压与非来压界限模糊，来压步距和强度差异性大，云图呈现"斑片"状特征	来压强度差异性较大，来压烈时步距达35~40m，支架压力超40MPa，安全阀大量开启，持续时间长	来压较频繁、规律性较差、强度较弱、仪器显现明显，超分支架载荷明显，褶曲或厚灰岩基本顶区域矿压显较强烈	工作面上中下部来压步距差异性较大，表现为来压位置的区域性和来压时间的不同步性	工作面来压位置、时间差异呈现不同步性，规律性较差	强烈来压时云图呈连续片状分布，扩散效应明显，安全阀大面积持续长时间开启
来压类别	剧烈型	剧烈型	缓和型	缓和型	缓和型	剧烈型

参 考 文 献

[1] 黄庆享, 李锋, 贺雁鹏, 等. 浅埋大采高工作面超前支承压力峰值演化规律[J]. 西安科技大学学报, 2021, 41(1): 1-7.

[2] 李凤仪. 浅埋煤层长壁开采矿压特点及其安全开采界限研究[D]. 阜新: 辽宁工程技术大学, 2007.

[2] 任艳芳. 浅埋煤层长壁开采覆岩结构特征研究[D]. 北京: 煤炭科学研究总院, 2008.

[4] 杨俊哲, 尹希文, 李正杰, 等. 浅埋煤层覆岩运移规律与围岩控制[M]. 北京: 科学出版社, 2019.

第5章　支架工作阻力均化循环及增阻特性

深入分析支架工作阻力变化规律是研究顶板灾害发生特征和顶板活动规律的重要手段，具体某个支架及某个割煤循环 F-T 曲线不能代表整个工作面增阻特性或矿压显现特征，本章提出了均化循环概念及计算方法，并将单元循环曲线形态分为五类(对数函数、指数函数、线性函数、近常数函数、组合函数)，选取了浅埋煤层、坚硬顶板、非坚硬顶板 6 个典型工作面的单元循环 ΔF-T 曲线进行拟合，然后分析不同类型顶板的增阻特性。

5.1　支架工作阻力研究方法综述

支架与围岩相互作用关系是采场围岩控制和顶板灾害防治的核心问题。由于采动中采场上覆岩层的运动和破断难以观测，工作面液压支架作为最直接接触顶板、支护顶板的装备，工作面围岩控制的关键设备，工作面正常割煤循环或者停采时支架工作阻力都随时间而动态增阻，其工作阻力演化在一定程度上可以反映采场上覆岩层应力演化及破断特征，支架活柱下缩量的变化可反映直接顶的下沉量。因此，工作面支架工作阻力变化特征是分析采场矿压规律及煤矿顶板灾害的重要信息。

目前支架压力数据的分析手段主要是通过建立数学模型对数据的规律性进行研究，所用数学方法包括灰度模型、神经网络、粒子群优化算法等。尹希文[1,2]将采煤循环内支架与围岩的作用过程分为给定变形和给定载荷两个阶段，分析了液压支架的动态增阻函数，认为在给定变形阶段液压支架时间序列曲线符合对数函数，在给定载荷阶段符合指数函数。张金虎等[3]通过将时间序列的矿压数据进行预处理，得到初撑力(P_0)、循环末阻力(P_m)和支架工作阻力(P_t)等关键指标，进一步分析其在推进方向及面长方向两个维度的时空变化规律，得出上覆岩层垮落特征，评测液压支架支护质量，并分析了停产期间支架工作阻力的演化过程，研究了深厚表土综放面支架载荷的时间效应及产生机制，认为控制停产时间和利用支架活柱"下缩让压"特性，可有效控制支架载荷时间效应的危害。付东波等[4]针对现有工作面顶板监测系统局限性，提出了监测支架工作阻力、煤岩体应力、顶板离层等多参量的综合预警体系及 P-T 曲线有效数据的智能化采样模式。

程敬义等[5]提出了用于支架压力分析的多因次工作循环特征参数，分析了安全阀开启、割煤及邻架移架、地质等多种因素影响下的单台支架承载特征及支架群组载荷转移分布特性。贾澎涛等[6]提出了一种基于堆叠的长短期记忆网络(long short-term memory, LSTM)的多源矿压预测模型，首先采用灰色关联度对煤矿工作面多源矿压进行分析排序并进行数据预处理，而后采用堆叠式网络结构，确定每一个 LSTM 层的隐藏节点数、迭代次数等参数，最后采用 Adam 优化算法对模型进行优化，从而对工作面矿压进行预测。冀汶莉等[7]基于光纤光栅监测技术，提出了随机森林 MBCT-SR-RF 工作面来压预测模型，引入多步逆向云变换算法 (multi-step backward cloud transformation algorithm based on sampling with replacement, MBCT-SR)计算光纤上所有测点频移数据的期望 Ex、熵 En 和超熵 He 等统计特征，然后以光纤加权频移平均变化度和光纤频移数据的统计特征 (Ex,En,He)作为输入样本，以均方根误差(root mean square error, RMSE)、平均绝对误差(mean absolute error, MAE)和平均绝对百分比误差(mean absolute percentage error, MAPE)作为性能评估指标，实现了工作面矿压显现的分析和预测。赵毅鑫等[8]采用大数据的深度学习方法，通过长短时记忆(long short time memory, LSTM)网络实现了对工作面支架工作阻力分布、安全阀开启特征、不平衡力、初撑力、来压情况的分析预测。

综上所述，在工作面矿压研究领域，理论和应用成果均较多，但理论和分析模型多侧重于特定煤层赋存条件，普适性较差，对于支架在来压周期内如基本顶下沉、断裂、失稳等不同阶段载荷的增阻机理及特性研究偏少。

在矿压数据处理方面，现有研究仍采用传统分析方法，主要侧重于支架初撑力、末阻力、时间加权工作阻力等支架承载特征数据的统计分析和来压步距、动载系数等顶板来压特征的研究上，并未对不同顶板类型、不同割煤循环甚至顶板在下沉、断裂乃至失稳周期内不同阶段的支架增阻特性进行深入研究。

5.2　支架工作阻力均化循环提出

5.2.1　采用支架工作阻力曲线分析矿压存在的问题

支架工作阻力变化可以直接反映顶板活动规律，是研究工作面顶板活动、矿压显现、顶板灾害防治的最重要内容。为了方便研究支架工作阻力，通常重点研究支架工作阻力曲线随时间和工作面推进过程的发展趋势，包括研究支架工作阻力是增阻或是降阻、增阻速度大小、增阻趋势等[9]。

对于一个工作面某分析时段来说，存在大量的割煤循环和成千上万个单元循环 F-T 曲线，采用个别支架或某个割煤循环 F-T 曲线是否能够代表工作面增阻特性或矿压显现特点是需要着重考虑的问题。以 2018 年 11 月 3 日上湾煤矿 12401 工作面 91 号和 93 号支架 F-T 曲线为例，如图 5-1 所示，该曲线显示 6 个割煤循环随时间变化情况。从图 5-1 中可知，两个支架 6 个循环 F-T 曲线的末阻力、初撑力及增阻趋势存在一定差异[10,11]，其中 91 号支架第 6 个循环末阻力为 22534kN，而 93 号支架为 13826kN。因此，采用部分 F-T 曲线来评价其工作面顶板活动特点以及矿压显现规律具有一定的局限性，需要探索一种新方法能够比较全面准确地评价具体工作面或顶板条件的矿压显现强度及规律。

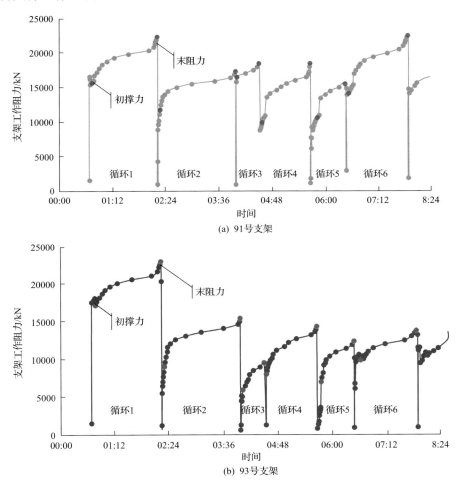

图 5-1　上湾煤矿 12401 工作面支架 F-T 曲线对比

5.2.2　均化循环 F-T 曲线和均化循环 ΔF-T 曲线提出

支架工作阻力 F-T 曲线由多个单元循环 F-T 曲线组成，一段时间内工作面割几刀煤，则存在几个单元循环 F-T 曲线。单元循环 F-T 曲线由 1 个初撑力、1 个末阻力以及多个支架工作阻力构成(数据量取决于巡检间隔和循环时长)。单元循环 F-T 曲线是支架动作和顶板活动共同作用的结果，支架降柱后移架，移架后立柱升起，操作阀关闭后产生初撑力，支架停止移动，顶板下沉引起支架增阻，监测系统记录部分时间点的支架工作阻力，下一个循环支架降架，产生末阻力。

因此，将待分析工作面全部或一段时间内的单元循环 $F\text{-}T$ 曲线进行分类，并综合到一个循环 $F\text{-}T$ 曲线，用该曲线来表征或评价该工作面矿压显现规律或增阻趋势及特点，该过程为均化循环 $F\text{-}T$ 曲线计算过程，将综合多个单元循环形成的 $F\text{-}T$ 曲线称为均化循环 $F\text{-}T$ 曲线。ΔF 为支架工作阻力增阻量，为支架工作阻力与初撑力的差值，$\Delta F\text{-}T$ 曲线为支架工作阻力增阻曲线，综合多个单元循环的 $\Delta F\text{-}T$ 曲线称为均化循环 $\Delta F\text{-}T$ 曲线[12]。由于增阻 ΔF 更能代表工作面矿压显现情况，因此，以下分析均采用增阻 ΔF。

5.3　均化循环 $\Delta F\text{-}T$ 分析方法

分析均化循环 $\Delta F\text{-}T$ 曲线首先需对单元循环 $\Delta F\text{-}T$ 曲线进行增阻类型区分，并拟合得出不同循环 $\Delta F\text{-}T$ 函数式，求解相关参数，再根据不同类型数量加权计算出均化循环 $\Delta F\text{-}T$ 曲线。

5.3.1　循环 $\Delta F\text{-}T$ 曲线类型及特点

1. 循环 $\Delta F\text{-}T$ 曲线类型

通过大量实测支架工作阻力数据分析发现，$\Delta F\text{-}T$ 曲线形态主要包括五种类型，分别近似为对数函数、指数函数、线性函数、近常数函数、四类函数的复合函数(例如前段为对数函数，后段为指数函数的复合函数类型Ⅰ；前段为指数函数，后段为对数函数的复合函数类型Ⅱ)，如图 5-2 所示。

(1)对数函数：如图 5-2(a)所示，初始阶段支架增阻较快，而后增阻速率逐渐减小且增阻量逐渐趋于平缓，支架增阻呈收敛趋势。

(2)指数函数：如图 5-2(b)所示，初始阶段支架增阻较慢，而后增阻速率逐渐增大，随着时间增长，增阻量指数级增加，支架增阻呈不收敛趋势。

(3)线性函数：如图 5-2(c)所示，支架增阻量与时间呈线性关系，增阻速率为常数，支架增阻呈不收敛趋势。

(4)近常数函数：如图 5-2(d)所示，支架增阻量基本维持不变或有微小变化，增阻速率较小甚至为 0 或负值。

(5)复合函数：复合函数可能是上述四个函数的任意组合，但较常见的有前段为对数函数，后段为指数函数的复合函数类型Ⅰ；前段为指数函数，后段为对数函数的复合函数类型Ⅱ。图 5-2(e)初始阶段支架增阻较快，一段时间后，趋于稳定，而后支架增阻再次变快，增阻量无收敛趋势，整个过程支架工作阻力表现为"先急增阻而后平缓再急增阻"；图 5-2(f)初始阶段支架增阻较慢，一段时间后，增阻速率陡然变大，最后阶段增阻变缓，增阻量有收敛趋势，整个过程支架增阻趋势与类型 I 截然相反。

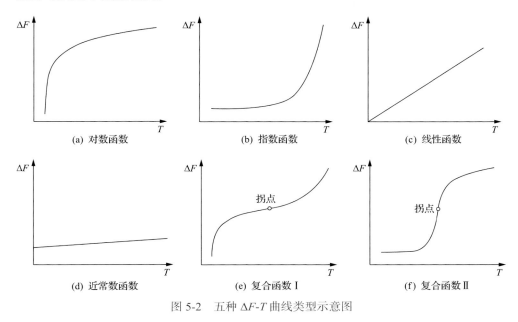

(a) 对数函数　　　　　(b) 指数函数　　　　　(c) 线性函数

(d) 近常数函数　　　　(e) 复合函数 I　　　　(f) 复合函数 II

图 5-2　五种 ΔF-T 曲线类型示意图

2. 循环 ΔF-T 曲线方程

支架工作阻力由初撑力和顶板活动引起的增阻力构成，可以表述为

$$F = F_0 + \Delta F \tag{5-1}$$

式中：F 为支架工作阻力, kN；ΔF 为增阻量, kN；F_0 为初撑力, kN。

根据上述经验，四种基本 ΔF-T 曲线分别为指数函数、对数函数、线性函数、近常数函数，增阻方程分别如下。

指数函数：

$$\Delta F = Be^{Ct} \tag{5-2}$$

对数函数：

$$\Delta F = B + C\ln t \tag{5-3}$$

线性函数：

$$\Delta F = Ct \tag{5-4}$$

近常数函数：

$$\Delta F = C \tag{5-5}$$

式中：B、C 为经验方程的拟合参数，一般取决于煤矿地质条件和顶板性质，因此，可以采用函数类型以及拟合参数(B、C 值)评价顶板活动状态和支架增阻特征；t 为时间。

5.3.2 均化循环 ΔF-T 计算方法

均化循环 ΔF-T 计算公式为

$$\overline{\Delta F_{(t)}} = \frac{\left[N_1 \overline{B_1} \mathrm{e}^{\overline{C_1}t} + N_2 \left(\overline{B_2} + \overline{C_2} \ln t \right) + N_3 \overline{C_3} t + N_4 \overline{C_4} \right]}{N} \tag{5-6}$$

式中：$\overline{\Delta F_{(t)}}$ 为工作阻力均化循环函数，kN；t 为时间，s；N_i 分别为统计时间段内的指数函数、对数函数、线性函数、近常数函数各个函数数量；N 为分析函数之和；$\overline{B_i}$ 与 $\overline{C_i}$ 为各类函数拟合参数的算术平均值。

5.3.3 循环 ΔF-T 曲线拟合及合理性验证

上文提出，经大量实测支架工作阻力数据分析发现，ΔF-T 曲线形态主要有五种类型，分别近似为对数函数、指数函数、线性函数、近常数函数、复合函数。为了验证上述分析的正确性，现采用不同工作面 ΔF-T 曲线进行拟合，并求解相关系数 R^2 大小以验证合理性。

随机选取了 6 个工作面共 3954 个单元循环 ΔF-T 曲线进行拟合，其中周期来压循环 1463 个，非周期来压循环 2491 个，拟合相关参数分别见表 5-1 和表 5-2。在 3954 个循环中有 906 个为常数循环，不参与拟合计算；参与拟合的 3048 个循环中，拟合平均相关性都达到强相关($R^2 > 0.8$)，单元循环 ΔF-T 整体拟合度较好，表明拟合后的函数可以表征循环 ΔF-T 曲线的整体特征。

表 5-1 工作面非来压期间 ΔF-T 曲线拟合统计表

矿及工作面名称	类型	循环个数	平均初撑力/kN	平均末阻力/kN	B 值(平均)	C 值(平均)	R^2(平均)
石圪台煤矿 31201 工作面	指数	42	10716	12248	81.14	0.00123	0.89
	对数	18	10492	12151	−2360	470	0.88
	线性	24	10693	12368	−20	0.6	0.94
	近常数	405	11005	11243	—	—	—

续表

矿及工作面名称	类型	循环个数	平均初撑力/kN	平均末阻力/kN	B值 (平均)	C值 (平均)	R^2 (平均)
上湾煤矿 12401 工作面	指数	82	15441	18793	464.06	0.000483	0.9
	对数	44	15478	18909	−6751	1183	0.93
	线性	30	15468	19126	404	0.5	0.94
	近常数	149	15414	15437	—	—	—
酸刺沟煤矿 6^{上}105 工作面	指数	84	4419	6583	289.86	0.000272	0.77
	对数	97	4182	6356	−2523	535	0.8
	线性	67	4456	6073	260	0.18	0.81
	近常数	291	5634	5952	—	—	—
千树塔煤矿 13302 工作面	指数	196	9291	10701	235.14	0.000368	0.86
	对数	200	9044	12932	−6170	1118	0.81
	线性	107	9428	12016	483	0.28	0.84
	近常数	12	11053	11630	—	—	—
长平煤矿 5302 工作面	指数	57	3594	5774	432.4	0.000194	0.84
	对数	185	35942	6121	−2119	541	0.86
	线性	110	3882	6074	485	0.258	0.89
崔木煤矿 303 工作面	指数	123	9310	12137	531.58	0.000515	0.85
	对数	93	9114	12851	−6087	1066	0.82
	线性	46	9399	12553	406	0.454	0.93
	近常数	29	9710	9710	—	—	—

表 5-2 工作面来压期间 ΔF-T 曲线拟合统计表

矿及工作面名称	类型	循环个数	平均初撑力/kN	平均末阻力/kN	B值 (平均)	C值 (平均)	R^2 (平均)
石圪台煤矿 31201 工作面	指数	19	11545	15239	186.89	0.001066	0.9
	对数	91	11312	16724	−6471	1427	0.93
	线性	77	11194	16180	537	2.11	0.96
上湾煤矿 12401 工作面	指数	28	15632	23648	967.42	0.000538	0.93
	对数	25	15764	25213	−13785	2654	0.94
	线性	23	15683	24932	815	1.16	0.95

矿及工作面名称	类型	循环个数	平均初撑力/kN	平均末阻力/kN	B 值 (平均)	C 值 (平均)	R^2 (平均)
酸刺沟煤矿 6^上105 工作面	指数	183	6368	11050	451.18	0.00035	0.815
	对数	386	6411	12135	−7554	1419	0.81
	线性	116	6532	11269	313	0.66	0.87
	近常数	20	8912	9380	—	—	—
千树塔煤矿 13302 工作面	指数	114	10032	15200	710.32	0.000336	0.88
	对数	147	10447	18005	−6514	1537	0.85
	线性	26	10015	17971	835	0.93	0.92
长平煤矿 5302 工作面	指数	17	6580	9703	638.05	0.000276	0.86
	对数	93	6082	9930	−301.87	733.15	0.89
	线性	48	6413	9724	1162	0.25	0.88
崔木煤矿 303 工作面	指数	5	10458	16318	568.62	0.000802	0.82
	对数	38	10120	15945	−4984	1043	0.86
	线性	7	9592	1578	1042	0.22	0.94

5.4 不同工作面支架均化循环 $\Delta F\text{-}T$ 和增阻特征

5.4.1 浅埋煤层

1. 石圪台煤矿 31201 工作面

分析石圪台煤矿 31201 工作面 676 个循环 $\Delta F\text{-}T$ 曲线,其中,非来压期间 489 个循环,来压期间 187 个循环,来压期间和非来压期间不同函数类型均化后的 $\Delta F\text{-}T$ 曲线和数量占比如图 5-3 所示。

从图 5-3 中可知,31201 工作面非来压期间支架增阻能力较弱,常数循环 $\Delta F\text{-}T$ 曲线数量占比较大,达到了 82.5%,常数、线性、对数函数 $\Delta F\text{-}T$ 曲线数量合计占比达到了 91.3%,这些循环前 80min 增阻量低于 3000kN,虽然指数函数在 60min 内增阻量达到了 6900kN,但占比仅 8.8%,对该工作面非来压期间增阻能力较弱的影响较小。

相反,来压期间支架增阻能力较强,来压期间无常数 $\Delta F\text{-}T$ 曲线类型,线性和对数函数循环 $\Delta F\text{-}T$ 曲线数量分别达到了 41.2%和 48.4%,在 70min 内增阻量分别达到了 5200kN 和 7600kN 左右,是非来压期间增阻量 3000kN 的 1 倍左右。

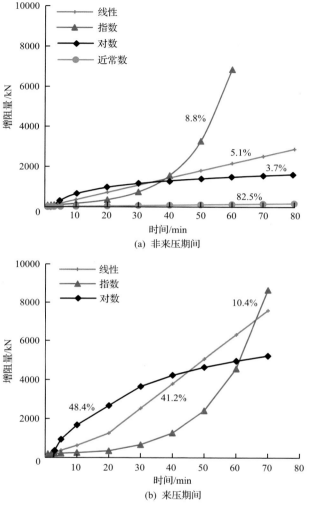

图 5-3　石圪台煤矿 31201 工作面四种类型均化 $\Delta F\text{-}T$ 曲线及所占比例

2. 上湾煤矿 12401 工作面

分析上湾煤矿 12401 工作面 381 个循环 $\Delta F\text{-}T$ 曲线，其中非来压期间 305 个循环，来压期间 76 个循环。来压期间和非来压期间不同函数类型均化后的 $\Delta F\text{-}T$ 曲线和数量占比如图 5-4 所示。

从图 5-4 中可知，非来压期间 12401 工作面和石圪台煤矿 31201 工作面类似，支架增阻能力较弱，非来压期间线性函数和常数函数合计占比达到了 71.8%，均化后循环 $\Delta F\text{-}T$ 在 120min 增阻量低于 2500kN，指数函数和对数函数合计占比为 28.1%，在 120min 内增阻量 10000kN。

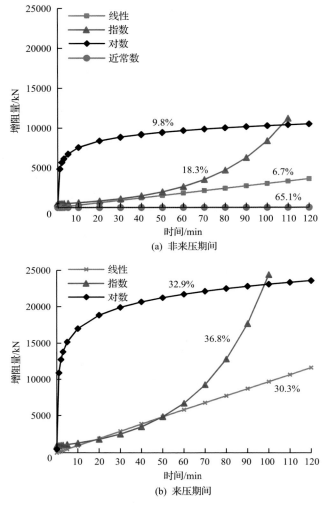

图 5-4　上湾煤矿 12401 工作面四种类型均化 $\Delta F\text{-}T$ 曲线及所占比例

相反，来压期间支架增阻能力较强，来压期间无常数 $\Delta F\text{-}T$ 曲线类型，指数和对数函数循环 $\Delta F\text{-}T$ 曲线数量合计达到了 69.7%，在 120min 内增阻量达到了 24000kN 左右，占比 30.3% 的线性函数在 120min 内增阻量达到了 12000kN。

为了更加直观地分析和总结不同顶板条件工作面矿压显现规律，分别将上湾煤矿 12401 工作面和石圪台煤矿 31201 工作面均化后的四类函数 $\Delta F\text{-}T$ 曲线再进行均化拟合，计算公式如式 (5-6)，周期来压和非周期来压期间均化 $\Delta F\text{-}T$ 曲线如图 5-5 所示。

从图 5-5 中可知，来压期间分为前后两段，前段为对数函数，后段为指数函数，12401 工作面和 31201 工作面在 90min 中内增阻量分别达到了 17000kN 和 14000kN，其中，支架工作阻力在 10min 内区间增阻速度较快，在 10～60min 增阻速度处于平缓阶段，在 60min 后增阻速度大幅度增加；非来压期间为指数函数，在 90min 增阻量分别仅为 2300kN 和 6000kN，在 70min 内增阻速度较慢，在 70min 后急速增加。

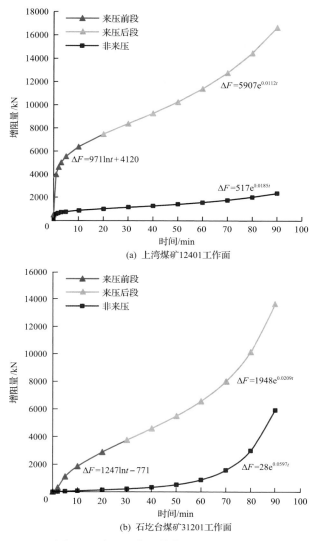

(a) 上湾煤矿12401工作面

(b) 石圪台煤矿31201工作面

图 5-5　浅埋工作面均化循环 $\Delta F\text{-}T$ 曲线

综上所述，从均化 $\Delta F\text{-}T$ 曲线分析来看，浅埋工作面在来压和非来压期间增阻差别显著，来压期间矿压显现强烈，支架增阻能力较强，非来压期间来压不明显，支架增阻能力较弱，浅埋工作面循环时间对支架工作阻力大小和增阻特性影响较大。

5.4.2 坚硬顶板

1. 酸刺沟煤矿 6^{上}105-2 工作面

分析酸刺沟煤矿 6^{上}105-2 工作面 1244 个循环 ΔF-T 曲线，其中，非来压期间 539 个循环，来压期间 705 个循环，来压期间和非来压期间不同函数类型均化后的 ΔF-T 曲线和数量占比如图 5-6 所示。

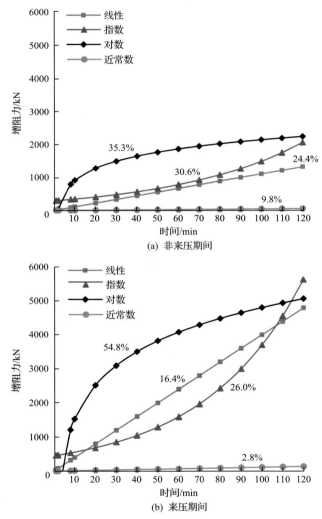

图 5-6　酸刺沟煤矿 6^{上}105-2 工作面四种类型 ΔF-T 曲线及所占比例

从图 5-6 中可知，非来压期间支架增阻能力较弱，虽常数函数占比不大，仅为 9.8%，但所有循环 ΔF-T 曲线在 120min 内增阻量仅为 1500～2200kN。相反，来压期间支架增阻能力较强，来压期间线性、对数、指数函数循环 $\Delta F\text{-}T$ 曲线数量占比达到 97.2%，在 120min 内增阻量达到了 4800～5600kN，是非来压期间的 2～4 倍。

2. 千树塔煤矿 13302 工作面

分析千树塔煤矿 13302 工作面 802 个循环 $\Delta F\text{-}T$ 曲线，其中，非来压期间 515 个循环，来压期间 287 个循环，来压期间和非来压期间不同函数类型均化后的 $\Delta F\text{-}T$ 曲线和数量占比如图 5-7 所示。

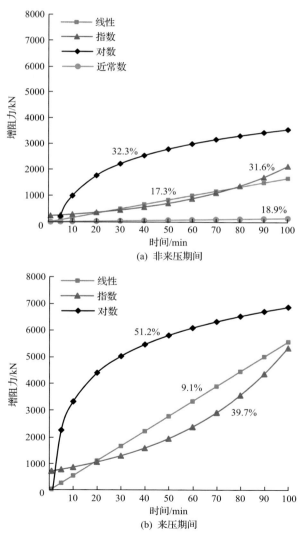

图 5-7　千树塔煤矿 13302 工作面四种类型 $\Delta F\text{-}T$ 曲线及所占比例

从图 5-7 中可知，非来压期间支架增阻能力较弱，常数函数占比为 18.9%，线性和指数函数循环 ΔF-T 曲线在 100min 内增阻量仅为 1500～2000kN，对数循环 ΔF-T 曲线在 100min 内增阻量为 3600kN。相反，来压期间支架增阻能力较强，来压期间无常数函数，线性、指数函数循环 ΔF-T 曲线在 100min 内增阻量达到了 5300～5600kN，数量占比为 51.2% 的对数函数 ΔF-T 曲线在 100min 内增阻量为 6900kN，总体而言，来压期间的增阻量是非来压期间的 2～4 倍。

同理，分别将酸刺沟煤矿 $6^{上}105$-2 工作面和千树塔煤矿 13302 工作面均化后的四类函数 ΔF-T 曲线进行均化拟合，周期来压和非周期来压期间均化 ΔF-T 曲线如图 5-8 所示。

从图 5-8 中可知，来压期间分为前后两段，在 40min 内，符合对数函数，随着时间推移增阻速度降低，在 40min 后增阻速度趋于稳定，符合线性函数，两个工作面增阻速度分别为 29kN/min 和 39kN/min，在 90min 内增阻量分别达到了 4000kN 和 5800kN；非来压期间符合对数函数，随时间推移增阻速度降低，在达到一定时间后趋于稳定，在 90min 内增阻量分别仅为 1400kN 和 2300kN。说明坚硬顶板支架工作阻力增阻速度与时间存在一定关系，但不会出现急增阻现象[13]，这与浅埋煤层支架工作阻力增阻速度随时间增大的特性有本质的区别。

综上所述，从均化 ΔF-T 曲线分析来看，坚硬顶板在来压和非来压期间存在较为明显的差异，来压期间矿压显现强烈，非来压期间来压不明显，坚硬顶板工作面循环时间对支架工作阻力大小和增阻特性构成一定影响，但属于线性关系。

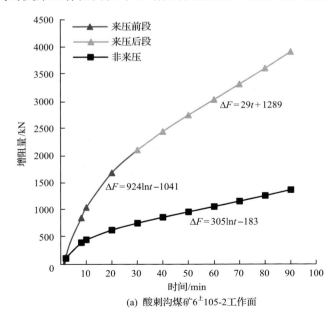

(a) 酸刺沟煤矿 $6^{上}105$-2工作面

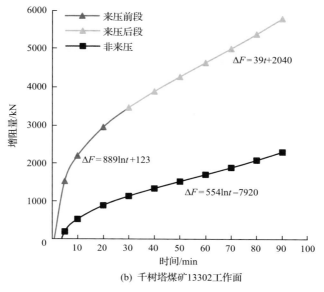

(b) 千树塔煤矿13302工作面

图 5-8 坚硬顶板工作面均化循环 $\Delta F\text{-}T$ 曲线

5.4.3 非坚硬顶板

1. 长平煤矿 5302 工作面

分析长平煤矿 5302 工作面 510 个循环 $\Delta F\text{-}T$ 曲线，其中，非来压期间 352 个循环，来压期间 158 个循环，来压期间和非来压期间不同函数类型均化后的 $\Delta F\text{-}T$ 曲线和数量占比如图 5-9 所示。

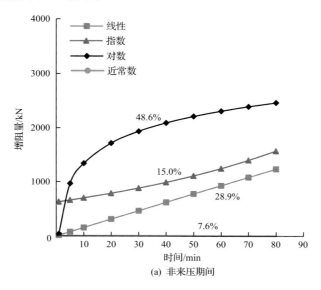

(a) 非来压期间

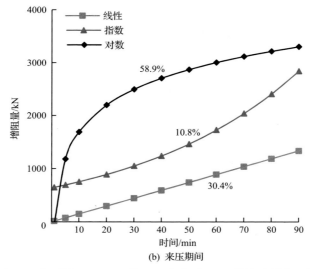

图 5-9 长平煤矿 5302 工作面四种类型 $\Delta F\text{-}T$ 曲线及所占比例

从图 5-9 中可知，非来压期间支架增阻能力较弱，常数函数循环占比仅为 7.6%，对数函数循环占比为 48.6%，在 80min 内增阻量为 2500kN，指数函数和线性函数在 80min 增阻量为 1000~1600kN。

来压期间增阻能力也不显著，占比为 58.9% 的对数函数增阻量仅为 3300kN，占比为 30.4% 的线性函数增阻量仅为 1300kN。总体来看，长平煤矿 5302 工作面，来压期间与非来压期间支架增阻能力较弱，且两者差别较小，这与浅埋煤层和坚硬顶板条件工作面矿压显现特征存在本质区别。

2. 崔木煤矿 303 工作面

分析崔木煤矿 303 工作面的 341 个循环 $\Delta F\text{-}T$ 曲线，其中，非来压期间 291 个循环，来压期间 50 个循环，来压期间和非来压期间不同函数类型均化后的 $\Delta F\text{-}T$ 曲线和数量占比如图 5-10 所示。

从图 5-10 中可知，非来压期间支架增阻能力较强，占比为 42.3% 的指数函数在 80min 内增阻量为 6300kN。来压期间增阻能力依然较强，占比为 76% 的对数函数增阻量为 3900kN。来压期间与非来压期间支架增阻能力差别较小，表明来压和非来压期间支架增阻率均处于较高水平。这一特征与浅埋煤层、坚硬顶板以及非坚硬顶板的长平煤矿支架增阻特性存在显著差异。

同理，分别将长平煤矿 5302 工作面和崔木煤矿 303 工作面均化后的四类函数 $\Delta F\text{-}T$ 曲线再进行均化拟合，周期来压和非周期来压期间均化 $\Delta F\text{-}T$ 曲线如图 5-11 所示。

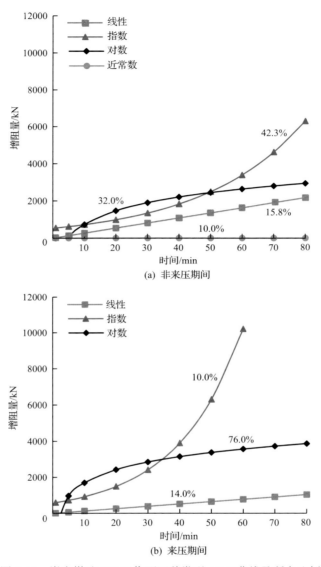

图 5-10 崔木煤矿 303 工作面四种类型 $\Delta F\text{-}T$ 曲线及所占比例

　　从图 5-11 中可以看出，非坚硬顶板条件的长平煤矿 5302 工作面来压和非来压期间差异不明显，在 90min 内均化循环 $\Delta F\text{-}T$ 增阻量差距较小，仅为 800kN。非坚硬顶板条件的崔木煤矿 303 工作面来压和非来压期间，在 90min 内增阻量相差 2500kN。长平煤矿来压和非来压期间均化循环 $\Delta F\text{-}T$ 增阻均较慢[14,15]，来压期间在 90min 内仅增阻 2600kN，在 40min 内增阻符合对数函数，40min 后符合线性函数；崔木煤矿来压和非来压期间均化循环 $\Delta F\text{-}T$ 增阻速度均较快，来压期间在

90min 内增阻近 7500kN，在 50min 内增阻符合对数函数，随着时间增阻速度降低，在 50min 后增阻符合指数函数，随时间推移增阻速度加快，表明时间对崔木煤矿增阻影响极大[16]。从以上分析可知，非坚硬顶板特点为来压和非来压增阻特性差异较小，但仍存在增阻量较大的强矿压显现案例。

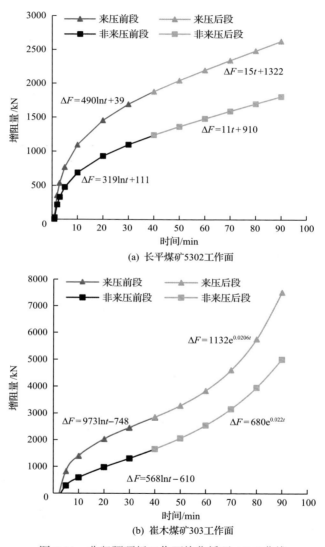

(a) 长平煤矿 5302 工作面

(b) 崔木煤矿 303 工作面

图 5-11　非坚硬顶板工作面均化循环 ΔF-T 曲线

5.4.4　三类顶板增阻特性对比

三类顶板条件支架均化循环 ΔF-T 曲线特征差异明显，浅埋非来压期间 ΔF-T

曲线常数函数占比较多，增阻能力偏弱，来压期间增阻能力较强，循环时间对支架工作阻力大小和增阻特性影响较大；坚硬顶板 $\Delta F\text{-}T$ 曲线对数函数占比较多，来压期间增阻能力较强，增阻量与时间呈正相关关系；非坚硬顶板 $\Delta F\text{-}T$ 曲线分为弱增阻和强增阻两类，弱增阻条件时，来压与非来压期间增阻能力均较弱，均化循环 $\Delta F\text{-}T$ 曲线前 40min 增阻符合对数函数，40min 后符合线性函数，强增阻条件时，来压与非来压期间增阻能力均较强，循环后期增阻速度呈指数函数增大，表明支架增阻对时间具有较强的敏感性。

5.5　支架循环工作阻力力学模型分析

各类顶板工作面支架循环 $\Delta F\text{-}T$ 曲线符合四类函数或四类函数的复合函数，可以利用其分析工作面矿压显现规律及增阻特性，缺点是没有与岩石力学相关理论建立联系。现利用岩石力学相关理论解释和分析支架工作阻力曲线。

支架工作阻力可以表示为

$$F = F_0 + k_{zj}A_0 s_m \tag{5-7}$$

式中：A_0 为支架支撑面积；s_m 为支架控顶区中心沉降，即支架平均压缩量；F_0 为支架初撑力；k_{zj} 为支架刚度。

从式(5-7)可以看出，支架工作阻力与支架平均压缩量成正比，支架工作阻力增加实际上就是顶板下沉引起支架压缩量增加。当顶板等效模量变化，顶板下沉量随时间增长，支架增阻力也就随时间演化。因此，通过顶板等效模量演化来描述支架工作阻力增长。

支架循环 $\Delta F\text{-}T$ 有四种类型及其四种的复合类型，但从收敛特性来看出可以分为两类，一类为收敛性，对数函数收敛；另一类为不收敛性，指数和线性函数不收敛。

1. 广义开尔文模型

对数函数随着时间的增长，增长速率逐渐变小，趋于收敛。岩石流变力学中的广义开尔文模型中，在恒定应力作用下，变形随时间增长，但增长速率趋缓，这与对数函数类似。使用广义开尔文模型描述该类支架循环 $\Delta F\text{-}T$ 特征。基于广义开尔文模型的顶板等效模量为

$$\varepsilon(t) = \sigma\left[\frac{1}{E_1} + \frac{1}{E_2}(1 - e^{-E_2 t/\eta})\right] \tag{5-8}$$

式中：E_1 为顶板广义开尔文模型胡克体模量；E_2 为顶板广义开尔文模型开尔文体

模量；η 为顶板广义开尔文模型开尔文体黏滞系数；t 为时间。

支架控顶区中心沉降量用式(5-8)中的 $\varepsilon(t)$ 替换，则支架工作阻力就是以时间为变量的函数。现以长平煤矿 5302 工作面支架工作阻力进行分析，图 5-12 为该工作面 20 号支架代表性的 4 个循环支架工作阻力曲线。利用式(5-7)和式(5-8)反演确定计算参数见表 5-3。

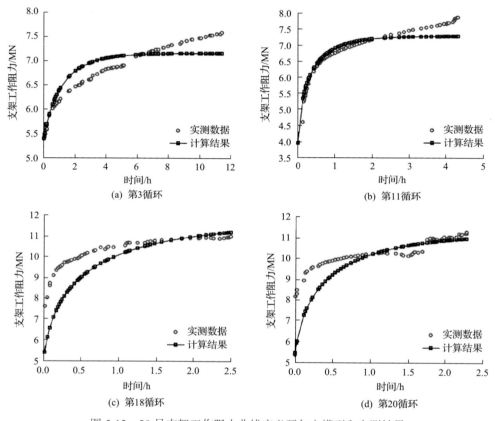

图 5-12 20 号支架工作阻力曲线广义开尔文模型和实测结果

表 5-3 采用广义开尔文模型分析 20 号支架工作阻力曲线结果

循环号	E_1/MPa	E_2/MPa	η/(MPa/h)	R^2
3	19661	5740.5	9398.4	0.927
11	17179	4268.9	2 914.6	0.972
18	3406	515.5	682.8	0.983
20	3071	614.6	590.4	0.947
平均值	10829	2784.9	3396.6	0.957

2. Maxwell 模型

线性函数和指数函数不收敛，支架增阻速率维持恒定或加速增长。Maxwell 模型是一种岩石流变力学模型，由一个胡克体和一个黏壶串联组成，其蠕变方程为

$$\varepsilon(t) = \frac{\sigma_0}{E_m} + \frac{\sigma_0 t}{\eta} \tag{5-9}$$

式中：E_m 和 η 分别为顶板 Maxwell 模型中胡克体的模量和黏壶的黏性系数；σ_0 为作用于 Maxwell 体上的常应力；ε 为相应的应变。

式 (5-9) 能够描述支架工作阻力线性增长，为了描述支架工作阻力指数增长情形，将 t 的指数 1 用大于 1 的数 n 代替，表示为

$$\varepsilon(t) = \frac{\sigma_0}{E_m} + \frac{\sigma_0 t^n}{\eta} \tag{5-10}$$

式中：n 为拟合系数。

同理，支架控顶区中心沉降量用 $\varepsilon(t)$ 替换，则支架工作阻力就是以时间为变量的函数。

图 5-13 为长平煤矿 5302 工作面综放开采过程中 20 号支架呈不收敛代表性 6 个循环支架工作阻力演化曲线（表 5-4）。利用 Maxwell 模型获得 6 个循环的支架工作阻力演化曲线。从图 5-13 可以看出，Maxwell 模型曲线与实测数据基本一致。图 5-13 (a)、(b) 和 (c) 3 个循环支架工作阻力近似为直线分布，图 5-13 (d)、(e) 和 (f) 3 个循环支架工作阻力呈指数函数形式。

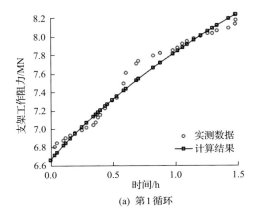

(a) 第 1 循环

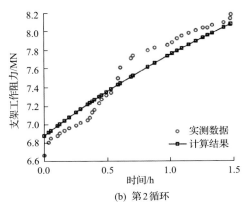

(b) 第 2 循环

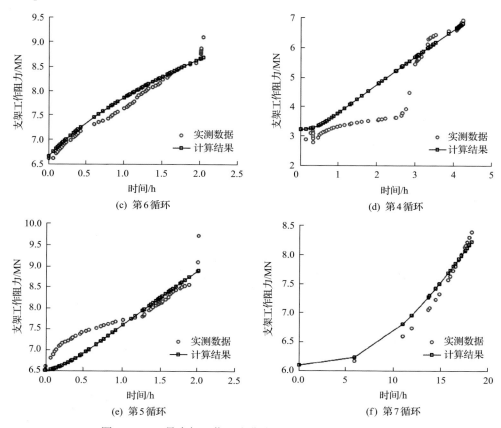

图 5-13　20 号支架工作阻力曲线 Maxwell 模型和实测结果

表 5-4　采用 Maxwell 模型分析 20 号支架工作阻力曲线结果

循环号	E_1/MPa	η/(MPa/h)	n	R^2
1	6311.4	5353.3	0.983	0.968
2	5403.3	6973.5	1.011	0.986
6	6526.3	5178.7	1.022	0.988
4	33692.1	29744.9	2.713	0.939
5	7084.3	6596.3	1.623	0.946
7	9952.2	134005	2.892	0.989
平均值	11494.9	31308.6	1.707	0.969

5.6　初撑力对支架增阻的影响

支架初撑力对工作面矿压显现和顶板控制有较大影响，增大初撑力能够减少顶板离层和煤壁片帮，增强顶板稳定性。现通过支架工作阻力力学模型和经验函数分析初撑力对支架增阻的影响。

5.6.1　广义开尔文模型

初撑力是支架主动抬升，作用于顶板的力。施加初撑力时，液压支架抬升，挤压顶板，顶板压缩量 s 可以表示为

$$s = \frac{F_0}{k_{\mathrm{II}} A_0} \tag{5-11}$$

式中：F_0 为支架初撑力；k_{II} 为支架刚度；A_0 为支架支撑面积。

式 (5-11) 中初撑力引起的顶板压缩量 s 是支架主动顶升条件下顶板的压缩量，这时实际顶板的下沉量可以视作为 0。

由式 (5-9)，在 $t=0$ 时，有

$$\varepsilon(t) = \frac{\sigma}{E_1} \tag{5-12}$$

式中：E_1 为等效模量。

从式 (5-11) 和式 (5-12) 可以看出，F_0 越大，顶板压缩量 s 越大，相应顶板等效模量 E_{eq} 越小。

以长平煤矿 5302 工作面为案例进行分析。取初撑力分别为 5000kN、5500kN、6000kN、6500kN 和 7000kN，k_{II}=28.6MPa/m，支架支撑面积 A 为 $1.75 \times 5 = 8.75\mathrm{m}^2$。利用广义开尔文模型和二分法反演，获得与初撑力相对应的宏观顶板 E_1（或等效模量）值分别为 31154MPa、17644MPa、10907MPa、7186MPa 和 4969MPa。取 E_2=5741MPa，η=9398MPa/h，于是获得不同初撑力条件下支架增阻曲线如图 5-14

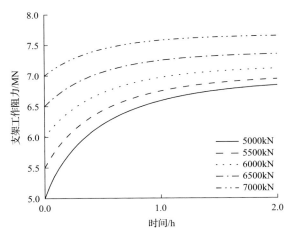

图 5-14　不同初撑力条件下广义开尔文模型增阻曲线

所示。从图 5-14 可以看出，初撑力为 5000kN 时，在 2h 内支架增阻量为 1800kN，增阻率为 900kN/h，初撑力为 7000kN 时，2h 支架增阻量为 556kN，增阻率为 278kN/h。随着初撑力增加，E_1 减小，增阻量和增阻率也快速减小。提高初撑力能够有效降低顶板支架增阻量和增阻率。

5.6.2　Maxwell 模型

　　Maxwell 模型中顶板为 Maxwell 模型，其参数包括 E_m、η 和 n（这里取 $n=1$），下面讨论初撑力的影响。取初撑力分别为 5000kN、5500kN、6000kN、6500kN 和 7000kN，利用 Maxwell 模型和二分法反演，获得与初撑力相对应的宏观顶板 E_m 值分别为 31153.6MPa、17644.1MPa、10906.6MPa、7185.9MPa 和 4968.8MPa。参考现场实际情况，假设 2h 支架工作阻力的循环末阻力都为 9000kN，则获得支架增阻曲线如图 5-15 所示。从图 5-15 可以看出，初撑力 5000kN 时，2h 支架增阻量和增阻率分别为 4000kN 和 2000kN/h，当初撑力 7000kN 时，2h 支架增阻量和增阻率分别为 2000kN 和 1000kN/h。随着支架初撑力增加，顶板 Maxwell 模型中黏滞系数降低，支架增阻量和增阻率降低。提高初撑力能够有效降低 Maxwell 模型增阻量和增阻率。

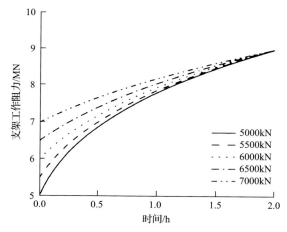

图 5-15　不同初撑力条件下 Maxwell 模型支架增阻曲线

参 考 文 献

[1] 尹希文. 综采工作面支架与围岩双周期动态作用机理研究[J]. 煤炭学报, 2017, 42(279): 12-20.

[2] 尹希文. 大采高综采工作面压架原因分析及防治对策[J]. 煤炭科学技术, 2014, 42(7): 26-29.

[3] 张金虎, 杨正凯. 综采工作面矿压监测数据处理方法研究及应用[J]. 煤矿开采, 2018, 23(1): 96-100.

[4] 付东波, 徐刚, 毛德兵, 等. 采煤工作面顶板灾害监测系统的应用[J]. 煤矿开采, 2012, 17(6): 82-85.

[5] 程敬义, 万志军, Peng Syd S, 等. 基于海量矿压监测数据的采场支架与顶板状态智能感知技术[J]. 煤炭学报, 2020, 45(6): 2090-2103.

[6] 贾澎涛, 苗云风. 基于堆叠 LSTM 的多源矿压预测模型分析[J]. 矿业研究与开发, 2021, 41(8): 79-82.

[7] 冀汶莉, 刘艺欣, 柴敬, 等. 基于随机森林的矿压预测方法[J]. 采矿与岩层控制工程学报, 2021, 3(3): 71-81.

[8] 赵毅鑫, 杨志良, 马斌杰, 等. 基于深度学习的大采高工作面矿压预测分析及模型泛化[J]. 煤炭学报, 2020, 45(1): 54-65.

[9] 徐刚, 范志忠, 张春会, 等. 宏观顶板活动支架增阻类型与预测模型[J]. 煤炭学报, 2021, 46(11): 3397-3407.

[10] 徐刚, 张震, 杨俊哲, 等. 8.8m 超大采高工作面支架与围岩相互作用关系[J]. 煤炭学报, 2022, 47(4): 1462-1472.

[11] 杨俊哲, 刘前进, 徐刚, 等. 8.8m 支架超大采高工作面矿压规律及覆岩破断结构研究[J]. 采矿与安全工程学报, 2021, 38(4): 655-665.

[12] 徐刚, 于健浩, 范志忠, 等. 国内典型顶板条件工作面矿压显现规律[J]. 煤炭学报, 2021, 46(S1): 25-37.

[13] 徐刚, 张春会, 张振金. 综放工作面顶板缓慢活动支架增阻预测模型[J]. 煤炭学报, 2020, 45(11): 3678-3687.

[14] 于健浩, 李高建, 李岩, 等. "双软"煤层工作面矿压显现规律及顶板活动特征研究[J]. 煤炭工程, 2021, 53(12): 108-112.

[15] 辛宪耀, 于健浩. 基于多源数据分析的综放工作面矿压异常显现特征研究[J]. 煤炭工程, 2021, 53(8): 87-91.

[16] 李正杰, 王之永, 王利峰, 等. 特厚煤层综放开采出水压架预警机制及防治体系[J]. 中国煤炭, 2015, 41(8): 49-53.

第6章 基于分区支承理论顶板岩层断裂及失稳机理研究

工作面矿压显现由顶板活动产生，顶板活动是一个动态发展过程，包括下沉、断裂、失稳乃至灾害发生等阶段。工作面矿压显现的强弱不仅取决于顶板活动范围，还取决于顶板活动位置。在采动影响区，本章将顶板沿走向视作由不同性质支护体支承的梁板，建立工作面顶板多区支承力学模型，分析工作面推进过程中顶板下沉、断裂和失稳对矿压显现及支架增阻的影响，研究顶板断裂位置、支架刚度及强度、顶板岩性等因素对顶板灾害发生的作用机制。

6.1 工作面顶板岩层结构及活动研究现状和存在问题

国内外学者对工作面顶板结构及断裂失稳规律开展了大量研究，先后提出了压力拱假说[1]、悬臂梁理论[2]、预成裂隙梁理论[3]、铰接岩块理论[4]、"传递岩梁"理论[5]、"砌体梁"理论[6]、关键层理论[7]以及弹性基础梁理论[8]等。其中，我国钱鸣高院士提出的顶板"砌体梁"结构模型与关键层理论，以及宋振骐院士提出的"传递岩梁"理论，已成为我国现代煤矿工作面岩层控制的基础性理论。

"砌体梁"结构模型认为[6]，工作面覆岩结构主要由各个坚硬岩层构成，每组岩体结构中的软岩层可视为坚硬岩层上的载荷。工作面推进至极限跨距时，基本顶断裂，破断的岩块在下沉运动中互相挤压，产生强大的水平推力，岩块间摩擦咬合，形成外表似梁实质是拱的砌体梁或裂隙体梁三铰拱式平衡结构，该结构具有滑落和回转变形两种失稳模式。破断岩块能否形成拱式平衡结构，取决于原岩应力及岩块在转动过程中的水平挤压力的大小。钱鸣高院士在"砌体梁"结构上，又提出了岩层控制中的关键层理论[7]。该理论将对上覆岩层活动全部或局部起控制作用的岩层称为主关键层或亚关键层。关键层的破断引起全部或部分的上覆岩层产生整体运动。

宋振骐院士提出的"传递岩梁"理论认为[5]，受工作面采动影响的上覆岩层中，除靠近煤层已冒落到采空区的直接顶外，直接顶上的基本顶岩层断裂呈假塑性状态，一端由工作面前方煤体支承，另一端由采空区已冒落的矸石支承，在推进方向上形成不等高的可传递水平力的裂隙岩梁，简称"传递岩梁"。基本顶传递岩梁对支架的作用力取决于支架对传递岩梁运动的抵抗程度，可能存在给定变形和给定载荷两种工作方式，并给出了支架围岩关系的位态方程式。

史元伟[8]研究员认为顶板由原岩、支架等弹性基础支承，采用 Winkler 弹性基础梁理论研究了工作面顶板活动影响因素、活动形式以及支架支护强度的计算方法。

20 世 80 年代以来，随着我国对煤炭需求越来越大，采煤工艺和装备日新月异，对工作面岩层控制提出了新的要求，特别是随着综放和大采高综采工艺的推广，对综采(放)工作面覆岩运动规律有了新的认识。康立军[9]将采场上方的覆岩运动划分为不充分采动与充分采动两个阶段。邓广哲[10]分析了综放开采覆岩运动的拱结构特征。闫少宏[11]提出了厚及特厚综放开采煤层上覆岩层的"组合悬臂梁"结构。陆明心等[12]认为综放工作面上覆岩层存在大变形梁的平衡结构。贾喜荣等[13]提出了确定完全承载层、过渡层和非承载层的基本方法。黄汉富[14]研究了薄基岩采场覆岩结构运动规律。查文华等[15]分析了深埋特厚煤层大采高工作面覆岩运动规律。弓培林等[16]研究了大采高工作面覆岩结构特征。吴锋锋[17]提出了"组合悬梁结构—非铰接顶板结构—铰接顶板结构"的大采高工作面覆岩结构。梁运培等[18]提出了工作面关键层的两种结构形态和 6 种运动形式。杨俊哲等[19]分析了超大采高矿井的三带分布特征。Shen 等[20]研究了厚硬顶板的采动支承应力及顶板灾害控制技术。张云峰等[21]研究了浅埋近距离煤层开采的覆岩运动规律。Zhao 等[22]分析了上湾煤矿特厚煤层裂隙顶板的弯曲、变形及失稳规律。

这些研究成果加深了学界对工作面覆岩结构形态及破断规律的认识，为顶板灾害防治提供了理论基础。然而，近年来工作面顶板灾害仍屡有发生，在矿压与围岩控制领域仍有问题亟待解决，具体包括以下几个方面。

1. 顶板断裂位置及对围岩控制的影响有待深入研究

传统的围岩控制理论更多侧重于研究覆岩断裂后形成的各种结构模型，对覆岩断裂位置及影响因素鲜有涉及。目前的开采实践表明，顶板断裂位置、额定工作阻力和初撑力等对于控制工作面顶板灾害至关重要。

2. 支架刚度特性及其对顶板控制效果尚待深入研究

工作面矿压显现主要是由顶板活动或下沉造成，而支护系统刚度对顶板活动及下沉有很大影响。目前支架刚度特性及其对顶板控制效果的研究较少，更多研究侧重于分析支护强度对顶板的控制作用，实际上支护强度并不能完全代表支架支护特性，更不能表征工作面支护系统特性。加大支护强度也并不能完全避免顶板灾害的发生，如鄂尔多斯地区的酸刺沟煤矿，综放工作面支架工作阻力高达 15000kN，仍多次发生大面积切顶压架事故。

3. 顶板活动时序演化过程及其对顶板灾害的影响

工作面顶板活动主要分为"变形—断裂—失稳"三个阶段,这三个阶段对于顶板灾害孕育及发生有何影响,国内外研究鲜有涉及。从现场观测来看,结构失稳是导致顶板灾害的主要原因,但顶板断裂才是顶板灾害的诱因,目前对顶板断裂位置及其影响因素的研究较少,对顶板变形—断裂—失稳过程中矿压演化及顶板压架灾害的发生机制尚需要进一步的研究。

本章借鉴"砌体梁"理论、弹性基础梁理论等已有研究成果,研究基本顶多区支承的承载特性,通过建立多区支承顶板承载力学模型[23-26],研究不同区域支护系统特性对顶板变形及内力的影响,构建不同类型工作面的顶板承载结构模型,研究工作面推进过程中顶板变形、破断及失稳规律,研究工作面推进过程中顶板矿压和支架增阻动态演化特征,提出支架工作阻力计算方法和顶板大面积压架判据,形成长壁工作面分区支承顶板承载力学理论模型,进一步明晰工作面顶板灾害发生机制,丰富我国工作面顶板灾害防治和岩层控制理论。

6.2 工作面顶板分区支承理论及力学模型

6.2.1 工作面顶板分区支承理论提出

以长壁工作面基本顶为研究对象,将工作面顶板覆岩简化为分区支承的承载结构,沿倾向取单宽基本顶进行分析,然后将基本顶视作分区支承的弹性地基上的梁板,进而研究顶板变形、断裂、失稳对顶板灾害及矿压显现的影响。

煤层开挖后,沿工作面走向不同位置,顶板为不同性质的支护体支承。工作面顶板沿走向的支护体类型不同,通常情况顶板为四种类型支护体支承,分别为直接顶、煤层和底板构成的煤岩支承Ⅰ区,底板、液压支架和直接顶构成的控顶支承Ⅱ区,采空区未接顶矸石Ⅲ区和采空区接顶矸石Ⅳ区,如图 6-1 所示。

6.2.2 工作面顶板分区支承类型

对于确定的基本顶来说,Ⅰ区和Ⅱ区一直存在,Ⅲ区和Ⅳ区是否存在,取决于基本顶断裂长度、直接顶垮落矸石对采空区的填充程度等,采空区充填程度又受煤层开采厚度和直接顶厚度及碎胀性等因素影响。按照采空区填充情况,分区支承体系可以划分为如下四种类型。

1. Ⅰ-Ⅱ区支承类型

当工作面直接顶和基本顶强度低时,工作面推进过程中,直接顶随采随垮,基本顶断裂步距小,基本顶只存在于煤壁前方和支架上方,伸入到采空区后立即断裂垮落,基本顶仅受煤壁前方原岩和支架控顶区支承,呈二元支承状态,如图 6-2 所示。

2. Ⅰ - Ⅱ - Ⅳ 区支承类型

基本顶具有一定的强度和悬顶能力时,不能随采随垮,而直接顶较厚,垮落后充满采空区,支承下沉的基本顶,形成 Ⅰ - Ⅱ - Ⅳ 三区支承结构,如图 6-3 所示。这类工作面直接顶强度相对较低,垮落较充分,采空区顶板由垮落的矸石完全支

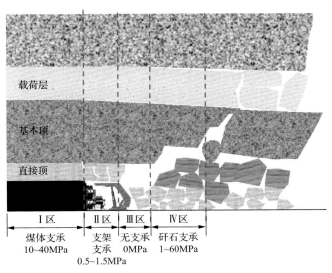

图 6-1　分区支承模型示意图

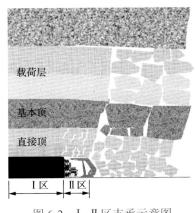

图 6-2　Ⅰ - Ⅱ 区支承示意图

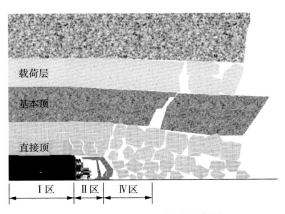

图 6-3　Ⅰ - Ⅱ - Ⅳ 区支承示意图

承。一般在工作面煤层采高不大或直接顶较厚的情况下，采空区能被垮落顶板填充满，形成Ⅰ-Ⅱ-Ⅳ区支承采场结构。

Ⅰ-Ⅱ-Ⅳ三区支承结构形成的关键是及时垮落的直接顶垮落后能填充满采空区，对基本顶形成支承作用，Ⅳ区垮落矸石充填满采空区的条件为

$$(\lambda-1)h_z \geqslant h_c \tag{6-1}$$

式中：h_z 为垮落直接顶厚度；h_c 为煤层厚度；λ 为直接顶垮落岩层的碎胀系数，一般在1.05~1.8，坚硬岩石碎胀系数较大，软弱岩石碎胀系数较小。

3. Ⅰ-Ⅱ-Ⅲ区支承类型

当基本顶强度较大，具有一定的悬顶能力，工作面推进过后，基本顶不垮落，且直接顶相对采出厚度较薄，或直接顶垮落不充分，垮落的直接顶不能充满采空区和支承基本顶，这种条件下形成Ⅰ-Ⅱ-Ⅲ三区支承顶板承载结构，如图6-4所示。该类型顶板条件为直接顶相对较薄或采高较大，直接顶垮落后无法充满采空区，基本顶较硬，回转后无法触矸。

4. Ⅰ-Ⅱ-Ⅲ-Ⅳ区支承类型

当基本顶硬度、厚度和垮落步距较大，直接顶厚度相对采厚较薄时，靠近工作面附近的直接顶垮落矸石量有限，基本顶旋转下沉量较小无法触矸，形成采空无支承的Ⅲ区，随着工作面推进，基本顶悬顶面积逐渐加大，远离工作面的基本顶悬顶回转下沉量增大，下位基本顶发生垮落，形成采空区支承的Ⅳ区，采空区形成的Ⅲ区和Ⅳ区与煤壁支承Ⅰ区和支架支承Ⅱ区共同形成Ⅰ-Ⅱ-Ⅲ-Ⅳ四区支承的采场顶板结构，如图6-5所示。四区支承承载顶板的特点是基本顶周期来压步距较大。

图6-4 Ⅰ-Ⅱ-Ⅲ区支承示意图

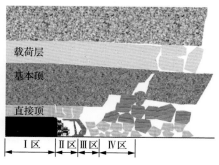

图6-5 Ⅰ-Ⅱ-Ⅲ-Ⅳ区支承示意图

从工程实践经验来看，工作面顶板分区支承类型与顶板类型关联性很强。如

非坚硬顶板易于形成Ⅰ-Ⅱ-Ⅳ区和Ⅰ-Ⅱ区支承类型；当煤层厚，顶板很软时，顶板随采随垮，更易于形成Ⅰ-Ⅱ区支承类型；坚硬顶板垮落步距大，悬顶面积大，顶板多属于Ⅰ-Ⅱ-Ⅲ-Ⅳ区支承类型；浅埋煤层顶板坚硬，但垮落步距不大，易于形成Ⅰ-Ⅱ-Ⅲ区支承类型。

6.2.3　分区支承顶板内力和变形力学模型及求解

通过上面分析可知，工作面顶板通常可以分为 4 个支承区，4 个支承区组合形成 4 种分区支承类型。以煤壁处基本顶中心 o 为原点，向右为 x 轴正向，向上为 y 轴正向，建立 xoy 坐标系，如图 6-6 所示。在图 6-6 中取一个单元体，以单元中心为原点，建立局部坐标系 $x'o'y'$，单元体受力及内力符号如图 6-7(a)所示。根据 Winkler 弹性地基理论，取单位宽度基本顶进行研究，建立弹性基础梁板力学模型，则有

$$EI\frac{\mathrm{d}^4 y'}{\mathrm{d}x'^4} = q_y - K_t y' \tag{6-2}$$

式中：E 为基本顶单元体弹性模量；I 为基本顶单元体惯性矩；q_y 为上覆岩层分布荷载；K_t 为不同支承区域法向综合支承刚度系数，在Ⅰ区、Ⅱ区、Ⅲ区和Ⅳ区分别为 $K_Ⅰ$、$K_Ⅱ$、$K_Ⅲ$ 和 $K_Ⅳ$，不同区域支承刚度系数示意如图 6-7(b)所示。

对于如图 6-6 所示的基本顶 4 区支承承载结构，将基本顶视作无限长梁，煤壁处为坐标原点，煤壁前方为 x 负方向($x<0$)，为原岩支承，煤壁后方为 x 正方向($x>0$)，分别为液压支架控顶区、采空区无支承区及垮落矸石支承区，这种条件下可以求得基本顶在覆岩载荷作用下的内力和变形。下面以Ⅰ-Ⅱ-Ⅳ区支承为例，给出其解析解，其计算模型如图 6-7(c)所示。

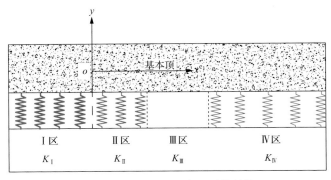

图 6-6　基本顶 4 区支承承载结构

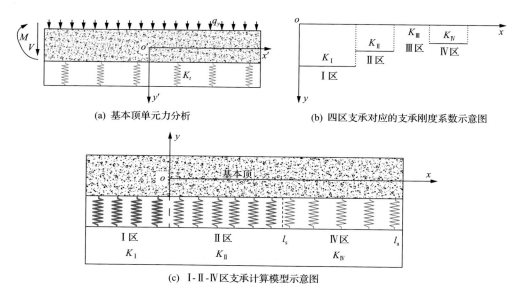

(a) 基本顶单元力分析　　　　　(b) 四区支承对应的支承刚度系数示意图

(c) Ⅰ-Ⅱ-Ⅳ区支承计算模型示意图

图 6-7　基本顶单元力学分析及各区支承刚度系数

l_s-直接顶悬伸长度，支架控顶区范围；l_a-基本顶悬伸长度

1. 工作面煤壁前方原岩支承Ⅰ区（$x<0$）

在工作面煤壁前方，有

$$EI\frac{\mathrm{d}^4 y}{\mathrm{d}x^4} = q_y - K_{\mathrm{I}} y \tag{6-3}$$

由式（6-3）可得

$$\frac{\mathrm{d}^4 y}{\mathrm{d}x^4} + \frac{K_{\mathrm{I}}}{EI} y = \frac{q_y}{EI} \tag{6-4}$$

令 $\phi^4 = \dfrac{K_{\mathrm{I}}}{EI}$，则式（6-4）的特征方程为

$$\lambda^4 + \phi^4 = \frac{q_y}{EI} \tag{6-5}$$

由式（6-5）左边项可得

$$\lambda^4 + \phi^4 = \lambda^4 + 2\lambda^2\phi^2 + \phi^4 - 2\lambda^2\phi^2 \tag{6-6}$$

式（6-6）齐次方程的根为

$$\lambda_{1,2} = \frac{\phi}{\sqrt{2}}(1 \pm i) , \qquad \lambda_{3,4} = -\frac{\phi}{\sqrt{2}}(1 \pm i) \tag{6-7}$$

非齐次方程(6-5)的特解为 $y = \dfrac{q_y}{K_{\mathrm{I}}}$。

令

$$\alpha = \frac{\phi}{\sqrt{2}} = \sqrt[4]{\frac{K_{\mathrm{I}}}{4EI}} \tag{6-8}$$

非齐次方程(6-5)的通解为

$$y = \frac{q_y}{K_{\mathrm{I}}} + \mathrm{e}^{\alpha x}(A_1 \sin \alpha x + A_2 \cos \alpha x) + \mathrm{e}^{-\alpha x}(A_3 \sin \alpha x + A_4 \cos \alpha x) \tag{6-9}$$

式中:A_1、A_2、A_3 和 A_4 为常数。

当 $x \to -\infty$ 时,$y = \dfrac{q_y}{K_{\mathrm{I}}}$,所以 $A_3 = A_4$,式(6-9)为

$$y = \frac{q_y}{K_{\mathrm{I}}} + \mathrm{e}^{\alpha x}(A_1 \sin \alpha x + A_2 \cos \alpha x) \tag{6-10}$$

对式(6-10)求一阶、二阶和三阶导数,分别为

$$\frac{\mathrm{d}y}{\mathrm{d}x} = \alpha \mathrm{e}^{\alpha x}\left[(A_1 - A_2)\sin \alpha x + (A_1 + A_2)\cos \alpha x\right] \tag{6-11}$$

$$\frac{\mathrm{d}^2 y}{\mathrm{d}x^2} = 2\alpha^2(-A_2 \sin \alpha x + A_1 \cos \alpha x) \tag{6-12}$$

$$\frac{\mathrm{d}^3 y}{\mathrm{d}x^3} = 2\alpha^3 \mathrm{e}^{\alpha x}\left[(-A_1 - A_2)\sin \alpha x + (A_1 - A_2)\cos \alpha x\right] \tag{6-13}$$

2. 支架控顶 Ⅱ 区($l_s \geqslant x \geqslant 0$)

在工作面煤壁后方,有

$$\frac{\mathrm{d}^4 y}{\mathrm{d}x^4} + \frac{K_{\mathrm{II}}}{EI} y = \frac{q_y}{EI} \tag{6-14}$$

求解式(6-14),支架控顶区上方基本顶的挠曲方程为

$$y = \frac{q_y}{K_{\text{II}}} + e^{-\beta x}(B_1 \sin \beta x + B_2 \cos \beta x) + y_0 \tag{6-15}$$

$$\beta = \sqrt[4]{\frac{K_{\text{II}}}{4EI}} \tag{6-16}$$

式中：y_0 为煤壁处的顶板挠曲量；B_1、B_2 为待确定常数。

对式 (6-16) 求一阶、二阶、三阶导数分别为

$$\frac{dy}{dx} = \beta e^{-\beta x}\left[(-B_1 - B_2)\sin \beta x + (B_1 - B_2)\cos \beta x\right] \tag{6-17}$$

$$\frac{d^2 y}{dx^2} = 2\beta^2 e^{-\beta x}(\beta_2 \sin \beta x - B_1 \cos \beta x) \tag{6-18}$$

$$\frac{d^3 y}{dx^3} = 2\beta^3 e^{-\beta x}\left[(B_1 - B_2)\sin \beta x + (B_1 + B_2)\cos \beta x\right] \tag{6-19}$$

在 $x=0$ 处的挠曲量、转角、剪力相等，于是

$$\frac{q_y}{K_{\text{I}}} + A_2 = \frac{q_y}{K_{\text{II}}} + y_0 + B_2 \tag{6-20}$$

$$\alpha(A_1 + A_2) = \beta(B_1 - B_2) \tag{6-21}$$

$$2\alpha^2 A_1 = -2\beta^2 B_1 \tag{6-22}$$

$$2\alpha^3(A_1 - A_2) = 2\beta^3(B_1 + B_2) \tag{6-23}$$

解式 (6-20)～式 (6-23)，可以得到

$$A_1 = -\frac{\beta^2}{\alpha^2}\frac{\beta - \alpha}{\beta + \alpha}\frac{q_y}{K_{\text{II}}} \tag{6-24}$$

$$A_2 = \frac{\beta^2}{\alpha^2}\frac{q_y}{K_{\text{II}}} \tag{6-25}$$

$$B_1 = \frac{\beta - \alpha}{\beta + \alpha}\frac{q_y}{K_{\text{II}}} \tag{6-26}$$

$$B_2 = -\frac{q_y}{K_{\text{II}}} \tag{6-27}$$

将式 (6-24)～式 (6-27) 代入，工作面煤壁前方 ($x<0$) 处，基本顶挠曲为

$$y = \frac{q_y}{K_{\mathrm{I}}} + \frac{\beta^2}{\alpha^2} \frac{q_y}{K_{\mathrm{II}}} \mathrm{e}^{\alpha x} \left(\cos \alpha x - \frac{\beta - \alpha}{\beta + \alpha} \sin \alpha x \right) \tag{6-28}$$

工作面煤壁前方$(x<0)$处，基本顶弯矩为

$$M = -EI \frac{\mathrm{d}^2 y}{\mathrm{d}x^2} = 2EI\beta^2 \frac{q_y}{K_{\mathrm{II}}} \mathrm{e}^{\alpha x} \left(\sin \alpha x + \frac{\beta - \alpha}{\beta + \alpha} \cos \alpha x \right) \tag{6-29}$$

工作面煤壁后方(支架控顶区 $x>0$)处，工作面基本顶挠曲(下沉量)为

$$y = \frac{q_y}{K_{\mathrm{I}}} + \frac{q_y}{K_{\mathrm{II}}} \left[1 + \frac{\beta^2}{\alpha^2} - \mathrm{e}^{-\beta x} \left(\cos \beta x - \frac{\beta - \alpha}{\beta + \alpha} \sin \beta x \right) \right] \tag{6-30}$$

工作面煤壁后方(支架控顶区 $x>0$)处，工作面基本顶弯矩为

$$M = -EI \frac{\mathrm{d}^2 y}{\mathrm{d}x^2} = 2EI\beta^2 \frac{q_y}{K_{\mathrm{II}}} \mathrm{e}^{-\beta x} \left(\sin \beta x + \frac{\beta - \alpha}{\beta + \alpha} \cos \beta x \right) \tag{6-31}$$

式(6-28)～式(6-31)即这种简化条件下基本顶下沉量和弯矩计算解析公式。

3. 垮落矸石填充Ⅳ区$(l_{\mathrm{a}} \geqslant x \geqslant l_{\mathrm{s}})$

$$y = y_{\mathrm{so}} + \mathrm{e}^{-\beta_{\mathrm{s}} x} (B_3 \sin \beta_{\mathrm{s}} x + B_4 \cos \beta_{\mathrm{s}} x) \tag{6-32}$$

式中：y_{so} 为控顶区与垮落矸石充填Ⅳ区交界处的下沉量；$\beta_{\mathrm{s}} = \sqrt[4]{\dfrac{K_{\mathrm{IV}}}{4EI}}$。

$x = l_{\mathrm{s}}$ 处为控顶区与垮落矸石填充Ⅳ区的交界位置，两个区域的转角和弯矩分别相等，于是有

$$2\mathrm{e}^{-\beta l_{\mathrm{s}}} \frac{q_y}{K_{\mathrm{II}}} \frac{\beta}{\beta + \alpha} (\alpha \sin \beta l_{\mathrm{s}} + \beta \cos \beta l_{\mathrm{s}}) = \beta_{\mathrm{s}} \mathrm{e}^{-\beta_{\mathrm{s}} l_{\mathrm{s}}} [(-B_3 - B_4) \sin \beta_{\mathrm{s}} l_{\mathrm{s}} + (B_3 - B_4) \cos \beta_{\mathrm{s}} l_{\mathrm{s}}] \tag{6-33}$$

$$4\mathrm{e}^{-\beta l_{\mathrm{s}}} \frac{q_y}{K_{\mathrm{II}}} \frac{\beta^3}{\beta + \alpha} (\beta \sin \beta l_{\mathrm{s}} - \alpha \cos \beta l_{\mathrm{s}}) = 2\beta_{\mathrm{s}}^3 \mathrm{e}^{-\beta_{\mathrm{s}} l_{\mathrm{s}}} [(B_3 - B_4) \sin \beta_{\mathrm{s}} l_{\mathrm{s}} + (B_3 + B_4) \cos \beta_{\mathrm{s}} l_{\mathrm{s}}] \tag{6-34}$$

联立式(6-33)和式(6-34)，解得

$$B_3 = \frac{1}{2} \begin{vmatrix} k_1(\alpha \sin \beta l_{\mathrm{s}} + \beta \cos \beta l_{\mathrm{s}}) & -(\cos \beta_{\mathrm{s}} l_{\mathrm{s}} + \sin \beta_{\mathrm{s}} l_{\mathrm{s}}) \\ k_2(\beta \sin \beta l_{\mathrm{s}} - \beta \cos \beta l_{\mathrm{s}}) & \cos \beta_{\mathrm{s}} l_{\mathrm{s}} - \sin \beta_{\mathrm{s}} l_{\mathrm{s}} \end{vmatrix} \tag{6-35}$$

$$B_4 = \frac{1}{2}\begin{vmatrix} \cos\beta_s l_s - \sin\beta_2 l_s & k_1(\alpha\sin\beta l_s + \beta\cos\beta l_s) \\ \cos\beta_s l_s + \sin\beta_s l_s & k_2(\beta\sin\beta l_s - \beta\cos\beta l_s) \end{vmatrix} \tag{6-36}$$

式中：$k_1 = 2\dfrac{q_y}{K_{II}}\dfrac{\beta}{\beta_s}\dfrac{\mathrm{e}^{-\beta l_s}}{\mathrm{e}^{-\beta_s l_s}}\dfrac{1}{\beta+\alpha}$；$k_2 = 2\dfrac{q_y}{K_{II}}\dfrac{\beta^3}{\beta_s^3}\dfrac{\mathrm{e}^{-\beta l_s}}{\mathrm{e}^{-\beta_s l_s}}\dfrac{1}{\beta+\alpha}$。

基本顶弯矩可以表示为

$$M = -EI\frac{\mathrm{d}^2 y}{\mathrm{d}x^2} = -2EI\beta_s^2 \mathrm{e}^{-\beta_s x}\left[B_4\sin\beta_s x - B_3\cos\beta_s x\right] \tag{6-37}$$

将 B_3 和 B_4 的解代入式(6-37)就可以获得Ⅳ区范围内基本顶的弯矩分布。

对于Ⅰ-Ⅱ-Ⅲ区支承情况，$K_{III}=0$，具体求解同上述过程。

对于Ⅰ-Ⅱ-Ⅲ-Ⅳ区支承情况，需要再增加一个区域的求解，具体求解过程同上，这里不再赘述。

6.2.4 不同分区支承刚度系数及支架刚度

1. 不同分区支承刚度系数

工作面顶板通常包括 4 个分区支承区域，每个分区区域支承体系构成不同，现分析不同分区的支承刚度系数。

根据胡克定律，对于Ⅰ区，弹性地基由直接顶、煤层和底板构成，其支承刚度系数为[25]

$$\frac{1}{K_I} = \frac{1}{k_{zjd}} + \frac{1}{k_{coal}} + \frac{1}{k_{db}} \tag{6-38}$$

式中：K_I 为Ⅰ区支承刚度系数；k_{zjd} 为直接顶支承刚度系数；k_{coal} 为煤层支承刚度系数；k_{db} 为底板支承刚度系数。

综放开采的Ⅱ区由直接顶、顶煤、支架和底板构成支护体，综采工作面的Ⅱ区由直接顶、支架和底板构成支护体。综放开采Ⅱ区支承刚度系数 K_{II} 可以表示为

$$\frac{1}{K_{II}} = \frac{1}{k_{zjd}} + \frac{1}{k_{dm}} + \frac{1}{k_{db}} + \frac{1}{k_{zj}} \tag{6-39}$$

式中：k_{zj} 为支架支承刚度系数；k_{dm} 为顶煤支承刚度系数。

综采Ⅱ区支承刚度系数 K_{II} 如式(6-40)所示：

$$\frac{1}{K_{II}} = \frac{1}{k_{zjd}} + \frac{1}{k_{db}} + \frac{1}{k_{zj}} \tag{6-40}$$

Ⅲ区为采空区，支承刚度系数一般取 0。

Ⅳ区为顶煤、直接顶和下位基本顶等冒落岩体支承区。根据现场实测结果，Ⅳ区的支承刚度系数由冒落岩块的弹性模量估算。在采空区支承Ⅳ区的支承刚度系数记为 K_IV，可以写为

$$\frac{1}{K_\mathrm{IV}} = \frac{1}{k_\mathrm{zdf}} + \frac{1}{k_\mathrm{db}} \tag{6-41}$$

式中：k_zdf 为冒落岩体的支承刚度系数。

支承刚度系数是弹性模量的函数，对于薄岩层，一般为岩层模量与岩层厚度的比值，直接顶、煤层、底板和垮落顶板的支承刚度系数可以分别表示为

$$k_\mathrm{zjd} = \frac{E_\mathrm{zjd}}{h_\mathrm{zjd}} \tag{6-42}$$

$$k_\mathrm{coal} = \frac{E_\mathrm{coal}}{h_\mathrm{coal}} \tag{6-43}$$

$$k_\mathrm{db} = \frac{E_\mathrm{db}}{h_\mathrm{db}} \tag{6-44}$$

$$k_\mathrm{zdf} = \frac{E_\mathrm{zdf}}{h_\mathrm{zdf}} \tag{6-45}$$

式中：E_zjd、h_zjd 分别为直接顶的弹性模量和厚度；E_coal、h_coal 分别为煤层的弹性模量和厚度；E_db、h_db 分别为底板的弹性模量和厚度；E_zdf、h_zdf 分别为破坏顶板垮落岩体的弹性模量和厚度。各类岩层支承刚度系数也可参考表 6-1 取值，若岩层较厚，取小值，若岩层较薄，取大值。

表 6-1　岩土体支承刚度系数[27]

地层等级	硬度系数	地层名称	刚度系数/(MPa/m)
坚硬	8	石灰岩，花岗岩，坚硬砂岩 大理岩，白云岩，黄铁矿	$(1.1 \sim 2.0) \times 10^3$
	6	普通砂岩，铁矿	$(0.8 \sim 1.2) \times 10^3$
	5	砂质片岩，片状砂岩	$(0.6 \sim 0.8) \times 10^3$
中等	4	黏板岩，砂岩和石灰岩，软砾岩	$(0.4 \sim 0.6) \times 10^3$
	3	坚硬片岩，密实泥灰岩，胶结黏土岩	$(0.3 \sim 0.4) \times 10^3$
	2	软片岩，软石灰岩，泥灰岩，破碎砂岩，块石土	$(0.2 \sim 0.3) \times 10^3$
	1.5	碎石土，破碎片岩，硬煤，硬化黏土	$(0.12 \sim 0.2) \times 10^3$
	1	坚实黏土，普通煤，掺石土	$(0.06 \sim 0.12) \times 10^3$
松软	0.5	湿砂，黏砂土，泥炭	$(0.03 \sim 0.06) \times 10^3$

2. 支架刚度

由顶板分区支承力学模型可知，工作面 4 个支承区域的最大不同就是各分区的支承刚度系数不同。对于研究域内地层，支承刚度系数主要由弹性模量和岩层厚度决定，利用岩层力学性能测试结果就可以确定 I 区和 IV 区支承刚度系数。II 区是支架控顶区，II 区支护系统刚度系数与支架刚度密切相关。支架支承刚度主要受架型、立柱缸径、结构、钢材型号、部件间隙、支架高度等因素影响，目前国内外对支架刚度鲜有实测研究。为了明确我国支架支承刚度范围，掌握不同支架的刚度以及影响因素，在实验室实测了 4 个常规液压支架的刚度。

支架刚度试验装置为 ZTN-1 型 30000kN 液压支架试验台，额定工作阻力为 30000kN，试验台及测试设备如图 6-8 所示。图 6-8(a)为 30000kN 液压支架试验台，图 6-8(b)为压力记录仪，监测记录立柱压力，图 6-8(c)为位移记录仪，监测记录支架顶梁与底座底部的相对位移，数据采集系统为 KJ21 顶板灾害监测预警系统。试验测试的 4 种支架型号和主要参数见表 6-2。

(a) 30000kN液压支架试验台　　　　(b) 压力记录仪　　　　(c) 位移记录仪

图 6-8　支架刚度试验系统

表 6-2　测试支架型号及主要参数

支架型号	ZZ5200/21/42	ZFY10000/23/34	ZF8000/19/38	ZZ13000/28/65
架型	四柱支撑掩护式综采支架	两柱掩护式放顶煤支架	四柱支撑掩护式放顶煤支架	四柱支撑掩护式综采支架
工作阻力/kN	5200	10000	8000	13000
安全阀开启压力/MPa	37.5	39.8	32.5	40.4
中心距/m	1.5	1.75	1.5	1.75
支护强度/MPa	0.85	0.95	1.0	1.36

支架线刚度表示支架压缩 1mm（由于压缩量较小，单位采用 mm）的工作阻力变化量，支架线刚度写为

$$K_{zl} = \frac{F_e - F_0}{l_0 - l_k} \tag{6-46}$$

式中：K_{zl} 为支架线刚度，kN/mm；F_e 为安全阀开启前工作阻力及支架额定工作阻力，kN；F_0 为初始加载力，kN；l_0、l_k 分别为初始加载时和安全阀开启前的顶梁与底座距离，mm。

支架刚度表示支架压缩 1m 时支架支护强度变化量，支架刚度写为

$$k_{zj} = \frac{K_{zl}}{1000S} \tag{6-47}$$

式中：k_{zj} 为支架刚度，MPa/m；S 为支架控顶面积，m²。

通过试验平台对测试支架进行顶梁平衡外加载，通过 KJ21 顶板灾害监测预警系统采集立柱内乳化液的压力变化和顶梁与底座位移变化，图 6-9 为支架加载试验过程。1 个加载循环过程包括加载增阻—安全阀开启—平台卸载三个阶段，具体为试验平台从 0kN 开始加载，加载速率为 1.3～1.7mm/s，支架增阻，直到支架安全阀开启，安全阀开启一段时间后，平台卸载，支架立柱压力恢复到 0MPa 左右，此过程为 1 个循环。第 2 个循环重复上述过程，每个支架测试 2～5 个循环，4 个支架刚度测试结果如图 6-10 所示。从图 6-10 中可以看出，不同支架在从 0kN 加载到额定工作阻力下压缩量有很大差异，也就是不同支架的刚度并不相同。

图 6-9　支架加载试验

4 个支架平均线刚度为 137.8～538kN/mm，平均刚度为 20.3～68.5MPa/m，见表 6-3。由试验结果可以推断，目前支架线刚度范围为 100～600kN/mm，支架刚度范围为 10～80MPa/m。从图 6-10 中 4 个支架刚度试验加载曲线可以看出，随着压缩位移增加，支架工作阻力近似线性增长，这表明在增阻过程中支架刚度近似

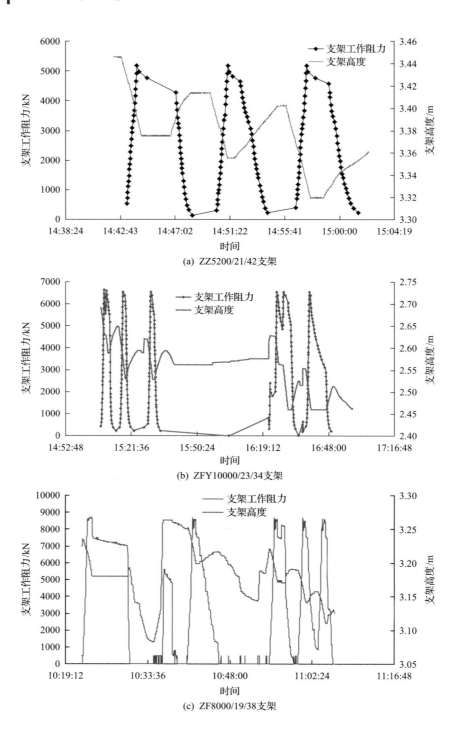

(a) ZZ5200/21/42支架

(b) ZFY10000/23/34支架

(c) ZF8000/19/38支架

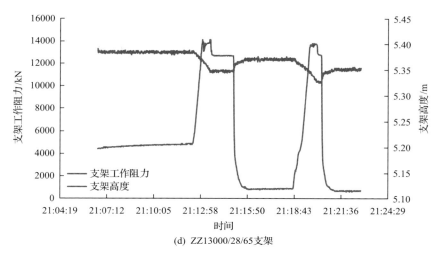

(d) ZZ13000/28/65支架

图 6-10 　支架压载压力与位移曲线

表 6-3 　不同支架线刚度和刚度

循环号	ZZ5200/21/42		ZFY10000/23/34		ZF8000/19/38		ZZ13000/28/65	
	线刚度 /(kN/mm)	刚度 /(MPa/m)	线刚度 /(kN/mm)	刚度 /(MPa/m)	线刚度 /(kN/mm)	刚度 /(MPa/m)	线刚度 /(kN/mm)	刚度 /(MPa/m)
1	142.7	21	174.7	22	437	65	544	69
2	134.9	20	153.4	19	208	31	532	68
3	135.8	20	179.0	23	218	32	—	—
4	—	—	301.2	38	305	45	—	—
5	—	—	152.1	19	226	33	—	—
平均值	137.8	20.3	192.1	24.2	278.8	41.3	538	68.5

不变,在每个加载循环内支架的刚度是恒定的。从支架刚度试验结果还可以看出,支架额定工作阻力和支架架型对支架线刚度和支架刚度都有影响,支架额定工作阻力越大,支架线刚度和支架刚度越大。四柱式支架刚度大于两柱式支架刚度,如 ZF8000/19/38 支架刚度大于 ZFY10000/23/34 支架刚度。

6.3 　多区支承顶板的内力分布及破断特征

基本顶初始状态为原岩(煤)支承,其上承受覆岩载荷作用。工作面推进过程中,原始力学平衡状态被打破,应力重新分布,悬顶面积增大,顶板弯曲下沉,在顶板内引起弯拉应力和剪断应力。下面利用基本顶多区支承承载力学模型对不同顶板和支架条件下基本顶内力分布及变形特征进行分析。此外,工程实践表明,顶板破断位置也影响着支架增阻特性和顶板灾害发生，若顶板在采空区内断裂，对支架影响有限(不考虑产生飓风的情况)；若顶板在煤壁位置断裂，顶板破断后易出现回转甚至失稳，引发切顶压架灾害；若顶板在煤壁前方断裂，顶板破断后出现回转，易引起支架急增阻，当工作面推进到断裂位置时，也易发生较为强烈的矿压显现，或导致顶板灾害的发生。下面探究影响顶板断裂位置的因素及规律，同时，分析顶板断裂对矿压显现的影响。

6.3.1 工作面顶板断裂位置判定条件

综采(放)工作面基本顶断裂形式包括两种，一种是拉断裂，另一种是剪切断裂。当基本顶内的弯拉应力达到抗拉强度，基本顶就发生拉破断，可以表示为

$$\sigma_{\mathrm{J}} = \frac{6M_{\max}}{h^2} \qquad (6\text{-}48)$$

或

$$\sigma_{\mathrm{J}} \geqslant R_{\mathrm{t}} \qquad (6\text{-}49)$$

式中：h 为基本顶厚度；R_{t} 为基本顶抗拉强度；$M_{\max}$ 为基本顶最大弯矩；σ_{J} 为基本顶内的最大拉应力。

当基本顶内的剪切应力大于抗剪切强度时，就发生剪切破断，可以表示为

$$\tau \geqslant \tau_{\mathrm{s}} \qquad (6\text{-}50)$$

式中：τ 为基本顶内最大剪切应力；τ_{s} 为基本顶抗剪切强度。

在煤壁前方破断事件为 A，拉破断事件和剪切破断事件分别为 A1 和 A2，煤壁处破断事件为 B，拉破断事件和剪切破断事件分别为 B1 和 B2，在采空区破断事件为 C，拉破断事件和剪切破断事件分别为 C1 和 C2。

在采煤工作面推进过程中，若 A 发生，就在煤壁前方发生破断，若 B 发生，就在煤壁处发生破断，若 C 发生就在采空区断裂。在哪一区域发生哪种破断，均可使用式(6-48)、式(6-49)和式(6-50)进行判断。

采煤工作面推进过程中，煤壁后方基本顶受到较大的采动扰动影响，基本顶内原生缺陷结构如微裂隙、孔隙等扩展，或基本顶内产生新的裂隙，使得抗拉强度降低。抗拉强度降低系数可达 0.1~0.8[8]，大同矿区的值较高，一般在 0.6~0.7。若将基本顶划分为煤壁前方(A 区域)、煤壁处(B 区域)和采空区(C 区域)三个区域，其抗拉强度分别为 R_{tA}、R_{tB} 和 R_{tC}，其抗剪切强度分别为 τ_{sA}、τ_{sB}、τ_{sC}，则有 $R_{\mathrm{tA}} > R_{\mathrm{tB}} > R_{\mathrm{tC}}$，$\tau_{\mathrm{sA}} > \tau_{\mathrm{sB}} > \tau_{\mathrm{sC}}$。

煤壁前方由于煤体的支撑，一般不发生剪切断裂，仅存在拉断裂。煤壁前方

发生拉断裂的条件是：工作面推进至某位置，基本顶前方最大弯矩引起的拉应力超过了抗拉强度，同时煤壁处和采空区都没有达到断裂条件，于是煤壁前方拉断裂条件可以表示为

$$\begin{cases} \sigma_{JA} \geqslant R_{tA} \\ \sigma_{JB} < R_{tB} \\ \sigma_{JC} < R_{tC} \\ \tau_B < \tau_{sB} \\ \tau_C < \tau_{sC} \end{cases} \tag{6-51}$$

同理，基本顶在煤壁处拉断裂条件可以表示为

$$\begin{cases} \sigma_{JA} < R_{tA} \\ \sigma_{JB} \geqslant R_{tB} \\ \sigma_{JC} < R_{tC} \\ \tau_B < \tau_{sB} \\ \tau_C < \tau_{sC} \end{cases} \tag{6-52}$$

基本顶在煤壁处剪切断裂条件可以表示为

$$\begin{cases} \sigma_{JA} < R_{tA} \\ \sigma_{JB} < R_{tB} \\ \sigma_{JC} < R_{tC} \\ \tau_B \geqslant \tau_{sB} \\ \tau_C < \tau_{sC} \end{cases} \tag{6-53}$$

基本顶在采空区某位置拉断裂和剪切断裂条件可以分别表示为

$$\begin{cases} \sigma_{JA} < R_{tA} \\ \sigma_{JB} < R_{tB} \\ \sigma_{JC} \geqslant R_{tC} \\ \tau_B < \tau_{sB} \\ \tau_C < \tau_{sC} \end{cases} \tag{6-54}$$

$$\begin{cases} \sigma_{JA} < R_{tA} \\ \sigma_{JB} < R_{tB} \\ \sigma_{JC} < R_{tC} \\ \tau_B < \tau_{sB} \\ \tau_C \geqslant \tau_{sC} \end{cases} \tag{6-55}$$

上面分析中按煤壁前方 A 区、煤壁处 B 区、采空区 C 区三个区域进行研究，煤壁前方基本顶受工作面推进影响较小，A 区基本顶的抗拉强度和抗剪强度不变。煤壁前后液压支架控顶长度范围内可以视作 B 区，这一区域基本顶抗拉强度和抗剪断强度受采动影响而衰减。采空区为 C 区，顶板的损伤程度和下沉量更大，顶板抗拉强度和抗剪强度衰减更明显。

下面通过基本算例研究顶板特性、支架刚度等因素对基本顶内力分布及破断的影响。

6.3.2 顶板内力分布和破断特征及影响因素

以神东矿区上湾煤矿 12401 工作面为基本算例，分析多区支承顶板内力分布和破断特征。上湾煤矿 12401 工作面是典型的浅埋煤层，平均埋深 189m，工作面直接顶为砂岩与砂质泥岩互层，厚 8m，基本顶为粗砂岩，厚 16m，上覆岩层为泥质岩层、风积沙和亚黏土，基本顶抗拉强度为 4.6MPa，弹性模量为 16.2GPa。上湾煤矿 12401 工作面采高大，直接顶垮落后无法充满采空区，基本顶强度较大，属于典型的 I - II - III 区支承类型。

结合上湾煤矿煤层赋存特征，建立基于 I - II - III 区支承的顶板承载力学模型，直接顶支承刚度系数为 800MPa/m，底板支承刚度系数为 800MPa/m，煤层支承刚度系数为 120MPa/m，支架刚度为 50MPa/m。于是，K_I=92.3MPa/m，K_{II}=44.4MPa/m，K_{III}=0，其煤壁处和采空区强度降低系数取为 0.2 和 0.5，对应煤壁处强度和支架后方强度分别为 3.68MPa 和 2.3MPa。

顶板破断步距为 15.8～16.4m，工作面每推进约 16m，顶板破断一次。基本顶作用载荷为 1.363MPa。图 6-11 为顶板破断时的拉应力分布。在图 6-11 中，横坐

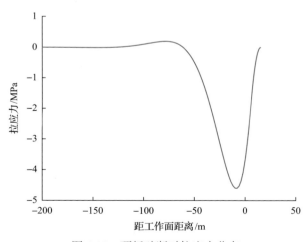

图 6-11 顶板破断时拉应力分布

标为距工作面距离，坐标 0 位置为工作面煤壁处，负值为煤壁前方，正值为采空区。从图 6-11 可以看出，工作面前方拉应力较大，上湾煤矿顶板易在煤壁前方破断，当工作面推进至断裂线，破断顶板形成的切落体易于滑落失稳，使得支架快速增阻。顶板内力分布与断裂位置和采矿条件、覆岩条件、支架特性等密切相关，下面分析影响工作面顶板内力分布和破断位置及形式的因素和影响规律。

1. 基本顶抗拉强度

图 6-12(a) 为不同抗拉强度下的基本顶周期垮落步距。从图 6-12(a) 中可以看出，随着基本顶抗拉强度增加，基本顶抵抗弯拉破坏能力增强，相应周期垮落步距近似线性增大。当基本顶抗拉强度为 1.6MPa 时，其周期垮落步距约为 8.98m，当抗拉强度增加至 7.6MPa 时，其周期垮落步距约为 21.1m，增加了 2.35 倍。

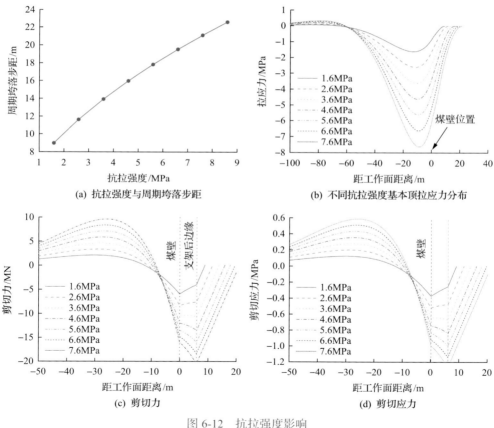

图 6-12　抗拉强度影响

图 6-12(b) 为不同抗拉强度基本顶断裂前的拉应力分布。从图 6-12(b) 中可以看出，随着抗拉强度增加基本顶周期垮落步距增大，顶板内的拉应力也增大，上

湾煤矿 12401 工作面基本顶最大拉应力大致位于工作面前方 8～12m 范围内，随着基本顶抗拉强度增加，最大拉应力发生位置向煤壁处缓慢移动。正如式(6-50)所示，基本顶在何处断裂，取决于工作面推进过程中煤壁前方、煤壁处和采空区三个位置何处先达到断裂条件。

图 6-12(c)和图 6-12(d)为不同抗拉强度下基本顶的剪切力和剪切应力分布。从图 6-12(c)和(d)中可以看出，随着基本顶抗拉强度和周期垮落步距增大，基本顶内的剪切力和剪切应力都增大。基本顶最大剪切应力一般在煤壁处或采空区。当基本顶抗拉强度较小时，最大剪切力和剪切应力更易于发生在煤壁处，随着抗拉强度增加，最大剪切力和剪切应力发生位置向煤壁后方缓慢移动，这意味着当基本顶抗拉强度大时，更可能发生支架后方剪切破断，当基本顶抗拉强度小时，更可能发生煤壁处剪切破断。

若仅考虑图 6-12(c)和图 6-12(d)，最大剪切应力位置就是剪切破断发生位置，但实际情况有时并非如此，其原因有几个方面：一是顶板为非连续岩体，顶板不同位置的裂隙分布不同，其抗剪强度也不相同，有的位置抗剪强度较小，虽最大剪切应力不在此处，但由于抗剪强度较小，则仍可能在此处发生断裂；二是实际工作面推进过程中，在拉应力和剪切应力作用下，顶板岩体在不同位置会有不同程度的损伤，影响顶板强度；三是发生剪切破断前，顶板可能已在其他位置处发生了拉破断。

2. 基本顶厚度

图 6-13(a)为基本顶厚度与周期垮落步距的关系。从图 6-13(a)中可以看出，随着基本顶厚度增加，基本顶抵抗弯能力增大，相应周期垮落步距增大。图 6-13(b)和图 6-13(c)分别为不同厚度基本顶破断前的弯矩分布和拉应力分布。从图 6-13(b)中可以看出，随着基本顶厚度增加，基本顶抵抗弯矩能力增大，这主要是由于基本顶厚度增加，基本顶截面惯性矩增大。从图 6-13(b)和图 6-13(c)可以看出，随着基本顶厚度增加，基本顶的最大弯矩和最大拉应力位置向煤壁前方移动，当基本顶厚度增加至 22m 时，最大弯矩发生在煤壁前方约 16m 处，与 16m 厚度基本顶相比，向前移动了近 6m。这意味着随着顶板厚度增加，顶板煤壁前方断裂的断裂位置更深。

由以上分析可以看出，基本顶越厚来压步距越大，超前影响范围越大，拉断裂超前工作面距离越大；顶板越薄，顶板更易靠近煤壁处发生拉断裂。

图 6-14 给出了不同厚度基本顶的剪切力和剪切应力。从图 6-14 可以看出，随着基本顶厚度增加，周期垮落步距增大，剪切力增大，相应的剪切应力也增大。不同厚度的基本顶最大剪切力发生位置大致在煤壁处或采空区。当基本顶厚度较小时(如 10m)，最大剪切应力发生在煤壁处，这意味着薄基本顶更可能发生沿煤

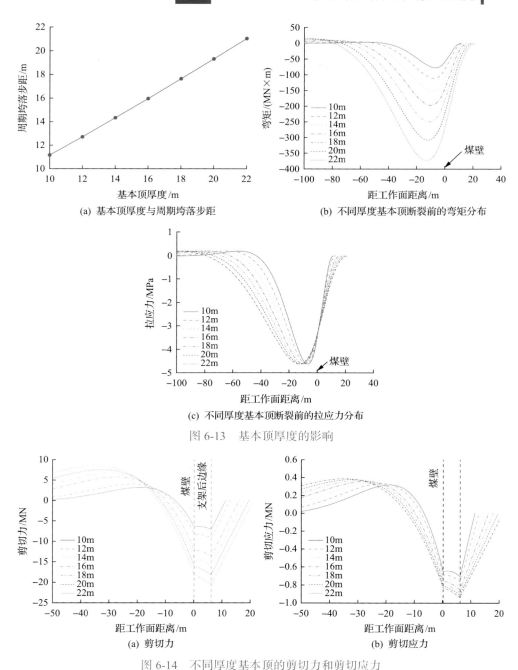

(a) 基本顶厚度与周期垮落步距

(b) 不同厚度基本顶断裂前的弯矩分布

(c) 不同厚度基本顶断裂前的拉应力分布

图 6-13 基本顶厚度的影响

(a) 剪切力

(b) 剪切应力

图 6-14 不同厚度基本顶的剪切力和剪切应力

壁的切落破坏。随着基本顶厚度增加,最大剪切应力发生位置向采空区偏移。这说明基本顶越厚,基本顶就越可能发生采空区切落。

3. 煤层支承刚度系数

煤层支承刚度系数也影响破断位置和破断形态。相较于直接顶和底板岩层，煤体的支承刚度系数相对较小。煤体支承刚度系数主要取决于弹性模量和厚度。煤体支承刚度系数分别取为支架刚度的 30 倍、20 倍、10 倍、5 倍、4 倍、2 倍和 1 倍，对应值分别为 1500MPa/m、1000MPa/m、500MPa/m、250MPa/m、200MPa/m、100MPa/m 和 50MPa/m，不同煤体支承刚度系数下的弯矩分布和拉应力分别如图 6-15 和图 6-16 所示。从图 6-15 和图 6-16 中可以看出，随着煤体支承刚度系数增加，最大弯矩和最大拉应力位置向煤壁偏移，煤壁处的弯矩和拉应力更大，这意味着随着煤体支承刚度系数增加，基本顶更容易发生煤壁处破断。另外，厚煤层开采扰动越强烈，煤壁和采空区基本顶的损伤更剧烈，也就更容易引起煤壁和采空区断裂。总体上，厚硬煤层顶板更容易发生煤壁处和采空区断裂。

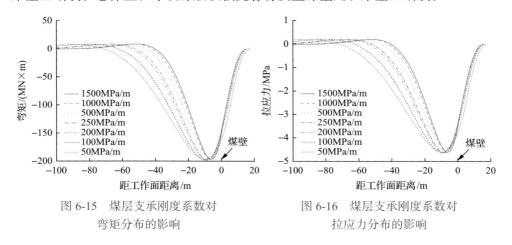

图 6-15　煤层支承刚度系数对　　　　图 6-16　煤层支承刚度系数对
弯矩分布的影响　　　　　　　　　　　拉应力分布的影响

4. 支架刚度

支架刚度是支架固有属性，对顶板活动和矿压显现有重要影响。上覆载荷不变的条件下，不同支架刚度的基本顶弯矩、拉应力和顶板下沉量如图 6-17 所示。从图 6-17 可见，随着支架刚度增加，基本顶弯矩和拉应力减小，但煤壁前方减小程度远大于煤壁处，煤壁处减小程度又远大于支架处，因此增加支架刚度能降低煤壁前方和煤壁处的弯矩及拉应力，使得基本顶更容易发生采空区断裂。另外，增加支架刚度也能降低基本顶的下沉量，有利于顶板灾害控制，如图 6-17(b)所示。

图 6-18 给出了不同支架刚度下煤壁前方基本顶弯矩达到极限弯矩时的弯矩分布。从图 6-18 可以看出，支架刚度影响基本顶弯矩分布。随着支架刚度增加，煤

壁处和采空区的弯矩增大。支架刚度对基本顶最大弯矩位置和基本顶断裂位置都有影响。

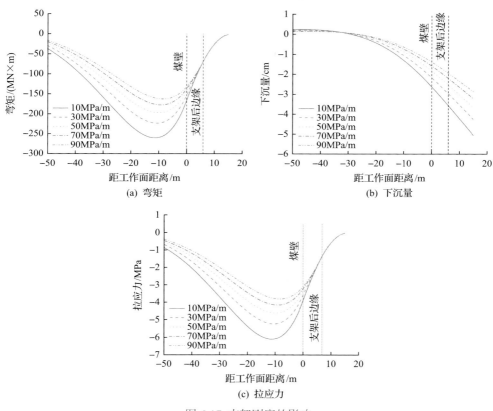

(a) 弯矩

(b) 下沉量

(c) 拉应力

图 6-17 支架刚度的影响

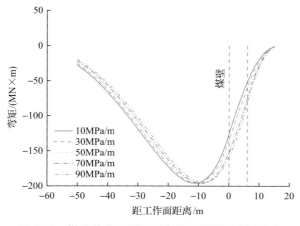

图 6-18 煤壁前方达到极限弯矩时的顶板弯矩分布

图 6-19 为不同支架刚度下基本顶的剪切力和剪切应力。从图 6-19 可以看出，不同支架刚度下基本顶的最大剪切力和剪切应力都大致发生在煤壁处或支架后边缘处。当支架刚度小时，基本顶最大剪切力和剪切应力发生在煤壁处，随着支架刚度增加最大剪切力和剪切应力发生位置向煤壁后方移动，这意味着提高支架刚度，基本顶更可能发生支架后方（或采空区）剪切破断，从而避免煤壁处剪断。从本节计算结果来看，当支架刚度超过 50MPa/m 时，基本顶更容易发生采空区剪切破断。支架刚度对基本顶最大剪切力和剪切应力也有一定影响，但影响有限。

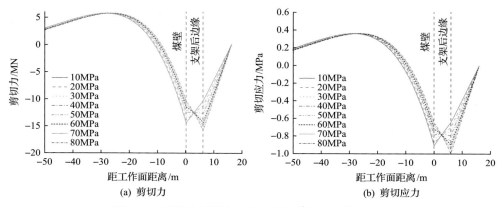

图 6-19   不同支架刚度下基本顶的剪切力和剪切应力

5. 初撑力

取初撑力分别为 0.1MPa、0.5MPa、0.9MPa 和 1.3MPa，计算获得弯矩分布和拉应力如图 6-20 和图 6-21 所示。从图 6-20 和图 6-21 可以看出，随着初撑力增加，基本顶弯矩和拉应力减小。从不同位置弯矩和拉应力减小程度来看，在煤壁前方弯矩和拉应力减小更多，煤壁处次之，煤壁后方控顶区基本顶弯矩和拉

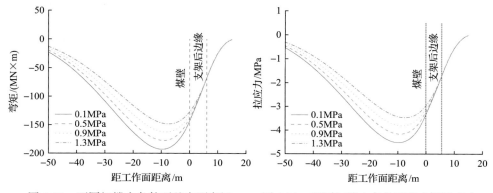

图 6-20   不同初撑力条件下基本顶弯矩   图 6-21   不同初撑力条件下基本顶拉应力

应力几乎不变，这意味着增加初撑力，能够有助于避免煤壁前方和煤壁处断裂，使得基本顶发生采空区断裂。从作用效果来看，增加初撑力与增加支架刚度具有类似作用效果，下面对此机制予以简要说明。

支架刚度是使得支架发生单位压缩量所需的压力。若支架刚度为 K_0，则在覆岩载荷压力 P 作用下，支架的压缩量 S_0 为

$$S_0 = \frac{p}{K_0} \tag{6-56}$$

若该支架有初撑支护强度 p_0，之后若使支架沉降 S_0，需要再施加 $p = S_0 K_0$ 的压力，根据支架刚度的定义，这种条件下支架刚度可以表示为

$$K = \frac{p + p_0}{S_0} = \frac{p_0}{S_0} + K_0 \tag{6-57}$$

很明显，支架的刚度仿佛增加了 p_0/S_0，也就是施加初撑力相当于增加了支护系统的刚度。在本书一些计算中，没有单独考察初撑力，主要是将初撑力的影响融入支护系统刚度中，这样研究的因素单一，更有利于分析和讨论。

总体来看，坚硬原岩(硬煤层，支承刚度系数大)、支护强度小，支架刚度小，更易于发生煤壁处和煤壁前方断裂。支护刚度大、初撑力大，基本顶易于发生采空区断裂。基本顶具体发生断裂位置与支护刚度、支架初撑力、原岩支承刚度系数、基本顶损伤程度等因素密切相关。

6.3.3　煤壁断裂基本顶的稳定性

顶板断裂可能发生在煤壁前方、煤壁处或采空区，其中顶板断裂线在煤壁处时由于存在失稳问题，是一种危险工况。顶板断裂线在煤壁处包括两种情况，一种情况是顶板在煤壁处断裂；另一种情况是顶板在煤壁前方断裂，随后工作面推进至断裂线处。这两种情况断裂的顶板需要控顶区支架作为主要支承体维护顶板稳定。下面分两种情形讨论断裂顶板的稳定性。

1. 铰接顶板

工作面采厚不大或垮落顶板较厚，断裂后的顶板能够和后方采空区垮落的顶板互相铰接，形成铰接顶板结构，如图 6-22 所示。图 6-22 分别示意了煤壁处断裂顶板及其断裂顶板在煤壁处的失稳形态。图 6-22 中 A 块为控顶区新断裂的顶板，B 块为上一个步距断裂后垮落在采空区的顶板。随着工作面推进，A 块垮落在采空区内，成为下一个循环的 B 块。在图 6-22 中，A 块遭受 B 块支撑力、摩擦力和支架支护力作用，A 块的稳定性对工作面切顶压架灾害具有重要影响。

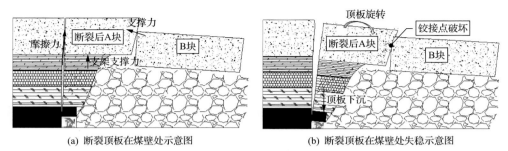

(a) 断裂顶板在煤壁处示意图　　　　(b) 断裂顶板在煤壁处失稳示意图

图 6-22　顶板结构和断裂失稳示意图

当顶板在工作面煤壁处断裂，在上覆岩层载荷和基本顶自重影响下，若支架支承能力不足，或顶板下沉量较大，A块和B块的铰接面破坏，A块顺时针旋转，结构失稳，直接顶和基本顶A块重量以及上覆岩层载荷大部分由支架承担，若支架支承能力不足以承担上述载荷，则发生大面积切顶压架。

根据《矿山压力与岩层控制理论》[6]，煤壁处断裂的顶板失稳包括两种类型，分别为滑落失稳和回转变形失稳。断裂顶板形成的结构的滑落稳定性分析如图 6-22(b)所示。当工作面通过贯穿性断裂线或顶板在煤壁处发生贯穿性断裂时，断裂后的顶板 A 块可能失稳，其力学分析模型如图 6-23 所示。

实际工程中，支架直接作用于顶煤和直接顶，为简化分析将其简化为作用于基本顶。基本顶的随动载荷为 q，如图 6-23 所示。

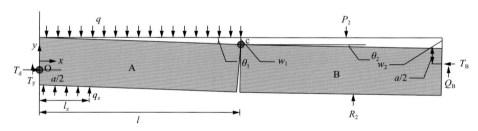

图 6-23　顶板断裂后力学分析模型

T_d-沿层面横向推力；T_F-沿层面法向力

A块与B块在c点铰接，支架作用的控顶区范围为 l_z，支架支护强度为 q_z，A块上方作用均布载荷 q，A块和B块形成的结构长度均为周期来压步距 l，A块和B块的高度为 h。P_2 为 B 块受上覆岩层的作用力；R_2 为 B 块受到采空区的作用力；T_B 为 B 块受到采空区后方矸石的横向作用力；w_2 为 B 块顶板下沉量；w_1 为 A 块顶板下沉量；a 为 B 块作用点位置；Q_B 为 B 块受到的摩擦力。由几何关系，$w_1 = l\sin\theta_1$，$w_2 = l\,(l\sin\theta_1 + \sin\theta_2)$，$a = \dfrac{1}{2}(h - l\sin\theta_1)$。根据"全砌体梁"计算模型[6]，可近似地视为 $R_2 = P_2$，同时依据该模型的位移规律得到 $\theta_2 \approx \dfrac{1}{4}\theta_1$。

根据图 6-23，以 A 块和 B 块整体为分析对象，以 O 点为力矩原点，$\sum M_o = 0$，则有

$$\frac{1}{2}ql^2 + \frac{3}{2}l(P_2 - R_2) = T_B(h - w_2 - \alpha) + 2Q_B l + \frac{1}{2}q_z l_z^2 \tag{6-58}$$

X 轴方向力的投影为 0，$\sum X = 0$，则有

$$T_d = T_B = T \tag{6-59}$$

Y 轴方向力的投影为 0，$\sum Y = 0$，则有

$$T_F + q_z l_z + R_2 + Q_B = ql + P_2 \tag{6-60}$$

根据图 6-23，以 B 块为研究对象，$\sum M_c = 0$，则有

$$\frac{1}{2}l(p_2 - R_2) = -T_B(w_2 - w_1) + Q_B l \tag{6-61}$$

联立上述方程，得

$$\begin{cases} T_d = \dfrac{ql^2 - q_z l_z^2}{h - \dfrac{1}{2}l\sin\theta_1} \\[4mm] Q_B = \dfrac{ql^2 - q_z l_z^2}{4h - 2l\sin\theta_1}\sin\theta_1 \\[4mm] T_F = ql - q_z l_z - \dfrac{ql^2 - q_z l_z^2}{4h - 2l\sin\theta_1}\sin\theta_1 \end{cases} \tag{6-62}$$

1）滑落失稳判据

根据顶板失稳理论，基本顶滑落失稳需满足[6]：

$$T_d \tan\phi \leqslant T_F \tag{6-63}$$

式中：$\tan\phi$ 为岩块间摩擦系数。

把式（6-62）代入式（6-63），可以得到考虑支架作用的顶板失稳判据为

$$\frac{ql^2 - q_z l_z^2}{h - \dfrac{1}{2}l\sin\theta_1}\tan\phi \leqslant ql - q_z l_z - \frac{ql^2 - q_z l_z^2}{4h - 2l\sin\theta_1}\sin\theta_1 \tag{6-64}$$

由式（6-64）可以获得顶板不发生滑落失稳支架的支护强度需满足如下条件：

$$q_z \geqslant \frac{l - \dfrac{\tan\phi + \dfrac{1}{4}\sin\theta_1}{h - \dfrac{1}{2}l\sin\theta_1}l^2}{l_z - \dfrac{\tan\phi + \dfrac{1}{4}\sin\theta_1}{h - \dfrac{1}{2}l\sin\theta_1}l_z^2}q \tag{6-65}$$

若式(6-65)取等号，为防止断裂顶板滑落失稳的支架临界支护强度，也称为抗滑落失稳临界支护强度，记为

$$q_{zL} = \frac{l - \dfrac{\tan\phi + \dfrac{1}{4}\sin\theta_1}{h - \dfrac{1}{2}l\sin\theta_1}l^2}{l_z - \dfrac{\tan\phi + \dfrac{1}{4}\sin\theta_1}{h - \dfrac{1}{2}l\sin\theta_1}l_z^2}q \tag{6-66}$$

从式(6-66)可以看出，抗滑落失稳临界支护强度与顶板厚度、A 块和 B 块之间摩擦系数、顶板作用的随动层载荷有关。

基本算例仍取上湾煤矿 12401 工作面进行分析，并假定基本顶断裂形成了铰接结构。基本顶随动载荷 q=1.32MPa，θ_1=5.7°，控顶区长度 6m，基本顶厚度分别为 10m、11m、12m、13m、14m、15m、16m、17m、18m、19m、20m，摩擦系数 $\tan\varphi$ 分别为 0.1、0.2、0.3、0.4、0.5，基本顶抗拉强度为 R_t=4.6MPa，周期垮落步距 12m，不同摩擦系数下抗滑落失稳临界支护强度如图 6-24 所示。从图 6-24 可以看出，对于 16m 厚度基本顶，摩擦系数为 0.5 时，抗滑落失稳临界支护强度约为 1.95MPa，上湾煤矿 12401 工作面支架的额定支护强度约 1.87MPa。上湾煤矿 12401 工作面基本顶断裂后，支架额定支护强度略小于抗滑落失稳临界支护强度，有可能发生滑落失稳。当摩擦系数为 0.2 时，临界支护强度大于 2.2MPa，而目前支架支护强度无法达到，也就是说，必然会发生滑落失稳。

摩擦系数为 0.5，回转角度分别取 2.7°、3.7°、4.7°、5.7°和 6.7°，不同回转角度的抗滑落失稳临界支护强度如图 6-25 所示。从图 6-25 可以看出，随着回转角度增加，抗滑落失稳临界支护强度减小。随着基本顶厚度增加，抗滑落失稳临界支护强度增大。

取基本顶作用载荷分别为 0.9MPa、1.1MPa、1.3MPa、1.5MPa 和 1.7MPa，获得不同作用载荷下的抗滑落失稳临界支护强度如图 6-26 所示。从图 6-26 可以看出，随着基本顶作用载荷增加，抗滑落失稳临界支架强度增大，这意味着作用载荷越大，所需的支架支承能力越大。当载荷达到 1.5MPa 时，临界支护强度大于 1.8MPa，当载荷达到 1.8MPa 时，临界支护强度高于 2.3MPa，目前支架无法满足

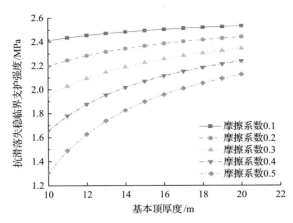

图 6-24　不同摩擦系数的抗滑落失稳临界支护强度

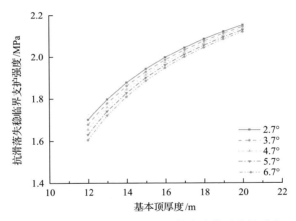

图 6-25　不同回转角度的抗滑落失稳临界支护强度

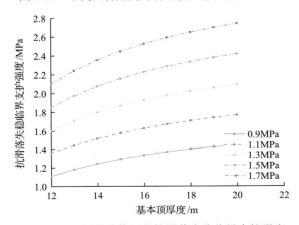

图 6-26　不同载荷作用的抗滑落失稳临界支护强度

要求，必然发生滑落失稳。

2）回转变形失稳判据

随着 B 块回转，A 块和 B 块之间作用力将增大，若发生转角处岩块挤碎，则发生回转变形失稳，其失稳发生的判据为

$$T_d \geqslant \alpha\eta\sigma_c \tag{6-67}$$

式中：$\eta=0.3$；σ_c 为基本顶单轴抗压强度。

结合式（6-63），式（6-67）可写为

$$\frac{ql^2 - q_z l_z^2}{h - \dfrac{1}{2}l\sin\theta_1} \geqslant \alpha\eta\sigma_c \tag{6-68}$$

于是不发生回转变形所需的支护强度为

$$q_z \geqslant \frac{1}{l_z^2}\left[ql^2 - \frac{1}{2}(h - l\sin\theta_1)\left(h - \frac{1}{2}l\sin\theta_1\right)\eta\sigma_c\right] \tag{6-69}$$

相应的支架回转变形稳定临界支护强度为

$$q_{L\_HB} = \frac{1}{l_z^2}\left[ql^2 - \frac{1}{2}(h - l\sin\theta_1)\left(h - \frac{1}{2}l\sin\theta_1\right)\eta\sigma_c\right] \tag{6-70}$$

令 $i=h/l$，于是式（6-70）写为

$$q_{L\_HB} \geqslant \frac{l^2}{l_z^2}\left[q - \frac{1}{2}(i - \sin\theta_1)\left(i - \frac{1}{2}\sin\theta_1\right)\eta\sigma_c\right] \tag{6-71}$$

从式（6-71）可以看出，回转变形抗滑落失稳临界支护强度与控顶区范围、随动层厚度（载荷强度）、断裂度 i、基本顶单轴抗压强度有关。

对于上湾煤矿 12401 工作面，随动载荷 $q=1.32$MPa，控顶区长度 6m，基本顶单轴抗压强度为 72.3MPa，断裂度 i 为 0.05、0.1、0.15、0.2、0.25、0.3、0.35、0.4、0.45、0.5，基本顶厚度为 16m，变化回转角度分别为 5°、7°、9°、10°、12° 和 14°，获得回转变形抗滑落失稳临界支护强度如图 6-27 所示。从图 6-27 中可以看出，随着回转角度增加，所需的回转变形抗滑落失稳临界支护强度增大，但总体上维持回转变形稳定所需的支护强度不超过 1.0MPa，形成结构的基本顶断裂后不会发生回转变形失稳。

取随动载荷分别为 0.9MPa、1.0MPa、1.1MPa、1.2MPa、1.3MPa 和 1.4MPa，回转变形角度为 5°，获得不同作用载荷条件下回转变形抗滑落失稳临界支护强度如图 6-28 所示。从图 6-28 可以看出，随着基本顶随动载荷增加，回转变形抗滑

落失稳临界支护强度近似线性增大，但总体上回转变形抗滑落失稳临界支护强度不大，只有随动载荷很大时，才会发生回转变形失稳。

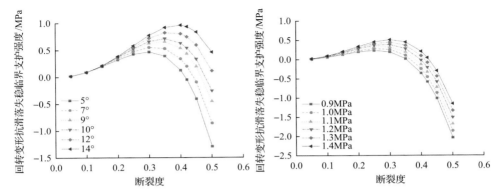

图 6-27　回转角度对回转变形抗滑落失
　　　　稳临界支护强度的影响

图 6-28　随动载荷对回转变形抗滑落失
　　　　稳临界支护强度的影响

取单轴抗压强度分别为 50MPa、60MPa、70MPa、80MPa、90MPa 和 100MPa，获得不同单轴抗压强度的回转变形抗滑落失稳临界支护强度如图 6-29 所示。从图 6-29 可以看出，随着单轴抗压强度增加，回转变形抗滑落失稳临界支护强度减小，这意味着岩石强度越高，越不易发生回转变形失稳。

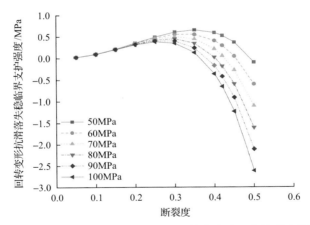

图 6-29　单轴抗压强度对回转变形抗滑落失稳临界支护强度的影响

2. 非铰接顶板

厚煤层超大采高开采场空间大，直接顶垮落对采空区充填有限，垮落矸石不能对断裂基本顶 B 块形成稳定支承，使得悬臂基本顶后方没有铰接岩块的支承作用，这时基本顶呈悬臂状态，如图 6-30 所示。

图 6-30 大采高工作面基本顶悬臂梁结构

这种条件下无论是顶板在煤壁处拉断、剪断，还是在工作面推进至前方断裂线处，顶板都不能形成铰接结构，顶板失稳垮落，其结构形态一般如图 6-31(a)所示。根据图 6-31(a)认为基本顶及垮落岩体前后两端分别为支架和已垮落顶板支承，后者简化为铰支，简化后如图 6-31(b)所示。

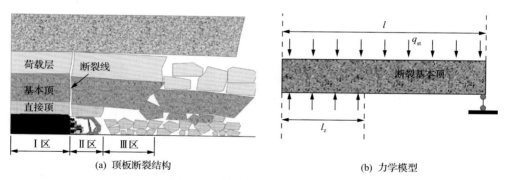

(a) 顶板断裂结构　　　　　　　　　　(b) 力学模型

图 6-31 断裂顶板失稳垮落形态

垮落顶板的作用载荷强度可以表示为

$$q_{st} = \gamma_m h_d \tag{6-72}$$

式中：γ_m 为垮落覆岩平均容重；h_d 为垮落带高度。

根据图 6-31(b)，可以简化认为支架承担覆岩 1/2 载荷，则垮落覆岩对支架的压力为

$$F = \frac{1}{2} q_{st} dl \tag{6-73}$$

式中：d 为支架中心距。

对于 Ⅰ-Ⅱ 二元支承的基本顶，支架完全承担支架上覆垮落载荷重量。

在断裂线处，支架承载是一种给定载荷条件，如果支架支护强度不足，则应提高支架额定工作阻力，同时快速通过断裂线处，否则易于发生压架事故。

6.4 不同支承条件工作面顶板来压特征

实际顶板类型多样，顶板来压情况也大不相同，下面利用上述多区支承理论模型，研究不同类型顶板的来压特征。

6.4.1 基本顶活动及对支架增阻影响

工作面推进过程中，随着顶板下沉和断裂，支架工作阻力一直在动态发展演化，本节探讨支架工作阻力演化过程及顶板活动对周期来压的影响。工作面推进，基本顶悬顶面积增大，基本顶可能在煤壁前方、煤壁处和采空区断裂，如图 6-32 所示。基本顶在何处断裂取决于采矿条件、支架刚度、初撑力及顶板断裂模式等，已在前面几节中探讨过。

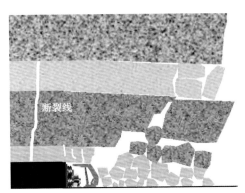

(a) 断裂在煤壁前方

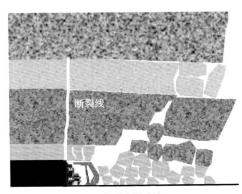

(b) 断裂在煤壁处

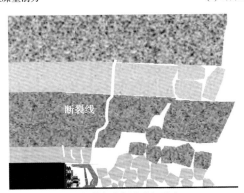

(c) 断裂在采空区(支架后方)

图 6-32 基本顶在煤壁前方断裂前后边界示意图

工作面推进过程中，支架增阻是一个动态过程，与顶板下沉、破断和失稳都密切相关，下面详细分析工作面推进过程中支架工作阻力演化特性。为了便于说明，依托三区支承承载的上湾煤矿 12401 工作面为案例展开相关研究，该工作面顶板属于煤壁前方断裂。当工作面基本顶在煤壁前方发生断裂后，基本顶断裂为两段。断裂线处两侧基本顶由于彼此的咬合，仍能够抵抗水平方向力。断裂后基本顶绕断裂位置发生回转和下沉。断裂位置简化后的顶板边界条件如图 6-33 所示。三区支承基本顶在煤壁前方断裂后，后方一段基本顶仍为三区支承，煤壁前方为原岩支承，在控顶区为液压支架支撑，在采空区则为悬臂状态。

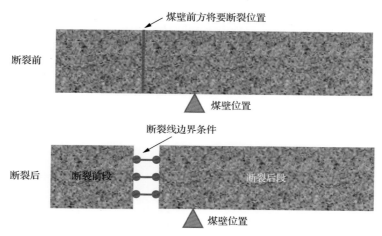

图 6-33　基本顶在煤壁前方断裂前后边界示意图

综上所述，对于煤壁前方断裂的顶板而言，两次周期来压间隔时间内支架工作阻力演化包括三个主要阶段。

1. 缓慢增阻阶段

在工作面初始推进阶段，随着悬顶面积扩大，顶板出现缓慢下沉，支架工作阻力逐渐增加，这一阶段称为缓慢增阻阶段。这个阶段大部分时段支架工作阻力增阻较缓慢，一般不在周期来压过程中，如图 6-34(a) 所示。

2. 快速增阻阶段

随着工作面继续推进，顶板发生煤壁前方断裂，这是支架增阻趋势转换的第一个节点。顶板断裂后，边界条件发生改变，顶板快速下沉，支架快速增阻，若支架工作阻力超过额定工作阻力，支架安全阀开启，在这一个过程中只要支架活柱压缩量不超过许用值，就不会发生支架压死现象。煤壁前方顶板断裂后工作面再继续推进，顶板下沉量和支架工作阻力随工作面推进快速增加。顶板断裂是支

(a) 顶板未断裂(缓慢增阻阶段)

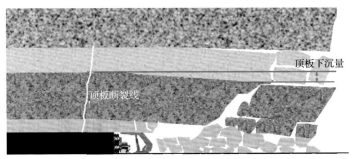

(b) 顶板在煤壁前方断裂(快速增阻阶段)

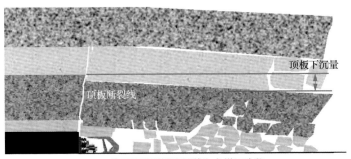

(c) 工作面推进到煤壁断裂处(急增阻阶段)

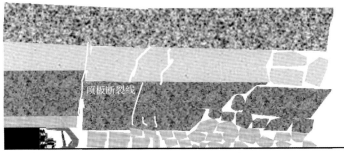

(d) 工作面推过断裂线(缓慢增阻阶段)

图 6-34　工作面推进到不同位置(支架在不同增阻阶段)示意图

架从缓慢增阻阶段向快速增阻阶段转变的关键节点，并且越临近煤壁前方断裂线，支架增阻越快，这一阶段称为快速增阻阶段，如图 6-34(b) 所示。

这个阶段大部分时段为周期来压时段，当断裂线与工作面距离较远时，断裂顶板前方主要由煤体支撑，支架矿压显现不强烈，与断裂线越靠近，矿压显现和来压越强烈，当来压明显时则为周期来压。

3. 急增阻阶段

当工作面推进至断裂线附近，支架工作阻力急剧增长，顶板有可能沿断裂线发生切顶失稳，该阶段为急增阻阶段。在急增阻阶段，顶板稳定性取决于两种情形。第一种情形，顶板能形成铰接结构，若顶板能形成稳定的铰接结构，且支架工作阻力不超过额定值，则不会发生压架事故，即支架工作阻力与顶板结构稳定性密切相关；若顶板结构稳定性差，则覆岩载荷可能大部分作用于支架上，支架处于给定荷载状态，当支架支护强度不足，则易引起支架压死现象。第二种情形，若煤层一次采出厚度大，顶板难以形成稳定铰接结构，覆岩载荷几乎全部作用于支架上，易引发支架切顶压架灾害。如图 6-34(c) 所示。

当工作面推过断裂线后，本次周期来压完毕，整个过程包括周期来压发生，周期来压持续和周期来压结束。从推过断裂线后，意味着下一个周期来压循环即将开始，在相当一段时间内或几个循环，由于顶板悬顶长度较短，支架增阻较为缓慢，处于非来压阶段，如图 6-34(d) 所示。

一般情况下，工作面周期来压长度为两次顶板断裂间距，包括从上一次推出断裂线到顶板在煤壁前方断裂的非来压阶段，和本次顶板断裂到工作面推出断裂线的来压阶段。另外，若当工作面顶板较硬、两次顶板断裂间距较长时，或者支架支护强度较小、顶板未在前方发生断裂，同样会导致支架工作阻力较快达到额定工作阻力时，会认为周期来压已开始，从而导致周期来压步距较大或持续时间较长，这与上述阐述的顶板断裂才导致来压有较大不同。因此，坚硬难垮顶板矿压显现强烈不仅表现在来压时支架工阻力大，而且也表现在来压时持续时间较长。

根据 6.2 节分区支承模型计算，图 6-35 为煤壁前方断裂后不同抗拉强度基本顶的弯矩和下沉量。图 6-36 为煤壁前方断裂后不同厚度基本顶的弯矩和下沉量。从图 6-35 和图 6-36 可以看出，煤壁前方断裂后，基本顶内力发生很大变化，随着抗拉强度增加，最大弯矩发生位置从煤壁向采空区转移，弯曲下沉则近似以前方断裂线为支点，呈顺时针旋转态势，在基本顶悬臂末端下沉量最大；顶板越厚，拉应力越大，顶板垮落步距越大，煤壁处和悬臂末端的下沉量就越大。

图 6-37(a) 为顶板煤壁前方断裂前和断裂后煤壁处的弯矩对比。从图 6-37(a) 可以看出，煤壁前方断裂后，基本顶弯矩重新分布，重新分布弯矩近似在煤壁处

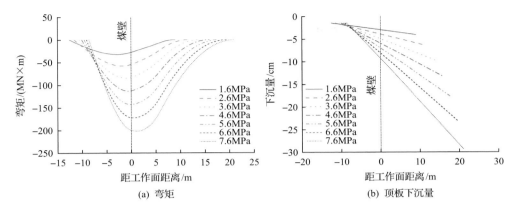

图 6-35 煤壁前方断裂不同抗拉强度基本顶的弯矩和下沉量

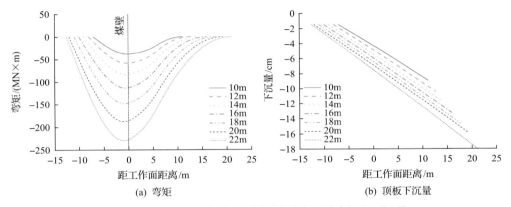

图 6-36 煤壁前方断裂后不同厚度基本顶的弯矩和下沉量

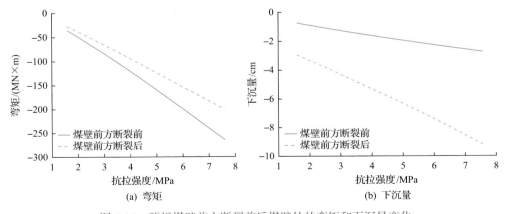

图 6-37 顶板煤壁前方断裂前后煤壁处的弯矩和下沉量变化

最大，但基本顶断裂前在煤壁处的弯矩仍然大于基本顶断裂后在煤壁处的弯矩。这意味着顶板煤壁前方断裂后煤壁及煤壁后方弯矩也显著降低，顶板再次断裂的风险不大。

图 6-37(b) 为顶板断裂前后煤壁处下沉量。从图 6-37(b) 可以看出，基本顶煤壁前方断裂后，顶板绕断裂位置转动，煤壁处下沉量大幅增大，这将引起液压支架大幅增阻。从计算结果来看，基本顶抗拉强度越大，周期跨落步距越大，相应的顶板断裂引起的煤壁处下沉量增加也越大，支架增阻也就越强烈，也就是厚硬基本顶工作面矿压显现更强烈。下面讨论工作面推进过程中支架增阻特征以及顶板不同活动阶段与周期来压关系。

随着工作面推进，支架向前移架推进。每一步推进，支架经历降架、移架和升架过程。在这一过程中，支架让位了基本顶上一割煤循环的下沉量，其实际工作阻力为上一割煤循环与本次移架完成工作循环的支架中心位置基本顶下沉量差引起的支架增阻力与初撑力之和，图 6-38 示意了支架割煤循环顶板下沉量之差。

以上湾煤矿 12401 工作面为基本算例分析工作面推进过程中支架工作阻力演化。煤壁前方断裂、煤壁处断裂和采空区断裂三种工况中，煤壁前方断裂是最复杂工况，上湾煤矿 12401 工作面在煤壁前方断裂，本节针对这种复杂工况进行分析。

工作面向前推进，支架移架循环步距约为 0.8m。支架移架过程包括降架、移架、升架及承载多个阶段。支架升架安装是通过活柱顶升至初撑力，然后支架承载。当支架工作阻力 F 小于额定工作阻力 F_s 时，支架的工作阻力可以写为

$$F = F_0 + \Delta F \tag{6-74}$$

式中：F_0 为初撑力；ΔF 为支架本循环增阻力。

支架本循环增阻力 ΔF 是由顶板对支架作用和支架压缩引起，可以写为

$$\Delta F = K_{\mathrm{II}} \cdot \Delta s \cdot l_k \cdot W \tag{6-75}$$

式中：Δs 为本移架循环液压支架净平均下沉量，使用液压支架中心下沉量代替；l_k 为支架控顶宽度；W 为支架中心距。

当支架工作阻力 F 等于额定工作阻力 F_s 时，有

$$F = F_s \tag{6-76}$$

$$\Delta F = 0 \tag{6-77}$$

支架工作阻力计算模型如图 6-39 所示。

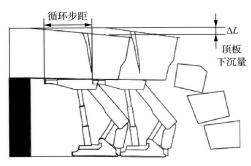

图 6-38 支架工作阻力增阻力示意图

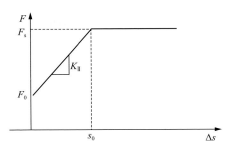

图 6-39 支架工作阻力计算模型

在工作面推进 15m 时,计算得 12401 工作面支架控顶区平均下沉量为 1.97cm,工作面推进至 16m 时,若基本顶不断裂,下沉量为 2.17cm,两者沉降差为 0.2cm,于是支架从 15m 推进至 16m 时,引起的支架增阻为 0.2/100×50×6×2.4×1000=1440kN。这是基本顶断裂前,工作面从 15m 推进至 16m 的增阻,支架工作阻力为初撑力与这一增阻量之和。

当工作面推进至 16m 时,基本顶煤壁前方断裂(如前面假设),控顶区平均下沉量为 6.68cm,与断裂前相比,下沉量差为 4.51cm,断裂后的基本顶下沉量大,引起支架显著增阻,不考虑安全阀开启,计算支架增阻达 28800kN。可见,顶板煤壁前方断裂使得顶板来压强烈,支架增阻显著,工作面开始来压。支架增阻或支架工作阻力超过了支架额定工作阻力 26000kN,必然引起安全阀开启,支架活柱发生较大压缩。实际上,顶板断裂通常是一个过程,这一过程可能持续一段时间,也并不必然引起安全阀开启,但顶板断裂引起边界条件变化,顶板矿压和支架增阻趋势也会相应发生改变。因此,顶板断裂是矿压显现和支架增阻趋势转变的关键节点。同时,顶板断裂过程是一种给定变形条件,即使支架达到支架额定工作阻力,但也未必会引起大面积压架事故。

综上所述,对于煤壁前方断裂的顶板而言,两次周期来压间隔时间内支架工作阻力演化包括三个主要阶段。

1. 缓慢增阻阶段

在工作面初始推进阶段,随着悬顶面积扩大,顶板出现缓慢下沉,支架工作阻力逐渐增加,这一阶段称为缓慢增阻阶段。这个阶段大部分时段支架工作阻力增阻较缓慢,一般不在周期来压过程中。

2. 快速增阻阶段

随着工作面继续推进,顶板发生煤壁前方断裂,这是支架增阻趋势转换的第一个节点。顶板断裂后，边界条件发生改变，顶板快速下沉，支架快速增阻，若支架工作阻力超过额定工作阻力，支架安全阀开启，在这一个过程中只要支架活柱压缩量不超过许用值，就不会发生支架压死现象。煤壁前方顶板断裂后工作面再继续推进，顶板下沉量和支架工作阻力随工作面推进快速增加。顶板断裂是支架从缓慢增阻阶段向快速增阻阶段转变的关键节点，并且越邻近煤壁前方断裂线，支架增阻越快，这一阶段称为快速增阻阶段。

这个阶段大部分时段为周期来压时段，当断裂线与工作面距离较远时，断裂顶板前方主要由煤体支撑，支架矿压显现不强烈，与断裂线越靠近，矿压显现和来压越强烈，当来压明显时则为周期来压。

3. 急增阻阶段

当工作面推进至断裂线附近，支架工作阻力急剧增长，顶板有可能沿断裂线发生切顶失稳，该阶段为急增阻阶段。在急增阻阶段，顶板稳定性取决于两种情形。第一种情形，顶板能形成铰接结构，若顶板能形成稳定的铰接结构，且支架工作阻力不超过额定值，则不会发生压架事故，即支架工作阻力与顶板结构稳定性密切相关；若顶板结构稳定性差，则覆岩载荷可能大部分作用于支架上，支架处于给定荷载状态，当支架支护强度不足，则易引起支架压死现象。第二种情形，若煤层一次采出厚度大，顶板难以形成稳定铰接结构，覆岩载荷几乎全部作用于支架上，易引发支架切顶压架灾害。

现场实测发现，工作面来压不是一个循环，而是持续一段时间，短的为几个割煤循环，长则可能几天；从持续距离来看，有的为几米，有的可能近十几米。

图 6-40 为上湾煤矿 12401 工作面支架工作阻力来压云图。从图 6-40 中可知，来压持续时间或距离占到整个来压间隔或步距的一半以上，说明该工作面顶板在

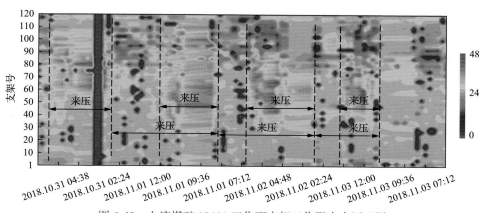

图 6-40　上湾煤矿 12401 工作面支架工作阻力来压云图

煤壁前方断裂，在顶板断裂后以及推进到断裂线后，顶板持续来压。

若顶板仅发生采空区破断，则支架工作阻力演化只有缓慢增阻阶段；若顶板发生煤壁处断裂，则支架工作阻力演化包括缓慢增阻阶段和急增阻阶段。

根据支架工作阻力演化规律，在支架工作阻力设计中，为避免工作面发生大面积切顶，设计的支架工作阻力应满足：①在缓慢增阻阶段和快速增阻阶段，支架工作阻力充足，不发生大面积安全阀开启；②在急增阻阶段，支架工作阻力充足，能够抵抗顶板垮落带覆岩自重，或者能够维持顶板结构的稳定性；③在顶板断裂过程中，支架压缩量不超过支架活柱允许压缩量。

6.4.2　浅埋煤层三区支承顶板来压特征

三区支承坚硬顶板来压特征分析以神东矿区上湾煤矿 12401 工作面为例。利用顶板分区支承承载力学模型，从液压支架整个截面进入承载状态开始计算，获得工作面推进过程中控顶区顶板累计下沉量如图 6-41 所示，顶板支架工作阻力演化如图 6-42 所示。在图 6-41 中，为了更方便说明，纵坐标为控顶区顶板累计下沉量，这一值为本移架步距控顶区下沉量与上一循环控顶区下沉量之和。图 6-41 中每一移架循环与上一移架循环的控顶区下沉量之差为本移架循环控顶区下沉量。

从图 6-41 和图 6-42 可以看出，随着工作面推进，控顶区支架下沉量和支架工作阻力演化都分为三个阶段。上一个周期来压完后，顶板煤壁前方未断裂，随着工作面推进增加，控顶区支架累计沉降小，每一移架循环控顶区顶板下沉量小，相应的支架增阻量小。从图 6-41 推进过程中控顶区顶板下沉量还可以看出，每一

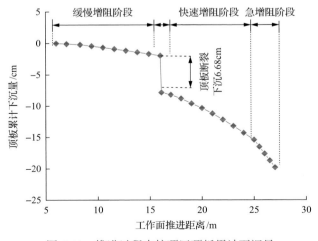

图 6-41　推进过程中控顶区顶板累计下沉量

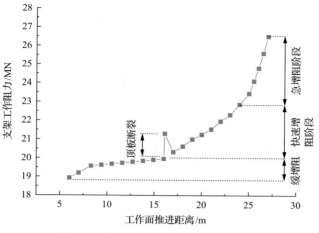

图 6-42 推进过程中支架工作阻力演化

移架循环控顶区顶板下沉量随着工作面推进略有增长，但增长幅度很小。与控顶区顶板下沉值变化趋势相对应，支架增阻量随着工作面向前推进也缓慢增长，支架工作阻力变化处于缓慢增阻阶段，如图 6-42 所示。在缓慢增阻阶段（第一阶段），支架工作阻力不超过 20000kN，安全阀不开启，支架没有压架风险。

当工作面推进至 16m 时，顶板在煤壁前方断裂，断裂后顶板在断裂线处边界条件改变，断裂顶板绕断裂线旋转和下沉，顶板下沉量剧增，支架工作阻力快速增加，顶板活动和支架增阻趋势开始转换。顶板断裂过程历时短，下沉量和速度较大，来压剧烈，支架安全阀开启。在支架恒支护力条件下，顶板剧烈下沉，本移架循环下沉量可达 6.68cm。

顶板断裂之后，工作面继续向前推进。由于顶板已于煤壁前方断裂，相比于第一阶段，顶板边界条件发生改变，工作面每一移架循环顶板下沉量明显比第一阶段大，如图 6-41 所示，支架相应的增阻率大，属于支架快速增阻阶段。从图 6-39 可以看出，这一阶段每一移架循环的下沉量和支架工作阻力随着工作面推进而增加。快邻近断裂线时，支架工作阻力可达 24743kN，但仍小于额定工作阻力，在快速增阻阶段支架安全阀不开启，支架没有压架风险。

当工作面推进至断裂线处，由于工作面采高大，顶板沿断裂线切顶下沉，顶板失稳，覆岩载荷直接作用于支架上，支架进入急增阻阶段（第三阶段）。12401 工作面垮落带最大高度为 $h_d = 6 \times 8.8 = 52.8$m，岩层载荷按 25kN/m^3 考虑，则作用于支架上的压力为 25344kN，也就是第四阶段，支架工作阻力达 25344kN，载荷不超过支架的额定工作阻力，可以认为 ZY26000/40/88D 型掩护式液压支架满足上湾煤矿 12401 工作面顶板维护要求。

需要补充说明的是，在一移架循环范围内，随着割煤和工作面推进，支架工作阻力逐渐增长，在下一循环移架开始前达到最大，这时对应的支架工作阻力为支架循环末阻力。在一移架循环内，一般情况下支架工作循环末阻力最大，也最容易引起压架灾害。很明显，支架循环末阻力是支架活柱最大压缩量对应的工作阻力。以上所涉及的顶板下沉量计算均为每移架循环的最大下沉量，因此，图 6-40 获得的支架工作阻力实际就是支架工作末阻力。

6.4.3　坚硬顶板四区支承来压特征

酸刺沟煤矿 $6^{上}105$-2 工作面属厚硬顶板，具体地质条件已在前文阐述。该工作面周期来压步距 16～27m，平均为 22m，顶板厚度在 28～41m，平均为 34m。初采期间采用深孔爆破预裂顶板，处理深度 12m。直接顶按 3m 考虑，基本顶爆破深度为 9m，于是计算中基本顶按 25m 厚考虑。煤层厚 8m，回收率 80%，采出空间高度按 6.4m 考虑，直接顶按 13.6m 考虑，顶板碎胀系数为 1.2。酸刺沟煤矿 $6^{上}105$-2 为四区支承，其中 IV 宽度为 11m。采用 ZF15000/24/45 四柱支撑掩护式支架，控顶宽度 5m，调整支架的安全阀开启压力，支架额定工作阻力 18000kN，初撑力为 12600kN，III 区宽度 6m。

酸刺沟煤矿基本顶弹性模量 20.2GPa，抗拉强度 4.5MPa，直接顶支承刚度系数 1000MPa/m，煤支承刚度系数 150MPa/m，底板支承刚度系数 700MPa/m，支架刚度 45MPa/m，于是 K_I=109.90MPa/m，K_{II}=40.6MPa/m，K_{III}=0，K_{IV}=20.3MPa/m，基本顶作用载荷为 1.74MPa。

结合酸刺沟煤矿煤层赋存特征，建立基于 I-II-III-IV 区支承的顶板承载力学分析模型，煤壁前方、煤壁处和采空区的强度降低系数分别为 0.0、0.3 和 0.5，则相应抗拉强度分别为 4.5MPa、3.15MPa 和 2.25MPa。顶板破断位置分析如图 6-43

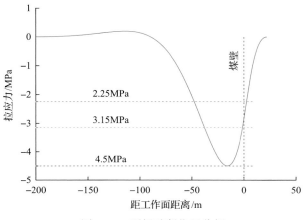

图 6-43　顶板破断位置分析

所示。从图 6-43 可以看出，基本顶在煤壁前方发生破断。

利用分区支承力学模型，计算获得酸刺沟煤矿 $6^{上}105$-2 工作面的支架工作阻力演化规律如下。随工作面推进，支架工作阻力持续增长。基本顶断裂前，液压支架在基本顶掩护下缓慢增阻，增阻率大致在 1200kN/m，最终支架工作阻力约为13800kN，小于额定工作阻力，这是支架工作阻力演化的第一阶段(缓慢增阻阶段)。当顶板煤壁前方断裂，顶板快速下沉，断裂前后顶板下沉量达 6.48cm，支架增阻到 23814kN，工作面来压。支架额定工作阻力为 18000kN，计算支架工作阻力超过支架额定工作阻力，引起支架安全阀开启；顶板断裂、支架安全阀开启是一种给定变形工况，支架变为恒支护力工作状态，这是支架工作阻力增阻趋势转化的关键节点。

基本顶在煤壁前方断裂后，顶板边界条件发生改变。工作面继续推进，支架增阻速率显著增大，临近断裂线 4m 附近，支架工作阻力已达到 18000kN，再向前推进，支架安全阀频繁开启，支架处于恒力承载状态，顶板下沉量持续增大，这是支架增阻的第二阶段(快速增阻阶段)。当工作面推进至断裂线处，顶板沿断裂线有切断失稳的趋势，顶板发生显著下沉，支架进入急增阻阶段(第三阶段)。由于顶板为四区支承，断裂顶板形成了铰接结构，这一阶段支架是否发生压架，还与这时支架、顶板形成的铰接结构的稳定性密切相关。

$6^{上}105$-2 工作面煤层综放开采，采厚 6.4m，于是 $\chi=5$，$\xi=1.5$(χ 为经验系数，指顶板垮落范围；ξ 为顶板损伤影响系数)，则垮落顶板高度约 48m，随动载荷为1.2MPa。利用 6.3.3 节的顶板稳定性分析方法，获得顶板抗滑落失稳临界支护强度如图 6-44 所示。从图 6-44 可以看出，当摩擦系数为 0.3 时，抗滑落失稳临界支护强度为 2.68MPa；当摩擦系数为 0.5 时，抗滑落失稳临界支护强度为 2.51MPa。ZF15000/24/45 支架的额定支护强度为 1.4MPa，断裂顶板不能维持稳定，这种条件

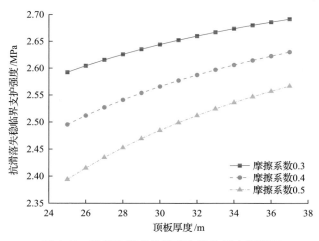

图 6-44　酸刺沟煤矿抗滑落失稳临界支护强度

下由支架支承上覆垮落载荷自重，作用于支架的压力可达 23100kN，计算覆岩自重载荷超过支架额定工作阻力，易于发生大面积压架事故。

在工程实践中，酸刺沟煤矿 $6^{上}$105-2 工作面使用 ZF15000/24/45 支架。表 6-4 为 3 月 15 日至 4 月 15 日一个月内工作面顶板灾害发生及损坏情况。从工程实践可以看出，酸刺沟煤矿 $6^{上}$105-2 工作面推进过程中多次发生压架事故，这与预测结果一致。

表 6-4 酸刺沟煤矿 $6^{上}$105-2 工作面压架情况统计（部分）

日期	推进距离/m	来压情况	来压步距/m	支架损坏
03.18	81	80～120 号支架来压		是
03.22	81	有飓风		
04.02	96	整面来压	96	是
04.07	112.3	70～130 号支架	16.3	是
04.08	120.1	来压	15.8	是
04.11	134.7	70～100 号支架机尾	22.4	是
04.14	155	来压	20.3	是

图 6-45 给出了酸刺沟煤矿 $6^{上}$105-2 工作面在 10 月 19 日～10 月 25 日顶板断裂过程中工作面推进时 100 号支架工作阻力动态变化曲线。从图中可知，工作面推进过程中，支架工作阻力演化呈现缓慢增阻、快速增阻和急增阻三个阶段。顶板断裂是缓慢增阻和快速增阻两个阶段之间的转换节点，图 6-46 是图 6-45 中的一部分曲线，图 6-46 为顶板断裂前后的支架工作阻力，从图中可知，缓慢增阻一段时间后，支架立柱压力突然从 11.2MPa 增阻到 45.2MPa，推测顶板发生断裂，

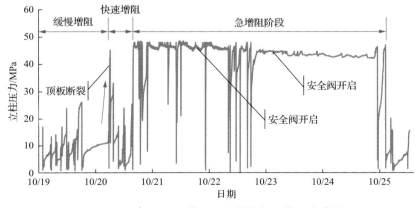

图 6-45 $6^{上}$105-2 工作面 100 号支架工作阻力曲线

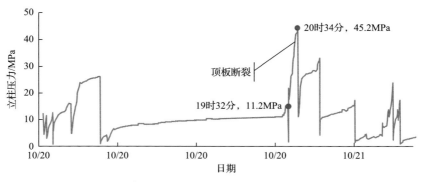

图 6-46　6^{上}105-2 工作面断裂时 100 号支架工作阻力

支架工作阻力开始急增阻。依据分区支承顶板承载理论将煤壁前方断裂顶板的矿压演化简化为三个阶段是合理的。

在缓慢增阻阶段，支架工作阻力小，安全阀一般不开启。在顶板断裂时，顶板下沉量大，支架压缩量大，支架工作阻力大，即使发生安全阀开启，但通常不发生压架事故。顶板断裂是支架增阻趋势发生变化的关键节点，在顶板断裂阶段之后，支架增阻率变大，靠近前方断裂线时，支架安全阀频繁开启，在断裂线附近进入急增阻阶段，引起顶板失稳和压架事故，这些规律均与预测结果基本吻合。

6.4.4　非坚硬顶板二区支承来压特征

崔木煤矿 302 工作面的煤层条件已在第 2 章详述。煤层弹性模量为 1GPa，支承刚度系数为 120MPa/m，单轴抗压强度为 15.3MPa，抗拉强度为 1.0MPa；直接顶板为泥岩和粉砂岩互层，厚度为 13m，弹性模量为 8GPa，支承刚度系数为 600MPa/m；基本顶为泥岩和粉砂岩互层，厚度为 14m，弹性模量为 12GPa，单轴抗压强度为 32.3MPa，抗拉强度为 1.8MPa。采用 ZYF10500/21/38 综放支架，额定工作阻力为 10500kN，支架刚度为 30MPa/m，支护强度为 1.13MPa，支架中心距为 1.75m，控顶宽度为 5m，煤层顶板软弱，顶板随采随垮，周期垮落步距可以视作 5m。工作面实测回收率为 80%，采出煤层厚度 h_c 为 8m，直接顶厚 13m，考虑还有 1～2m 的遗煤也填充于采空区，h_z 取值 14m。

崔木煤矿 302 工作面顶板软弱，随采随垮，采用 Ⅰ-Ⅱ 二区支承体系进行研究。经计算崔木煤矿 3-1 煤层基本顶作用载荷为 3.92MPa，这明显大于 Ⅰ-Ⅱ-Ⅳ 区和 Ⅰ-Ⅱ-Ⅲ-Ⅳ 区的情况。这主要是由于顶板强度低，没有承载岩层，工作面覆岩破坏和运动幅度大，从而作用于顶板的矿山压力也大。

取煤壁处和煤壁后方顶板强度降低系数分别为 0.3 和 0.5，计算工作面推进过程中拉应力分布，结果如图 6-47 所示。从图 6-47 可以看出，顶板拉应力在煤壁前方先达到抗拉强度，顶板发生煤壁前方断裂。

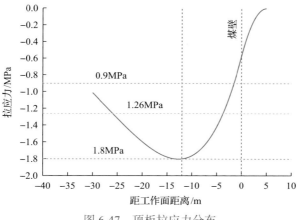

图 6-47　顶板拉应力分布

崔木煤矿 302 工作面顶板软弱，随采随垮，顶板为Ⅰ-Ⅱ区支承承载，顶板破断和支架工作阻力演化主要包括两种情形。

第一种情形，顶板于煤壁前方断裂。断裂基本顶绕断裂线回转，其下沉量明显增大，支架工作阻力也显著增长。图 6-48 为煤壁前方断裂基本顶下沉量曲线，相比于断裂前工作面控顶区支架活柱压缩量增长 3.18cm，则支架工作阻力增阻 8348kN，支架工作阻力达到 15698kN，超出了支架额定工作阻力，于是支架安全阀开启，支架工作阻力达到额定支架工作阻力 10500kN，在这一循环中顶板下沉量可达 4.98cm。这是一种给定变形的工作状态，虽然支架安全阀开启，但一般不会引起压架灾害。顶板断裂是支架增阻趋势转变的节点，顶板断裂后，工作面继

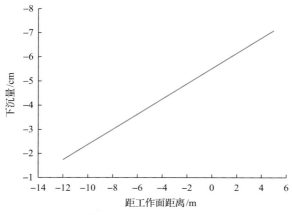

图 6-48　煤壁前方断裂基本顶下沉量曲线

续向前推进，支架进入快速增阻阶段，在向前推进过程中支架安全阀频繁开启（顶板在煤壁前方 12.5m 断裂）。

第二种情形，当支架推进至断裂线处，支架承受上覆覆岩载荷作用。崔木煤矿 302 工作面为放顶煤开采，由于顶板推进至断裂线位置过程中，支架安全阀频繁开启，则 $\xi=1.5$，$\chi=5$，垮落带高度为 60m，该范围内的覆岩载荷都直接作用于支架上，支架处于急增阻阶段，支架工作阻力可达 13125kN，这种条件下的支架安全阀开启是一种给定载荷工况，可能引发大面积压架事故。为了避免压架事故，应提高支架额定工作阻力，一方面避免支架推进过程中频繁发生安全阀开启，另一方面也提高支架承载上覆垮落岩体的能力。

总体来看，崔木煤矿 302 工作面顶板强度低，基本顶承受的覆岩载荷大，形成原岩支承区和支架控顶区二元支承结构。随着工作面推进，顶板随采随跨，顶板有可能在采空区或煤壁前方断裂。随着工作面推进，若顶板在采空区断裂，工作面支架处于悬臂顶板掩护之下，工作面不易出现切顶压架事故。若顶板于煤壁前方断裂，支架进入快速增阻阶段，支架安全阀频繁开启。当工作面推进至断裂线附近，顶板易沿断裂线切顶失稳，支架出现急增阻，易于发生大面积压架事故。进一步提高支架额定工作阻力，是有效避免大面积压架事故的重要措施。

崔木煤矿 302 工作面在开采过程中，多次发生大面积切顶压架事故，验证了预测结果的合理性。在相邻工作面 303 工作面开采过程中，吸收 302 工作面计算成果建议，支架额定工作阻力提升至 15000kN 以上，在 303 工作面开采过程中，有效避免了安全阀频繁开启，基本没有发生切顶压架灾害，这也进一步验证了预测结果的合理性。

从图 6-49 可以看出，基本顶变形能密度小，煤壁前方临界破断前变形能仅为 0.0143MJ。

图 6-50 为 I-II 区支承支架工作阻力演化三种情形的简化曲线。从图 6-50 可

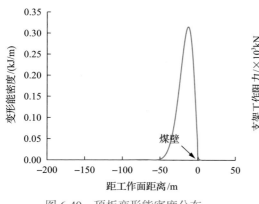

图 6-49　顶板变形能密度分布

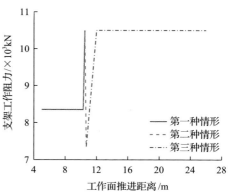

图 6-50　工作面推进计算支架工作阻力

以看出，Ⅰ-Ⅱ区支承顶板支架压力演化的第一种情形就是前面所提及的缓慢增阻阶段，第二种情形就是顶板断裂过程，第三种情形就是快速增阻和急增阻阶段。在第三种情形条件下，支架工作阻力大，若支架工作阻力不足，支架处于安全阀开启状态，若顶板失稳，容易引发压架事故。总体上，崔木煤矿顶板压力大，支架工作阻力大，顶板积聚变形能小，顶板灾害主要为大面积切顶压架灾害。

参 考 文 献

[1] Board M. Analysis of ground support methods at the Kristinederg Mine in Sweden[C]//Proc. 16th Canadian Rock Mechanics Symposium and the International symposium on Rock support, Sudbury, Canada, Rotterdam: Balkema, 1992: 499-506.

[2] Adler L, Sun M. Ground Control in Bedded Formations[M]. Blacksburg: Virginia Polytechnic Institute. 1968.

[3] Wilson A H. Keynote address: the problems of strong roof beds and water bearing strata in the control of longwall faces[C]//Ground Movement and Control Related to Coal Mining Symposium, AUSIMM, University of Nottingham. 1986: 1-8.

[4] 史红, 姜福兴. 采场上覆岩层结构理论及其新进展[J]. 山东科技大学学报(自然科学版), 2005, 24(1): 21-24.

[5] 宋振骐. 实用矿山压力控制[M]. 徐州: 中国矿业大学出版社, 1988.

[6] 钱鸣高, 石平五. 矿山压力与岩层控制[M]. 徐州: 中国矿业大学出版社, 2003.

[7] 钱鸣高, 缪协兴, 许家林, 等. 岩层控制的关键层理论[M]. 徐州: 中国矿业大学出版社, 2003.

[8] 史元伟. 采煤工作面围岩控制原理和技术[M]. 徐州: 中国矿业大学出版社, 2003.

[9] 康立军. 缓倾斜特厚煤层放顶煤采煤法煤岩破断规律和支架-顶煤相互作用关系研究[D]. 北京: 煤科总院北京开采所, 1990.

[10] 邓广哲. 放顶煤采场上覆岩层运动和破坏规律研究[J]. 矿山压力与顶板管理, 1994, 2: 23-42.

[11] 闫少宏. 特厚煤层大采高综放开采支架外载的理论研究[J]. 煤炭学报, 2009, 34(5): 590-593.

[12] 陆明心, 郝海金, 吴健. 综放开采上位岩层的平衡结构及其对采场矿压显现的影响[J]. 煤炭学报, 2002, 27(6): 591-595.

[13] 贾喜荣, 翟英达, 杨双锁. 放顶煤工作面顶板岩层结构及顶板来压计算[J]. 煤炭学报, 1998, 23(4): 366-370.

[14] 黄汉富. 薄基岩综放采场覆岩结构运动与控制研究[D]. 徐州: 中国矿业大学, 2012.

[15] 查文华, 华心祝, 王家臣, 等. 深埋特厚煤层大采高综放工作面覆岩运动规律及支架选型研究[J]. 中国安全生产科学技术, 2014, 10(8): 75-80.

[16] 弓培林, 靳钟铭. 大采高采场覆岩结构特征及运动规律研究[J]. 煤炭学报, 2004, (1): 7-11.

[17] 吴锋锋. 厚煤层大采高综采采场覆岩破断失稳规律及控制研究[D]. 徐州: 中国矿业大学, 2014.

[18] 梁运培, 李波, 袁永, 等. 大采高综采采场关键层运动型式及对工作面矿压的影响[J]. 煤炭学报, 2017, 42(6): 1380-1391.

[19] 杨俊哲, 胡博文, 王振荣. 8.8m 大采高工作面覆岩三带分布特征及分层沉降研究[J]. 煤炭科学技术, 2020, 48(6): 42-48.

[20] Shen W L, Bai J B, Wang X Y, et al. Response and control technology for entry loaded by mining abutment stress of a thick hard roof[J]. International Journal of Rock Mechanics and Mining Sciences, 2016, 90: 26-34.

[21] 张云峰, 李伟豪. 浅埋近距离采空区下综放开采覆岩运动规律研究[J]. 煤炭技术, 2016, 35(2): 10-12.

[22] Zhao Y H, Wang S R, Zou Z S, et al. Instability characteristics of the cracked roof rock beam under shallow mining conditions[J]. International Journal of Mining Science and Technology, 2018, 28: 437-444.

[23] 徐刚, 张春会, 蔺星宇, 等. 基于分区支承力学模型的大采高综采顶板矿压演化与压架预测[J]. 煤炭学报, 2022, 47(10): 1743-1749.

[24] 徐刚, 范志忠, 张春会, 等. 宏观顶板活动支架增阻类型与预测模型研究[J]. 煤炭学报, 2021, 46(11): 3397-3407.

[25] 宁静, 徐刚, 张春会, 等. 综放工作面多区支撑顶板的力学模型及破断特征[J]. 煤炭学报, 2020, 45(10): 3418-3426.

[26] 徐刚, 张春会, 张振金. 综放工作面顶板缓慢活动支架增阻预测模型[J]. 煤炭学报, 2020, 45(11): 3678-3687.

[27] 龙驭球. 弹性地基梁的计算[M]. 北京: 人民教育出版社, 1981.

第7章　工作面顶板灾害近远场监测预警技术

本章介绍国内矿压监测技术现状，针对常规矿压监测系统存在的功能单一、精度低、预测预警功能不完善等难题，介绍工作面近场 KJ21 顶板灾害监测预警系统，该系统拥有工作面矿压、顶板离层、锚杆锚索支护应力、煤体超前支承压力等多个子模块，能通过多参量监测来精确感知工作面顶板状况；针对远场覆岩断裂监测，介绍 KJ1160 矿用微震监测系统及其井上下联合监测架构和台网空间优化方法，该系统解决了单纯井下微震监测存在的震源定位误差大、监测精度低等难题；基于近远场协同监测，实现了工作面顶板灾害多元异构数据的融合分析与预警。

7.1　国内矿压监测技术现状

对顶板活动和矿压显现实现有效的监测预警是预防顶板灾害事故发生的重要手段，工作面顶板灾害监测内容主要包括井下采掘活动形成的近场围岩变形、位移、应力环境、支护体受力以及远场的覆岩运移、破断能量和断裂位置等。对于回采工作面而言，主要采用顶板灾害监测预警系统监测近场支架工作阻力、顶板下沉量、煤体应力等，采用微震监测系统监测工作面远场上覆岩层顶板断裂位置和能量大小。

7.1.1　顶板灾害监测预警系统的发展

顶板灾害监测主要是矿压的监测[1,2]，矿压观测仪器的发展阶段为 20 世纪 50～70 年代。1949 年后，国民经济的恢复和发展要求大力发展采矿工业，为配合采煤方法改革，进行了采场矿山压力观测和煤层巷道围岩应力及变形的矿压观测。在此期间，矿压观测仪器较为简单，精度较低，基本为人工记录和人工处理数据。比如测顶底板相对移近量和移近速度的 DDJ 型测杆。我国初期开发研制的顶板动态仪虽然灵敏可靠，精度较高，但无自记的功能。测量支架工作阻力的机械式测力计也可归入此类。对于液压支架，测压用圆图压力自记仪和立柱下缩自记仪虽然能自记，但不连续，需人工换纸、人工预处理及再处理数据，故它们并非现代严格意义上的具有自记功能，巷道矿压观测仪器基本上与此相仿，无太大差别。

这一时期矿压观测仪器的特点是观测仪器多属机械式机构，用途单一，人工操作，大多无自动功能，未实现连续记录观测，仪器笨重。从而使观测仪器使用时费工费时费力，顶板动态来压的预测预报严重滞后于实际生产过程，这就大大降低了矿压研究的准确性和适时性，影响了矿压研究对生产的指导作用和在现场的推广使用。造成矿压研究的观测方法只能在小范围试点性地作科研课题研究之用，无法应用到日常的顶板管理工作中去，不能为生产管理提供决策依据。

从 20 世纪 80 年代初到 90 年代初，是矿压研究观测仪器研制的第二发展阶段。80 年代以来，传感器技术、电子技术和单片微机技术在矿压观测仪器开发中逐渐得到了广泛的应用，这期间开发的矿压仪器种类繁多，已实现系列化，生产厂家亦迅速增多，几乎遍布全国，同时大部分矿压观测仪器采用单片机技术采集数据并进行数据的预处理，实现了数显化，极大地方便了观测工作。这些仪器由于采用传感器和单片机技术，故而测量精度和灵敏度都大为提高。我国研制的 DDC-2 型顶板动态遥测仪、DK-2 型矿压遥测仪是该时期具有代表性的矿压观测仪表，并彻底革新了以往人工测取数据、人工处理数据的方式，使得顶板动态的来压监测基本实现了适时监测。

90 年代初至今，可以作为矿压观测仪器研制的现代发展阶段，不过此阶段还在不断延续，并没有结束。此阶段研制出的矿压观测仪器具有更加灵敏、准确、误差小、可靠、易用，并满足适时监控要求的特点。这种新型矿压监测仪器的研制成功为煤矿采场矿压控制研究奠定了坚实的基础，促进了矿压理论研究与应用的不断深化和发展完善[3,4]。

目前，我国具有一定实力的生产矿压监测系统厂家有 10 余家，生产的矿压监测系统具备的功能主要是监测应力和位移，见表 7-1。

表 7-1　国内具有代表性的矿压监测系统及生产厂家

序号	厂家	系统型号	含有产品
1	天地科技股份有限公司开采设计事业部	KJ21、CDW-60 矿压检测系统	CDW-60 支架压力记录仪、KSE-Ⅱ系列传感器、锚杆(索)测力计等
2	山东尤洛卡自动化装备股份有限公司	KJ216A、KJ216B 煤矿顶板动态监测系统	锚杆(索)测力计、顶板移近量动态报警仪、压力检测仪、围岩应力传感器
3	山东思科赛德矿业安全工程有限公司	KJ24 煤矿顶板与冲击地压监测系统	支架压力、围岩应力、顶板离层、锚杆/索载荷应力、巷道形变传感器
4	西安西科测控设备有限责任公司	KJ110 矿井安全生产监控系统	位移、压力、动态传感器
5	山西巨安电子技术有限公司	KJ232 矿井顶板状态连续监测与分析系统	顶板位移传感器 GCY500
6	中国矿业大学(北京)	KJ395 矿山位移监测系统	位移监测仪 GWG200
7	北京泰瑞金星仪器有限公司	KJ327 矿山压力监测系统	压力、离层位移传感器

续表

序号	厂家	系统型号	含有产品
8	山东科大中天电子有限公司	KJ385 矿山压力监测系统	液压支架测力仪 YHY-60、压力传感器 KJ385-G
9	泰安市国华科技机电设备有限公司	KJ377 煤矿安全监控系统	位移监测仪、支架压力传感器
10	晋城宏圣科矿用材料有限公司	KJ132 总线式顶板离层监测系统	位移传感器 KGE33
11	济南科泰测控技术有限公司	KJ345 矿用液压支架压力倾角监测系统	离层传感器、倾角传感器

7.1.2 微震监测系统的发展

人们在长期的采矿及地下岩土工程实践中发现，围岩在破坏过程中总是伴随各类波的传播现象。这主要是由于在较高的应力水平，特别是在采动影响下，岩石发生破坏或原有的地质缺陷被激活产生错动，能量以振动波的形式释放并传播出去。在岩土工程中，围岩结构破坏或某些地质缺陷活动时产生的声发射能量等级较大，故一般称为微地震，简称微震 (microseismic, MS)。

由于微地震是岩石材料变形、裂纹开裂及扩展过程的伴生现象，与围岩结构的力学行为有着密切相关性，因而信号中包含了大量的关于围岩受力破坏以及地质缺陷活化过程的有用信息，可用精密的仪器检测、分析，以此推断岩石材料的力学行为，估测岩土结构是否发生破坏。

美国矿业局在 20 世纪 40 年代就开始提出应用微地震法探测给地下矿井造成严重危害的冲击地压，但由于所需仪器价格昂贵且精度不高、监测结果不明显而未能引起人们的足够重视和推广。近几十年来，地球物理学的进展，特别是数字化地震监测技术的应用，为小范围内的、信号较微弱的微地震研究提供了必要的技术基础，使得微震监测的研究取得了长足的跨越式发展[5]。

在国外，微震监测技术已成为采矿安全管理的一个有机组成部分，如南非、美国、加拿大、俄罗斯和澳大利亚等国的深井矿山。由于微震监测系统监测范围可大可小，且具有较高的定位精度，已成为矿山开采诱发动力灾害监测的主要技术手段[6]。

我国 1984 年从波兰引进 SYLOK 微震监测系统和 SAK 地音监测系统，并应用于北京门头沟矿、枣庄陶庄矿等生产矿井冲击地压监测。1986 年，在煤炭科学研究总院北京开采所的主持下，我国开始了对 SYLOK、SAK 系统的国产化改造，并于 1990 年研制成功 WDJ-1 微震定位系统和 DJ-1 地音监测系统。北京、徐州等有关煤矿试图应用地震监测系统监测煤矿冲击地压，尽管取得了一定的成果，但没有取得满意的效果。

长沙矿山研究院研制开发的 STL-12 型微震监测系统用于湖南锡矿山矿务局

南矿井下开采岩体的稳定性监测，并在国家"九五"科技攻关项目——铜陵冬瓜山千米深井开采的岩爆监测中得到应用[7]。

加拿大开发了 ADASLS 系统，它能够识别波的类型（P、S 波和噪声），并且可以确定出微地震位置及其可信度。现在美国和加拿大广泛采用 ADASLS，用于监测预报可能发生冒顶的地段及其发生的时间。俄罗斯研制了类似的地震声学监测仪器，如 SDAE8 型。澳大利亚联邦科学与工业研究组织（Commonwealth Scientific and Industrial Research Organisation, CSIRO）研制了 Siroseis 系统，用于微地震的监测和定位，取得了比较满意的效果。波兰在 SYLOK 系统基础上进行升级改造，形成了 ARAMIS M/E 微震监测系统和 SOS 微震监测系统[8]，目前这两套产自波兰的微震监测系统在我国冲击地压矿井占据了相当大的份额。

国内微震监测系统的研究起步较晚，先后出现了北京安科兴业的 KJ551 微震系统，淮南万泰的 KJ648 微震监测系统，中煤科工集团西安研究院有限公司的 KJ959 微震监测系统等国产微震监测系统，在煤矿现场取得了一些成功应用。

7.1.3 国内矿压监测系统存在的问题

1. 矿压监测系统存在的问题

1）遗漏关键数据，如初撑力、末阻力等关键数据

目前矿压监测系统循检时间较长，大多数循检时间在分钟级，有的长达 10min，而支架动作过程（降、移、升）为 10～40s，遗漏了初撑力、末阻力、动载冲击等关键信息，造成关键信息无法识别或识别错误。图 7-1 为由于巡检时间较长导致遗漏初撑力示意图，由图可知，由于循检时间较长，无法记录关键数据——初撑力，从而导致后续分析和识别错误，或无法实现数据的准确分析。

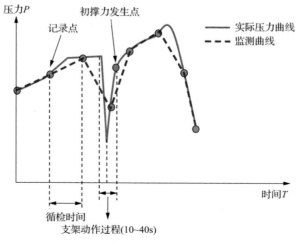

图 7-1 支架初撑力遗漏原理示意图

2）无法实现分析支架的循环起止时间、初撑力、末阻力

分析支架动作循环、支架初撑力、末阻力是分析工作面顶板来压强度、预防顶板灾害的基础，大多数监测系统无法从支架 F-T 曲线规律中自动识别相关信息。

3）无分析功能或功能不完善

顶板灾害监测系统与其他安全监测系统有很大区别，如瓦斯监测系统，任何地质条件的工作面只要瓦斯浓度超过 1%，就需要设备闭锁以及人员撤离。而矿压监测系统监测到某个压力时，在不同地质条件下表现不同，这需要根据具体的地质条件具体分析才能有效指导矿井生产，而大多数监测系统只具备数据展示和初步分析功能，无法实现矿压数据自动分析和预警。

4）缺乏海量数据分析和对比

海量的矿压监测大数据是实现数据挖掘和深度学习的基础，目前对于顶板灾害预测预警技术的研究还多是基于单一矿井、单一条件，甚至单一手段下的有限矿压信息，数据规模偏小，监测系统之间信息资源融合共享的条件尚不具备[9]。

2. 微震监测系统存在的问题

1）震源定位精度无法满足顶板灾害的监测要求

国内微震监测系统仅在井下布置传感器，由于无法拉开传感器在垂直方向上的距离，导致定位算法无法收敛，造成在垂直方向上（Z 向）定位精度较差，特别是在近水平和单一煤层工作面[10]。

2）顶板破裂场与压力场暂无法实现耦合分析

目前无法建立微震监测数据与压力监测数据之间的必然联系，因此在数据分析上，无法掌握顶板断裂与应力变化的关系。

3）微震监测数据的深度挖掘不够

目前微震监测数据仅仅对能量和频次进行初步分析，应对微震数据内部蕴含的丰富震源信息进行深度挖掘，如震源机制等，以及对破裂形态、破裂长度和裂缝角度进行研究和分析。

7.2　工作面近场顶板灾害监测预警系统

根据目前顶板灾害监测系统存在的问题，作者团队进行了针对性的开发，主要包括以下几个方面。

（1）采用"定时定值"数据采样模式，减少数据冗余，又可达到准确反映顶板压力变化，且不遗漏关键数据。

（2）研究各种识别算法模型，如初撑力、末阻力识别、安全阀开启识别、立柱不保压识别、支架不平衡算法、来压步距算法等，以实现矿压关键数据自动快速计算和识取，并以此为基础研究工作面来压预警和支架工况评价。

（3）软件系统为模块化设计，采用"煤矿—集团—云平台"三级架构，根据不同需求和系统容量采用不同的模块。

（4）系统软件能够自动分析初撑力、末阻力，自动生成矿压报表及报告，通过网络，数据可实时传输到远程监控平台及大数据云平台，进行显示、存储、报警及分析。

7.2.1 系统总体架构

针对煤矿井下矿压监测数据来源分散、种类繁多、数据量庞大的特点，工作面矿压监测预警平台[11]集成了各类传感器采集数据或电液控制系统压力数据，构建了矿压多源异构数据库，实现了矿压数据的统一存储和管理。本书作者团队利用在工作面顶板灾害防治和矿压数据分析中积累的经验，研发工作面矿压监测预警平台时充分利用矿压理论并结合现场实际需求，开发了工作面顶板来压、支架工况自动分析及预测预警算法，充分发挥了矿压大数据的内在价值，实现了采煤工作面矿压及设备工况的实时监测与预警[3]，系统总体架构如图 7-2 所示。

为了提高浏览查看的便捷性，矿压大数据云平台采用 B/S（Browser/Server）模式进行开发，在云平台完成部署后，用户计算机无须安装客户端程序，只需在 Internet 条件下通过浏览器输入 URL 地址，登录验证成功后即可浏览。为了提高开发效率和降低维护难度，云平台采用前后端分离的思路进行开发，其中前端采用 Html5+vue.js 开发，实现跨平台、跨浏览器、多分辨率下的布局自适应适配；后台接口程序采用 Java 开发，安全性较高，跨平台可移植，便于各煤矿和云平台不同操作系统的部署。由于云平台部署的操作系统需要同时支持 Windows 和 CentOS，平台海量数据选择 MySQL 数据库作为分布式存储，具备跨平台支持好、性能卓越、服务稳定、易于维护等优点。

7.2.2 核心传感器及各子系统开发

顶板灾害监测预警系统的硬件主要是指设备层的各类组件，主要包括监测分站和传感器。

1. 支架压力传感器

顶板灾害监测预警系统最重要的作用是监测各类应力，要求传感器精度高、可靠性好、不漂移、价格适中。最后确定选用薄膜应变式传感器，其工作性能稳定，长期测量不漂移、不失真，适合煤矿井下恶劣环境使用。该传感器是在 10 级

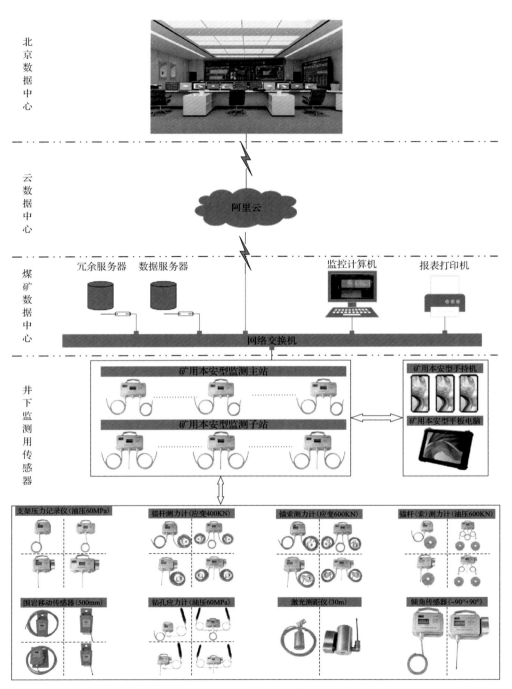

图 7-2　KJ21 顶板灾害监测预警系统总体架构

超洁净空间(高真空度)中，利用离子束溅射技术，将绝缘材料、电阻材料、焊接材料以分子形式淀积在弹性不锈钢膜片上，形成分子键合的绝缘薄膜、电阻材料薄膜及焊接金属薄膜，并与弹性不锈钢膜片融合为一体。再经过光刻、调阻、温度补偿等工序，在弹性不锈钢膜片表面上形成牢固而稳定的惠斯顿电桥。

这种传感器制作工艺区别于传统的贴片式工艺，具有以下显著特点。

(1)薄膜技术代替粘贴传感器中的粘贴工艺，消除胶的影响，无蠕变、抗老化。

(2)长寿命、高可靠、高稳定性，每年的精度变化量低于满量程的0.1%。

(3)抗振动、冲击，耐腐蚀全不锈钢结构。

(4)产品体积小，功耗低，响应速度快。

(5)温度漂移小，由于取消了测量元件中的中介液，因而传感器不仅获得了很高的测量精度，且受温度的影响小。

支架压力传感器参数如下。

传感器容量：内置1～2台压力传感器。

量程：0～60MPa。

精度：≤1.5%F·S。

分辨率：0.01MPa。

通信方式：CAN总线。

传输速率：1200～9600bps。

通信距离：15km。

显示方式：SMS0408液晶，循环显示工作阻力。

防爆形式：本安型。

支架压力传感器按通道数量分为单通道和双通道两种，单通道可用于单体液压支柱、液压支架单立柱或者平衡千斤顶等压力监测；双通道一般用于液压支架立柱压力监测，传感器和监测立柱通过液压胶管进行连接。支架压力监测数据为模拟量，可通过有线和无线的方式传输至监测分站，实现实时在线稳定传输(图7-3)。

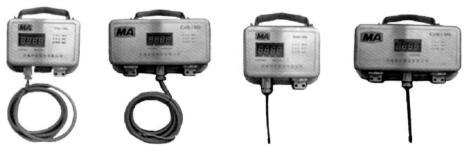

图7-3　有线/无线支架压力传感器实物图

2. 巷道顶板离层监测子系统

GUW300 型矿用围岩移动传感器是位移传感器，主要用于煤矿巷道或工作面顶板下沉量等的监测和报警，也可用于涵洞或其他地下工程的顶板下沉量监测。传感器采用本质安全电路设计，可用于井下含有瓦斯等爆炸性气体的危险场所。

传感器采用直线位移测量方法测量顶板下沉量。煤矿顶板下沉是一个比较缓慢的变化过程，单位时间位移量较小，测量仪器需要有较高的分辨率。传感器采用了一个位移-电压转换装置，当物体发生位移变化时，带动钢丝绳拉长或缩短，位移传感器内部一个通有恒定电流的电位器，当电阻值发生变化，将其转换为电信号，由单片机组成的数据处理电路完成数据转换、显示和报警功能。传感器由传感器主体、钢丝绳、测量电缆接头、安装固定底板四个部分组成。每个离层传感器配置了两个基点(深基点 A，浅基点 B)，基点的安装深度根据顶板地质条件和选择的支护方式确定。

传感器参数和功能如下。

供电电压：DC12V。

工作电流：≤40mA。

传感器设有指示灯，当位移量超过设定值时，指示灯颜色变化。

预警值：100mm，黄色。

报警值：200mm，红色。

测量量程：0～300mm。

测量精度：±2mm。

分辨率：1mm。

巷道顶板离层传感器实物如图 7-4 所示，根据煤矿现场应用一般分为两基点位移和四基点位移两种，分别监测巷道顶板一个钻孔内两个/四个不同安装深度的顶板下沉量，拉绳锚爪的锚杆顺序为从深到浅。巷道顶板离层传感器监测数据为

图 7-4　有线/无线巷道顶板离层传感器实物图

模拟量，可通过有线和无线的方式传输至监测分站，实现实时在线稳定传输。安装完巷道顶板离层传感器后，需要通过手持终端或者地面监测主机专用软件对传感器进行清零操作。

3. 巷道锚杆、锚索支护受力监测子系统

KSE-Ⅱ-4 型锚杆(索)测力计在 KJ21 顶板灾害监测预警系统中与矿用本安型监测分站连接，用于煤矿井下巷道支护锚杆(索)张拉力的测量。锚杆或锚索(单束)的轴向张拉力通过锚具作用于压力枕刚性外传力板上，进而转变为压力枕的液体压力，该压力信号经过单片机处理后，换算成被测锚杆或锚索张拉力值。传感器由传力板、压力枕、导压管、控制电路和电缆等组成。

巷道锚杆、锚索支护应力监测子系统参数和功能如下。

测量精度：2% F·S。

与分站传输距离≤100m。

量程：0～100kN。

锚杆(索)测力计实物如图 7-5 所示，图中前两个为锚杆测力计，机械部分采用压力枕；后两个为锚索测力计，采用双通道设计，可以同时监测两路锚索受力，锚索机械部分和传感器部分根据需求采用不同长度的通信电缆进行连接。锚杆(索)监测数据均为模拟量，可通过有线和无线的方式传输至监测分站，实现实时在线稳定传输。

(a) 锚杆测力计　　　　　　　　　(b) 锚索测力计

图 7-5　有线/无线巷道锚杆(索)受力传感器实物图

4. 煤体应力监测子系统

KSE-Ⅱ-1 型钻孔应力计在 KJ21 顶板灾害监测预警系统内，可以与 KJ21-F1 矿用本安型监测分站连接，测量煤矿井下煤岩体内相对应力，监测采动应力场的变化。传感器的压力枕采用充油膨胀的特殊结构。煤体应力监测子系统参数如下。

测量精度：2% F·S。

与分站传输距离≤100m。

量程：0～30MPa。

钻孔直径：48～50mm。

钻孔应力计根据通道数量可分为单通道和双通道，每个通道根据布置方案不同采用不同长度的油管和压力枕进行连接，一般双通道分为浅层和深层。监测数据为模拟量，可通过有线和无线的方式传输至监测分站，实现实时在线稳定传输。钻孔应力计实物如图 7-6 所示。

图 7-6　有线/无线钻孔应力计实物图

5. 巷道两帮变形监测子系统

GUJ30 型矿用本安型激光测距传感器，基于激光测距原理，可实时在线监测顶底板移近量数据，克服了激光测距模块功耗大的缺点，有效解决了传感器在现有系统中的远距离供电及传输问题，同时避免了机械式测量仪器给巷道通行带来的不便。

激光测距的基本原理就是先将激光信号发送出去，经过光学系统后到达目标物，由接收模块接收来自目标物的反射激光回波信号，经过信号处理进入检测系统，最后获得待测物的距离信息。

在 KJ21 顶板灾害监测预警系统内，GUJ30 型矿用本安型激光测距传感器可以与 KJ21-F1 矿用本安型监测分站连接，测量煤矿巷道两帮移近变化量。选取M88 模块作为激光测距传感器的传感。巷道两帮变形监测子系统参数如下。

供电电压：DC 7V-36V。

平均电流：有线＜20ma@12V。

量程：32m。

分辨率：1mm。

通信方式：CAN/433MHz（mesh）。

通信速率：2500bps/9600bps。

通信距离：5km（有线）/100m（无线）。

考虑现场安装需求，采用圆柱形桶装结构、上下端盖安装设计，通过安装底座固定在巷道两帮。监测数据为模拟量，可通过有线和无线的方式传输至监测分站，实现实时在线稳定传输。巷道两帮激光测距传感器实物如图 7-7 所示。

图 7-7　有线/无线巷道两帮激光测距传感器

7.2.3　多源异构数据采集协议开发

顶板矿压监测预警系统通过开发多源异构矿压数据采集系统，实现煤矿各主流矿压监测系统实时及历史监测数据的稳定传输，包括常规矿压监测系统和电液控制系统的监测数据。

其中常规矿压监测系统主要包括：天地科技 KJ21 型顶板监测系统、尤洛卡 KJ216 型煤矿顶板动态监测系统、思科赛德 KJ24 型煤矿顶板与冲击地压监测系统、重庆煤科院 KJ693 型矿压监测系统、克锐森 KJ440 煤矿顶板压力监测系统等。

电液控制系统主要包括天地玛珂、德国玛珂、郑煤机、合智余、EEP、华光等厂家，电液控系统主要监测工作面支架压力、立柱伸缩量、推移行程、煤机位置、护帮力以及综采工况设备的电流及运行状态等参数。

多源异构矿压数据采集系统针对不同矿压监测系统采用不同的数据采集接口实现数据的采集，涵盖了文本、ftp、OPC、Modbus、WebServices、MQTT、SQL Server、MySQL 等多种传输协议。

各主流矿压监测系统数据采集协议见表 7-2。

表 7-2　主流矿压监测系统数据采集及传输协议列表

序号	矿压监测系统数据来源	实时数据传输协议	测试客户端
1	天地玛珂电液控制系统	OPC-DA、OPC-UA	OpcClient
2	德国玛珂电液控制系统	OPC-XML-DA	SOClient
3	郑煤机电液控制系统	Modbus	Modbus poll
4	思科赛德 KJ24、重庆煤科院 KJ693、克瑞森 KJ440 等	SQL Server	Navicat
5	国家矿山安全监察局数据传输	文件+FTP 传输	FTPClient
6	天地王坡煤科云传输	WebServices	Postman
7	合智宇电液控系统	MQTT	MQTT Test Client

7.2.4　顶板矿压监测预警系统核心算法

顶板矿压监测预警系统的核心在于数据的准确实时快速分析和预警，本系统开发了多种数据处理和分析算法，具体如下。

1. 数据过滤算法

KJ21 顶板灾害监测预警系统的数据由于采用"定时定值"采样模式，数据质量较好，不需要进行过滤。若采集电液控制数据或其他矿压监测系统数据，数据冗余较多，影响分析效率，还有可能丢失关键数据，影响分析效果。如上湾煤矿 12401 工作面共有 131 个支架，一个支架一天的数据为 17280 条，整个工作面数据量为 4527360 条数据，不仅数据量非常巨大，而且冗余数据较多，不利于快速、高效地实时分析和预警，因此，在分析数据前，需要对数据进行冗余过滤处理。

国内各煤矿采煤工作面有天玛、德国 EEP 等数量众多不同型号的电液控制系统，针对不同的数据传输接口协议，系统开发了相应的数据采集协议。另外，为解决电液控数据量超大、冗余数据多的问题，采用数据挖掘预处理技术，开发了以"数据变化阈值"和"时间统一"为双标准的数据筛选方法，在保留原始数据曲线基本走势和关键节点的基础上减少冗余数据 80% 以上，显著提高了数据分析效率。数据过滤前后支架压力曲线对比如图 7-8 所示。

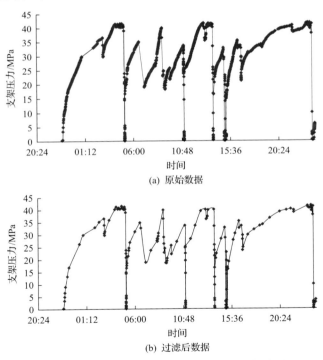

(a) 原始数据

(b) 过滤后数据

图 7-8　电液控支架压力数据过滤前后压力曲线对比

2. 支架工况分级和矿压显现强度分级算法

支架工况分级主要有支架初撑力不合格比例、安全阀开启比例、高报比例、支架工作阻力不合格比例、支架不保压率、受力不平衡率等 6 个预警指标，工作面矿压显现强度主要有支架工作阻力利用率、支架增阻速率、动载系数、支架安全阀开启率、支架活柱下缩量 5 个指标。监测系统软件要对以上指标进行自动实时分析，并根据相关算法得出支架工况等级和矿压显现强度等级。

将 6 个预警指标对应的隶属度 μ_i 和变权重系数 A_i' 代入式(3-15)计算得出支架工况综合隶属度，根据计算结果判断工作面支架工况预警等级，并在系统预警界面以雷达图的形式展示每个预警指标值和对应的支架工况预警等级，如图 7-9 所示。当以上 6 个预警指标中的任一指标值达到设定的支架工况等级较差或很差的预警阈值时，系统界面发出预警信息。

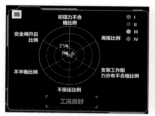
(a) 上湾煤矿12402工作面

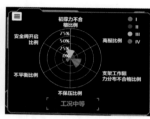
(b) 曹家滩矿122108工作面

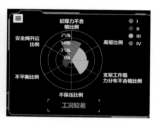
(c) 长平煤矿5302工作面

图 7-9　工作面支架工况评价图

按照工作面矿压显现强烈程度以及对生产的影响，将顶板来压强度分为以下四级。

Ⅰ级(不显著)：工作面动载矿压不显著，安全阀基本无开启，工作面片帮不严重，支架活柱下缩不明显。

Ⅱ级(较显著)：工作面安全阀有开启现象，动载矿压较显著，支架活柱有少许下缩量，工作面有片帮现象，但不影响工作面正常生产。

Ⅲ级(强烈)：工作面来压期间支架安全阀开启比例较高，支架活柱下缩明显，工作面动载矿压强烈，煤壁片帮较严重，产生较多大块煤，有时造成转载口拥堵，造成工作面短时间停机，对工作面连续作业造成一定干扰，工作面顶板偶尔存在掉矸现象。

Ⅳ级(剧烈)：工作面支架安全阀大范围长时间开启，支架活柱下缩严重，工作面片帮冒顶严重，工作面正常生产受到极大干扰，工人安全作业环境受到威胁；支架活柱过低，采煤机无法通过，甚至支架直接压死，或工作面片帮冒顶严重，造成工作面被迫停产。

顶板矿压监测预警平台顶板来压工作面来压强度智能分级界面如图 7-10 所示。需要说明的是由于工作面条件差异、支架工操作方法不同、矿压数据格式及密度等不同，以上分析算法需经过长时间的累积，才能保证准确性，否则，分析数据错误较多，难以利用，或导致分析结果和实际情况出现截然相反的情况。

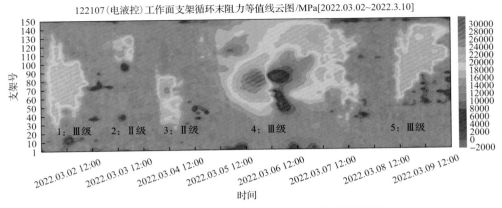

图 7-10 顶板来压工作面来压强度智能分级界面

3. 关键数据识取算法

支架工作阻力大小及其变化特征是支架工况的最直观体现，通过支架工作阻力曲线分析，可掌握支架初撑力大小、保压与否、安全阀开启等工况信息。顶板矿压监测预警平台在大量支架工作阻力实时监测数据分析的基础上，识取反映支架工况的关键数据，并结合预警指标的自动分析算法，建立支架工况综合评价与预警模型，实现支架工况实时预警。

7.2.5 监测预警软件平台

软件平台采用"煤矿—集团公司—云平台"三级数据管理模式，实现数据随时随地查看，软件架构及数据流如图 7-11 所示。

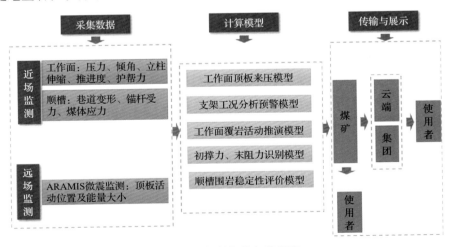

图 7-11 软件架构与数据流

1. 平台架构

系统架构总体分为三个层次，一是矿压数据采集以及矿压数据存储与管理，二是矿压数据应用层，三是矿压数据展示层。

1) 矿压数据存储层

在煤矿布置 1 台数据采集服务器，实现对近场矿压监测数据及采高、推进度、采煤机位置等数据连续实时采集，构建煤矿顶板安全大数据中心，实现数据同步、数据备份管理、数据整合等功能，同时为上层数据应用层统一数据访问接口。

2) 矿压数据应用层

通过开发各类专用算法及预警模型，实现实时监控、数据分析、预警及预测预报功能，同时为上层的数据展示提供基础数据。

3) 矿压数据展示层

开发功能齐全、简洁大方的界面统一展示数据分析、诊断及预测结果，可进行历史曲线查询、综合信息查询、日报表以及矿压分析报告等。

2. 平台矿端及集团界面及功能

顶板矿压监测预警平台通过对矿压历史数据进行深度挖掘，再借助矿压分析算法对灾害信息进行辨识，实现了围岩控制效能的定量化分析和顶板灾害的精准监测及预警。该预警平台可实现煤矿、集团和云平台三端同步显示及预警。

预警平台主要包括实时监测、分析查询、监测报表、资料管理、系统设置五大模块。

1) 实时监测界面

实时监测界面包含了回采工作面支架压力、采高、护帮力、推移行程、设备工况等矿压实时监测数据，以及巷道锚杆受力、锚索受力、煤体应力、顶板下沉量、多点位移计、激光测距等围岩稳定性实时监测数据。其中支架压力、采高、护帮力、推移行程、设备工况等数据可通过电液控制系统进行采集。平台支架压力、采高、顶板下沉量、煤体应力等实时界面如图 7-12 所示。

2) 分析查询界面

分析查询模块主要用于历史数据、各类分析指标可视化查看，以及数据的导出。主要包括原始数据历史曲线、初撑力末阻力分析、安全阀开启分析、不保压分析、周期来压分析、支架工作阻力频率分布、历史云图查询、自定义云图查询等，界面如图 7-13～图 7-17 所示。

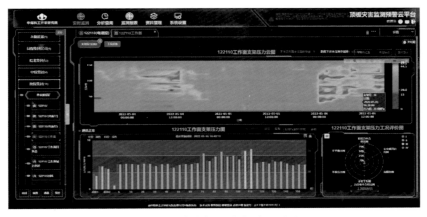

图 7-12　平台支架压力实时监测界面

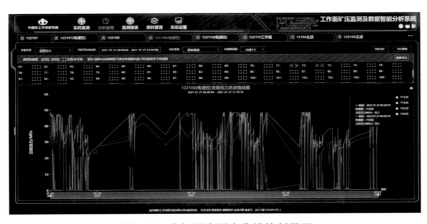

图 7-13　支架压力历史曲线绘制界面

图 7-14　初撑力末阻力分析界面

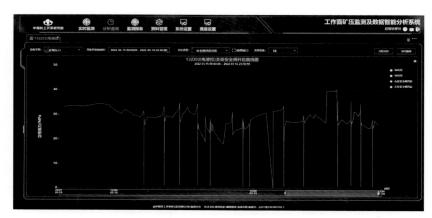

图 7-15　支架安全阀开启曲线绘制

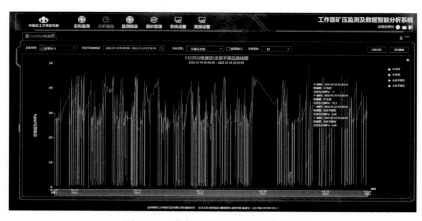

图 7-16　支架不保压分析曲线绘制

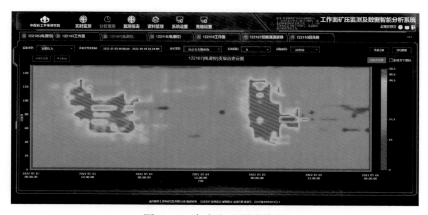

图 7-17　自定义云图查询图

3）监测报表界面

为提高数据分析效率，研发了矿压报表自动生成技术。矿压报表形式有日报表和工作面矿压分析简报两种（图 7-18、图 7-19）。日报表对当天所选择传感器（如支架压力）的监测数据进行简要分析，并给出分析结论和建议；矿压分析简报对工作面一段时期内的矿压规律、支架工况等相关矿压指标进行分析总结，可根据用户需要，自动输出相应的分析报告，显著提高矿压分析效率。

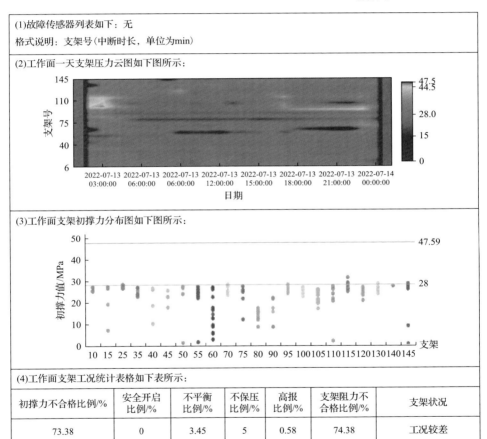

122107支架压力工作阻力报表2022-07-14

制表日：2022-07-14 01:00:00

（1）故障传感器列表如下：无

格式说明：支架号（中断时长，单位为min）

（2）工作面一天支架压力云图如下图所示：

（3）工作面支架初撑力分布图如下图所示：

（4）工作面支架工况统计表格如下表所示：

初撑力不合格比例/%	安全开启比例/%	不平衡比例/%	不保压比例/%	高报比例/%	支架阻力不合格比例/%	支架状况
73.38	0	3.45	5	0.58	74.38	工况较差

（5）出线不保压支架列表如下：55（不保压持续时长：470分钟）、60（不保压持续时长：296分钟）、70（不保压持续时长：220分钟）、75（不保压持续时长：94分钟）、105（不保压持续时长：196分钟）、145（不保压持续时长：532分钟）。

格式说明：支架号（不保压持续时长，单位为分钟）

总工程师：　　　　生产副总：　　　　生产技术部：　　　　制表人：

图 7-18　矿压分析日报表

122107支架压力工作阻力简报

观测时间：2022-07-10:00:00至2022-7-14 14:35:32

制表日：2022-07-14

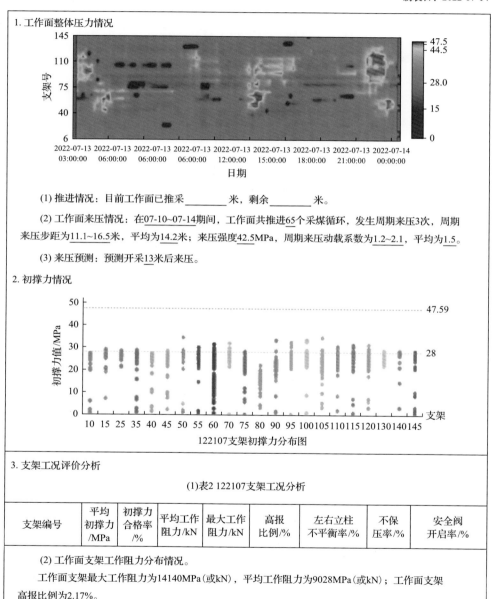

1. 工作面整体压力情况

(1) 推进情况：目前工作面已推采 _____ 米，剩余 _____ 米。

(2) 工作面来压情况：在07-10~07-14期间，工作面共推进65个采煤循环，发生周期来压3次，周期来压步距为11.1~16.5米，平均为14.2米；来压强度42.5MPa，周期来压动载系数为1.2~2.1，平均为1.5。

(3) 来压预测：预测开采13米后来压。

2. 初撑力情况

122107支架初撑力分布图

3. 支架工况评价分析

(1)表2 122107支架工况分析

支架编号	平均初撑力/MPa	初撑力合格率/%	平均工作阻力/kN	最大工作阻力/kN	高报比例/%	左右立柱不平衡率/%	不保压率/%	安全阀开启率/%

(2) 工作面支架工作阻力分布情况。

工作面支架最大工作阻力为14140MPa(或kN)，平均工作阻力为9028MPa(或kN)；工作面支架高报比例为2.17%。

(3) 工作面支架不保压(立柱坏或密封坏等)情况。

工作面支架不保压(立柱坏或密封坏等)支架比率为5.79%。支架编号为：10、15、25、35、40、45、50、55、60、70、75、90、95、100、105、110、115、120、140、145。

(4) 工作面支架安全阀开启情况。

工作面在来压期间有0台支架发生安全阀开启，支架安全阀开启比例为0.0%，其中 号支架安全阀开启时间最长，安全阀时间开启率最大达到0%；工作面支架安全阀开启值为45.4MPa~45.4MPa，平均为45.4MPa。

(5) 支架整体工况(中等)。

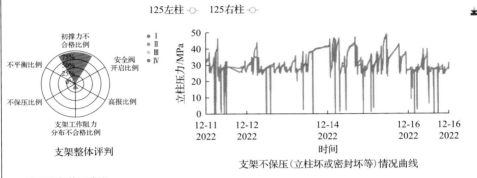

支架不保压(立柱坏或密封坏等)情况曲线

4. 工作面顶板管理建议

(1) 工作面支架整体初撑力水平(很差)，10、40、45、75、80号支架存在初撑力偏低问题，初撑力达标率分别为0%、0%、3%、2%、0%，建议对初撑力不达标支架及时补液，确保支架初撑力达到管理要求的28MPa以上。

(2) 建议对存在不保压、安全阀开启值偏低的支架及时检修，保障支架良好工况。

(3) 建议在采煤机割煤后应及时移架、护帮、滞后采煤机后滚筒不超过3台支架，防止煤壁片帮。

(4) 建议尽量减少工作面在周期来压位置的停留时间，加快推进速度快速通过来压区域，设备大修尽可能选择在非来压期间进行。

图 7-19 矿压分析简报

7.2.6 应用案例

上述顶板灾害监测预警系统适用于工作面近场顶板的动态感知和预警，已在国内 100 多个工作面得到了成功应用，涵盖包括超大采高、特厚煤层、超长工作面、坚硬顶板等各类煤层条件，下面以厚层坚硬顶板条件的曹家滩矿 122107 工作面为案例，介绍该系统的部分功能应用情况。

1. 工作面基本概况

122107 工作面位于 12 盘区西翼，开采煤层 2-2 煤，工作面倾向长度 300m，走向

长度 6012m。工作面地面标高+1260～+1304m，平均为+1282m，井下标高+955～
+975m，平均为+965m，工作面埋藏深度为 305～329m，平均为 317m；煤层厚度
为 11.55～12.7m，平均为 11.8m，煤层倾角为 0°～4°，煤层普氏系数为 2.0～3.0。
工作面煤层顶底板情况见表 7-3。工作面于 2021 年 7 月开始回采，截至 2022 年 3 月
24 日，工作面已推采 2500m，剩余 3512m。

表 7-3　煤层顶底板情况表

顶底板名称	岩石名称	厚度/m	特征
基本顶	中粒砂岩	3.7～30.8	灰白色，成分以石英为主，长石次之，含菱铁矿结核，分选性差，次棱角状，泥质胶结，块状层理
直接顶	细粒砂岩	1.38～18.6	灰白色，成分以石英为主，长石次之，分选中等，次圆状，泥质胶结，小型交错层理
直接底	砂质泥岩	1.41～5.1	深灰色，泥质胶结，块状层理
基本底	细粒砂岩	2.0～14.23	蓝灰色，成分以石英为主，长石次之，分选性好，次圆状，块状层理

2. 现场应用情况

1) 顶板来压智能分析

2021 年 10 月 11 日～25 日期间，122107 工作面支架压力历史云图如图 7-20
所示，顶板灾害智能预警平台对顶板来压的智能分析结果与实际应用情况见表 7-4。

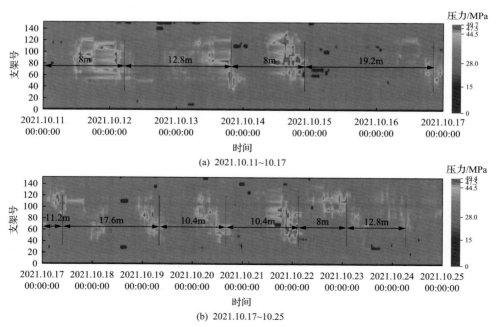

(a) 2021.10.11～10.17

(b) 2021.10.17～10.25

图 7-20　122107 工作面支架压力历史云图 (2021.10.11～10.25)

表 7-4　顶板来压智能分析应用情况表（2021.10.11～10.23）

序号	实际来压开始时间		实际来压结束时间		实际来压步距/m	智能分析步距/m	智能分析来压循环数	准确率/%
1	10.11	18:00	10.12	14:00	16	13.8	16	86.50
2	10.13	05:00	10.13	20:00	12	13.8	16	84.67
3	10.14	04:00	10.14	20:00	9	8.7	10	96.11
4	10.15	07:00	10.16	02:00	17	10.4	12	61.06
5	10.16	23:00	10.18	02:00	17.5	16.4	19	93.91
6	10.18	11:00	10.19	02:00	7.7	8.7	10	87.66
7	10.19	08:00	10.19	19:00	6	6.9	8	84.67
8	10.21	00:00	10.21	22:00	21	18.2	21	86.50
9	10.22	10:00	10.23	05:00	16.4	14.7	17	89.66
10	10.23	20:00	10.24	17:00	14.6	15.6	18	93.36
平均值					13.7	12.7	14.7	86.41

注：来压步距按照本次来压结束到下次来压结束进行计算。

2）顶板来压智能预测

以曹家滩矿 122107 工作面为案例，对工作面矿压预警预测算法及平台进行了测试，如图 7-21 所示，准确预测率可达到 90%以上（表 7-5）。

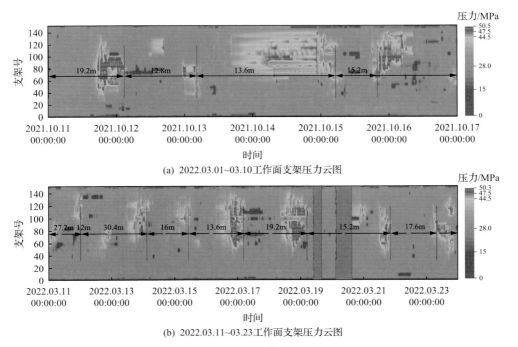

(a) 2022.03.01～03.10工作面支架压力云图

(b) 2022.03.11～03.23工作面支架压力云图

图 7-21　工作面周期来压预测分析图（2022.03.01～03.23）

表 7-5　顶板灾害监测预警平台现场实测结果

预测日期	预测情况	实际来压情况	预测误差/m	预测准确率/%
2022.03.02	04:00 后 13 个循环来压	04:00 后 12 个循环来压	0.8	86.99
2022.03.03	6:00 后 16 个循环来压	6:00 后 14 个循环来压	1.6	85.96
2022.03.04	00:00 后 17 个循环来压	00:00 后 16 个循环来压	0.8	91.49
2022.03.05	12:00 后 13 个循环来压	12:00 后 11 个循环来压	1.6	88.97
2022.03.08	17:00 后 14 个循环来压	17:00 后 16 个循环来压	0.8	95.06
2022.03.10	20:00 后 12 个循环来压	20:00 后 11 个循环来压	0.8	94.37
2022.03.11	12:00 后 17 个循环来压	12:00 后 16 个循环来压	0.8	91.84
2022.03.12	8:30 后 16 个循环来压	20:30 后 15 个循环来压	0.8	91.58
2022.03.13	8:30 后 17 个循环来压	8:30 后 15 个循环来压	1.6	86.09
2022.03.15	23:00 后 16 个循环来压	23:00 后 18 个循环来压	1.6	88.57
2022.03.16	06:00 后 9 个循环来压	06:00 后 10 个循环来压	0.8	95.81
2022.03.18	16:30 后 13 个循环来压	16:30 后 12 个循环来压	0.8	96.23
2022.03.21	3:00 后 18 个循环来压	3:00 后 19 个循环来压	0.8	97.01
2022.03.23	22:00 后 15 个循环来压	22:00 后 14 个循环来压	1.6	92.00
平均值	—	—	1.1	91.57

3)工作面来压强度预判

第一次:来压动载系数 1.44,来压区域支架立柱平均下缩量 537mm,8 点班中部 80～120 号支架安全阀开启,中部 60～90 号、机尾 100～130 号支架煤壁局部片帮,矿压分级Ⅲ级。

第二次:来压动载系数 1.17,来压区域支架立柱平均下缩量 160mm,4 点班上部 120～125 号支架安全阀开启,机尾 110～120 号支架煤壁局部片帮,矿压分级Ⅱ级。

第三次:来压动载系数 1.23,来压区域支架立柱平均下缩量 156mm,8 点班中部 70～80 号支架安全阀开启,中部 80～85 号、机尾 120～135 号支架煤壁局部片帮,矿压分级Ⅱ级。

第四次:来压动载系数 1.34,来压区域支架立柱平均下缩量 292mm,4 点班中部 70～100 号支架安全阀开启,中部 80～90 号、机尾 110～130 号支架煤壁局部片帮,矿压分级Ⅲ级。

第五次:来压动载系数 1.43,来压区域支架立柱平均下缩量 670mm,0 点班中部 90～110 号支架安全阀开启,中部 60～90 号、机尾 100～130 号支架煤壁局部片帮,矿压分级Ⅲ级。

122107 工作面(2022.03.01～03.10)支架循环末阻力分布云图如图 7-22 所示,

在图 7-22 上可以直观看出每次周期来压发生时间和位置，并根据顶板来压强度等级计算结果，在图上对每次周期来压强度等级进行标注。根据工作面现场矿压观测结果，上述顶板来压强度等级划分基本符合工作面实际的矿压显现情况，因此，该顶板来压强度分级模型适用于 122107 工作面超大采高工作面顶板来压强度的分级评价。

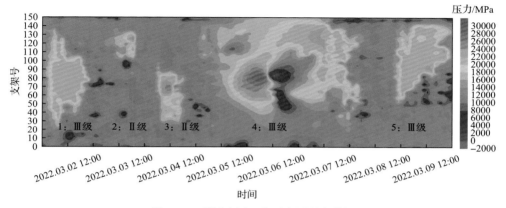

图 7-22　顶板来压工作面来压强度分级

4) 液压支架工况预警

曹家滩煤矿 122107 工作面支架不保压率为 2.64%，支架编号分别为 16、3、57、87；初撑力不合格 (低于 28MPa) 比例为 16.5%，对应支架编号为 3、7、13、16、17、19、22、24、30、31、33、50、61、63、81、117、124、126、128、130、132、135、138、139、141。初撑力合格率偏低导致工作面来压时瞬时顶板下沉量过大。其中，中部 60~90 号支架局部支架下沉量瞬时超过 1.5m，架间操作空间缩小。评价结果与实际工况吻合度高，较好实时地反映了支架现场实际问题。

7.3　工作面远场覆岩断裂失稳微震监测技术

煤岩体受采动影响，采场周围的应力平衡状态被打破，在新的应力平衡状态形成过程中，来自采场周围各种应力的变化作用于煤岩体上，使其产生裂隙、扩容、贯通，最终发生失稳破坏，这就是微震现象。微震现象是矿山岩体破坏过程的伴生现象，岩体受力发生破坏后会以弹性波的形式释放能量。微震事件的发生在一定程度上反映了煤岩体的破坏以及应力场的变化情况。通过布置微震传感器对微震事件波形进行实时采集和震源定位，统计微震事件的震源位置、发震时间和释放能量等，并结合开采和地质条件，分析微震事件位置及能量的变化，分析结果用来指导井下的安全生产。

微震监测首先应用在煤矿冲击地压防治中，2006 年天地科技股份有限公司将波兰 CTT EMAG 公司研发的 ARAMIS M/E 微震监测系统引入中国，十多年来该系统已在山东新汶矿区、河南义马矿区、鄂尔多斯呼吉特尔矿区、陕西彬长矿区和铜川矿区等 100 多个具有冲击地压危险性的矿山取得了成功应用，促进了我国冲击地压防治技术的进步。

近年来，本书作者团队利用微震技术来监测工作面顶板的断裂及失稳，并进一步通过对上述特性的分析来研究顶板灾害的防治。顶板活动规律具有复杂性、多变性，而且难以实现连续实时监测，近年来尝试利用微震监测系统实时监测顶板断裂和运动过程，尤其是主导矿压显现的关键岩层，从而掌握顶板活动规律，为工作面顶板灾害的防治提供数据支持。

对于传统微震监测系统在近水平煤层条件下，垂直高度定位误差较大的问题，天地科技股份有限公司研发出了井上下微震联合监测系统，优化了顶板监测台网的立体结构，大幅提高了震源垂直高度的定位精度，实现了工作面顶板断裂震源的高精度定位和监测，并基于多年的研究和实践经验，通过自主创新，成功研发出具有完全自主知识产权的 KJ1160 微震监测系统，并在国内多个矿井成功应用。

7.3.1 远场覆岩断裂失稳微震监测原理

1. 井下微震监测技术原理

ARAMIS M/E 微震监测系统集成了数字 DTSS 传输功能，实现了矿山震动定位、震动能量计算及震动的危险评价，系统结构如图 7-23 所示。传感器(拾震仪或探头)监测震动事件并将其处理为数字信号，然后由数字信号传输系统 DTSS 传送到地面。系统可以监测震动能量大于 100J、频率范围在 0～150Hz 且低于 100dB 的震动事件。根据监测范围的不同，系统可选用不同频率范围的传感器。ARAMIS M/E 微震监测系统包括：

(1) ARAMIS WIN 软件(震动定位和震动能量计算)和 HESTIA 软件组成的数据后处理模块；

(2) ARAMIS_REJ 软件(DTSS 传输系统监测软件)及震动信息记录仪；

(3) 系统信息传输系统(DTSS)，包括地面 SP/DTSS 信息收集站、OCGA 数字信号接收装置、配备 GPS 时钟的 ST/DTSS 传输系统控制模块、主通道切换模块以及 SR 15-150-4/11 I 型配电装置等；

(4) 井下拾震传感器包含 SN/DTSS 拾震传感器，G 系列探头、SV*系列第六代拾震器和 SS3*系列三分量拾震器。

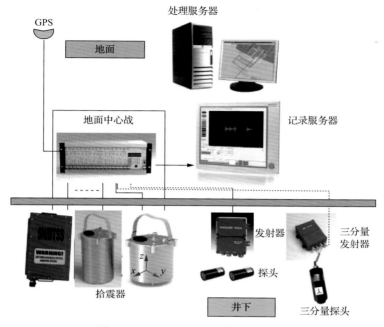

图 7-23　ARAMIS M/E 微震系统结构

ARAMIS M/E 微震监测系统能够监测矿山井下微震事件并提供以下功能：

(1)即时、连续、自动收集震动信息记录并进行滤波处理；

(2)自动生成震动信号图；

(3)定期打包保存震动记录信息；

(4)历史震动信息查看；

(5)手动捡取通道信息，进行震源定位；

(6)震动图形的保存；

(7)微震传感器参数的输入和修改；

(8)设置微震事件的传输方式。

ARAMIS M/E 微震监测系统技术参数见表 7-6。

表 7-6　ARAMIS M/E 微震监测系统技术参数

序号	技术参数	信息
1	最大传输通道个数	每个 DTSS 模块标配 16 通道
2	传感器	SN/DTSS 和 SV*拾震器、G 系列探头和 SS3*系列三分量拾震器
3	地下传输信号频率范围	0.1～600Hz
4	信号传输形式	数字式、二进制

序号	技术参数	信息
5	记录和处理的动态范围	≤100dB
6	井下传输站形式	从地面以下为本质安全型
	信号线电压等级	直流≤35V
7	信号传输距离	如果信号线电容≤0.6μF、电阻≤700Ω时，传输距离≤10km；传输导线间电阻必须≥2MΩ。传输线与地间的残余常值电压必须≤1V DC，交变电压必须≤0.7V RMS
8	DTSS 信号系统传输速率	19200b/s
9	采样频率	500Hz
10	震源定位的最小震动能量	10^2J
11	系统井下部分安全等级	IP 54
12	系统井下部分防爆等级	Eexia I（可用于任何瓦斯条件下）

2. 微震震源定位误差的理论分析与仿真模拟

1) 微震震源定位误差的理论分析

在煤矿井田范围尺度下，通常选择比较容易辨认的 P 波进行微震震源定位。与其他波相比，P 波波速最快，初至时间的确定误差较小，故定位精度较高。图 7-24 为微震 P 波传播示意图。假设煤岩体为均质、各向同性介质，即 P 波波速在各个传播方向上保持不变，从震源传播到台站的最短时间可由式(7-1)计算获取。

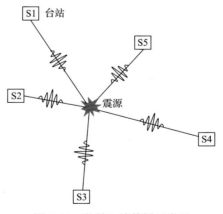

图 7-24　微震 P 波传播示意图

$$t_i = t_0 + T(h, s_i) + \varepsilon_i \tag{7-1}$$

式中：t_0 为微震事件的发震时刻；$h = (x_0, y_0, z_0)$ 和 $s_i = (x_i, y_i, z_i)$ 分别为震源和第 i 个

微震台站的笛卡尔坐标；ε_i 为第 i 个台站的到时误差，$i=1, 2, \cdots, n$。

对于均匀和各向同性速度模型，自震源 h 到第 i 个台站的走时 T 为

$$T_i(h, s_i) = \frac{\sqrt{(x_0 - x_i)^2 + (y_0 - y_i)^2 + (z_0 - z_i)^2}}{v_{\mathrm{P}}} \tag{7-2}$$

式中：v_{P} 为 P 波波速，为已知常数。式(7-2)有 $\theta=(x_0, y_0, z_0, t_0)$ 4 个未知数，要解这个方程至少需要 4 个观测站的数据。震源参数 t_0 和 $h=(x_0, y_0, z_0)$ 可以通过 $\Phi(x)$ 函数的最小值来估算：

$$\Phi(\theta) = \sum_i \left| t_i - t_0 - T(h, s_i) \right|^p \tag{7-3}$$

式中：$p \geqslant 1$，一般情况下选择 $p=2$，即最小二乘估计。

通过求解式(7-3)的最小值，所求的参数值 $\hat{\theta}$ 为参数 θ 的最小二乘估计。为了估计 $\hat{\theta}$，通常先提供尝试矢量 $\boldsymbol{\theta}^{(0)}$，然后以校正矢量 $\delta\boldsymbol{\theta}^{(n)}$ 来更新尝试矢量 $\boldsymbol{\theta}^{(n)}$，并减少目标 $\Phi(x)$ 的值。对走时 $T_i(h, s_i)$ 应用一阶泰勒式线性化后，在每次迭代过程中：

$$\delta\boldsymbol{\theta}^{(n)} = (\boldsymbol{A}^{\mathrm{T}}\boldsymbol{A})^{-1}\boldsymbol{A}^{\mathrm{T}}\delta\boldsymbol{r}^{(n)} \tag{7-4}$$

式中：$\delta\boldsymbol{r}^{(n)}$ 为在空间内点 $\theta^{(n)}$ 上的时间残差矢量；$\boldsymbol{A}$ 为在 $\theta^{(n)}$ 上计算的对参数 θ 的 $(n \times 4)$ 偏微分矩阵。

$$\boldsymbol{A} = \begin{bmatrix} 1 & \dfrac{\partial T_1}{\partial x_0} & \dfrac{\partial T_1}{\partial y_0} & \dfrac{\partial T_1}{\partial z_0} \\ \vdots & \vdots & \vdots & \vdots \\ 1 & \dfrac{\partial T_n}{\partial x_0} & \dfrac{\partial T_n}{\partial y_0} & \dfrac{\partial T_n}{\partial z_0} \end{bmatrix} \tag{7-5}$$

参数 x 的置信椭球体见式(7-6)：

$$\left(x - \hat{x}\right)\boldsymbol{C}^{-1}\left(x - \hat{x}\right)^{\mathrm{T}} \leqslant \mathrm{constant} \tag{7-6}$$

式中：$\hat{x}$ 为 x 的估算值；constant 为一个来自 k_{n-4}^2 分布的适当的数值。式(7-6)表达了在某一置信水平下 $\hat{x}$ 的分布特征。这个椭球体的体积与 $\sqrt{\det\boldsymbol{C}}$ 成比例。D 值最优化准则就是通过最小化 $\sqrt{\det\boldsymbol{C}}$ 尽可能减小椭球体的体积，从而使震源参数的最小二乘估计达到最优。$\sqrt{\det\boldsymbol{C}}$ 达到最小时的微震台站布置就是 D 值最优化布置[12]。

参数 x 的协方差矩阵 $\boldsymbol{C}=\beta^2(\boldsymbol{A}^{\mathrm{T}}\boldsymbol{A})^{-1}$，矩阵 $\boldsymbol{C}$ 的主对角元素即震源参数标准误差的估计值。

其中震中定位的标准误差见式(7-7)：

$$\sigma_{xy} = \sqrt{C_{11}^2 + C_{22}^2} \tag{7-7}$$

震源垂直定位的标准误差见式(7-8)：

$$\sigma_z = \sqrt{C_{33}^2} \tag{7-8}$$

2) 微震震源定位误差的仿真模拟

不失一般性，假设工作面内共布置 7 个微震监测台站，编号分别为 S1、S2、S3、S4、S5、S6、S7。在其他影响因素不变的情况下，对台站无高差(也即水平煤层)和台站高差合理两种情况进行震源垂直定位误差的数值仿真模拟，台站无高差和台站高差合理两种情况下的台站坐标见表 7-7，模拟结果如图 7-25 所示。

表 7-7　台站坐标

编号	无高差			高差合理		
	X	Y	Z	X	Y	Z
S1	470	450	−600	470	450	−500
S2	770	450	−600	770	450	−550
S3	1070	450	−600	1070	450	−600
S4	1370	550	−600	1370	550	−650
S5	1070	650	−600	1070	650	−700
S6	770	650	−600	770	650	−560
S7	470	650	−600	470	650	−620

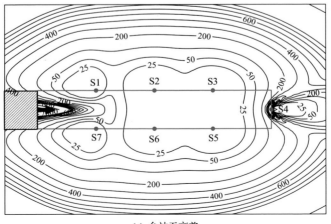

(a) 台站无高差

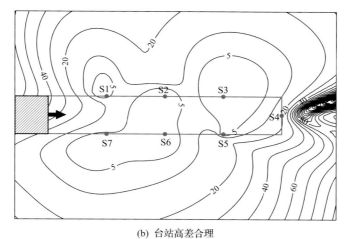

(b) 台站高差合理

图 7-25 震源垂直定位误差云图

通过对比图 7-25(a)和(b)可知，台站无高差时，震源定位误差和震源深度定位误差均较大，且工作面前方出现误差剧烈震荡区，最大误差达到 2000m 以上。当台站高差合理时，震源垂直定位误差较为理想，工作面大部分区域定位误差在 10m 以下。充分表明合理的台站高差对震源深度定位至关重要。因此，为了提高震源垂直定位精度，需要优化传感器空间布置结构，需要建立基于 ARAMIS M/E 微震监测系统和地面 ARP 2018 微震监测系统的井上下微震联合监测台网。

当井下传感器布置在一个平面或近似一个平面时，井上传感器的增加将会对微震事件的定位精度产生较大的影响。图 7-26(a)为无地面传感器时的定位误差模拟云图，图 7-26(b)、(c)、(d)分别是地面传感器位于切眼前、切眼上、切眼后三种状态下的定位误差模拟结果。

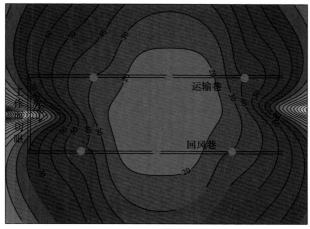

(a) 无地面传感器

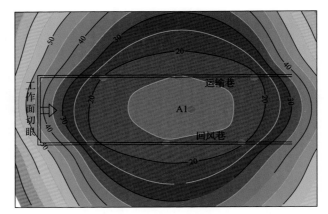

(b) 地面传感器位于切眼前方

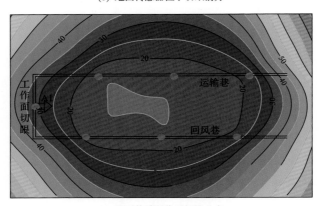

(c) 地面传感器位于切眼上方

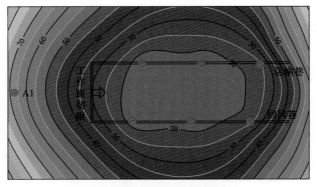

(d) 地面传感器位于切眼后方400m

图 7-26　地面传感器对定位误差影响的模拟

　　通过对比可见，地面传感器的增加使得定位误差剧烈变化带消失，进一步提升了微震监测台网的平面定位精度。井上传感器位置的改变对井下传感器包围区域内的平面定位误差影响较小，但是随着井上传感器向工作面后方移动，降低了切眼位置的平面定位误差和垂直定位误差，低误差区域向切眼方向偏移；同时增加了井下传感器包围区域的垂直定位误差。

7.3.2 井上下微震联合监测系统

1. 地面微震监测系统参数及功能

为弥补近水平煤层台站在井下垂直方向拉不开距离的不足，通过增加地面台站提高定位精度。地面微震监测系统的地面台站分布在野外，采用太阳能供电，监测数据通过全球移动通信网络传输至煤矿中心机房，多个台站之间通过 GPS 时钟确保多通道数据精确的时间同步，地面台站的数据通过煤矿中心机房的微震数据处理服务器，与井下数据汇合在一起进行分析。

地面微震监测系统 ARP 2018 由监测主站和地震检波器组成。监测主站位于地面控制中心，包括：①一台装备了 GSM（全球移动通信系统）调制解调器的主机计算机，调制解调器通过检测数据集中器可以实现双向数字无线通信；②用于对数据进行归档、可视化和预处理的软件。软件安装在主机计算机里面，在 Window XP 操作系统下运行，拾震器用于感应井下震动并将震动波转化为数字信号。图 7-27 是 ARP 2018 系统结构图，系统组成部件包括：

（1）全球移动通信调制解调器；

（2）GPS 接收器；

（3）地震检波器 SVf/DTSS 或 SS3f/DTSS（图 7-28）；

（4）LKP-ARP 本地数据监测集中器。

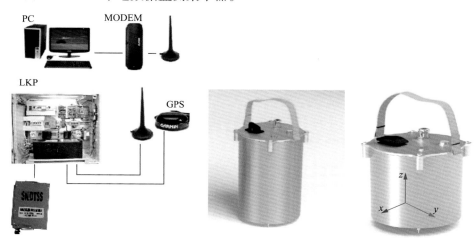

图 7-27　ARP 2018 系统硬件结构　　　　图 7-28　SVf/DTSS 和 SS3f/DTSS 拾震器

该系统能够通过传感器的信号探测矿震，记录的数据可以通过无线数字式的传输方式传输至进行数据存档和处理的监测中心。同时监测结果也可传输至ARAMIS M/E 微震监测系统中。ARP 2018 监测台站技术参数见表 7-8。

表 7-8　ARP 2018 监测台站技术参数

技术参数	信息
传感器类型	SVf/DTSS，SS3f/DTSS
记录震动部件数	1 或 3
数据记录和处理动态	最大为 130 dB
记录数据的频率范围	0.1～600Hz
测量范围	15mm/s
取样频率	500Hz
从传感器传输信号到本地集中器	数字
传感器到本地集中器的最大距离	≤2000m（用传感器传送的电缆）
传感器的数字数据传输	1 对传输线
传感器的工作温度	0～+40℃
集中器的类型	LKP-ARP
集中器的时间同步	全球定位系统卫星时钟
区域内的集中器数目	不限制
与 LKP-ARP 协作的传感器数量	1 或 4
本地集中器至处理中心网络的最大距离	在 GSM 的范围内不受限制
传输类型	无线传输
传输方式	GSM 互联网系统中的数据传输
传输速度	依赖于用过的 GSM 网络
本地数据集中器的电源	缓冲，远程遥控
本地集中器 LKP 的工作温度	正常范围：0～+25℃

2. 井上下微震联合监测系统架构

鉴于传统微震监测系统在近水平煤层条件下，垂直高度定位误差无法满足监测要求的问题，天地科技股份有限公司与波兰 CTT EMAG 公司合作攻关，研发出了 ARP 2018 地面微震监测系统，与井下 ARAMIS M/E 微震监测系统组成井上下微震联合监测系统，优化了顶板监测台网的立体结构，大幅提高了震源垂直高度的定位精度，实现了工作面顶板活动和断裂震源的高精度定位和有效监测。图 7-29 为井上下微震联合监测台站布置示意图。

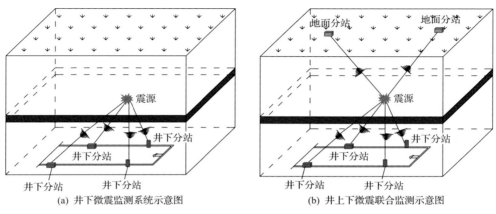

(a) 井下微震监测系统示意图 (b) 井上下微震联合监测示意图

图 7-29 井上下微震联合监测台站布置示意图

ARAMIS M/E 微震监测系统和 ARP 2018 地面微震监测系统构成的井上下微震联合监测系统如图 7-30 所示。图 7-31 和图 7-32 为地面微震台站外景图和内景图。

当井下震动信号传输至地面，就会激发地面微震监测台站。地面台站接收数据并通过移动 4G 或 5G 网络传输至办公室监控主机，利用时间临近原则，将井下微震波形与地面监测台站的波形合并成一个微震事件，从而得到了所有台站的微震波形。每个地面监测台站均配置一台 GPS 时钟同步模块，与办公室监控主机之间实现绝对的时钟同步，保证了监测数据的时间同步性。

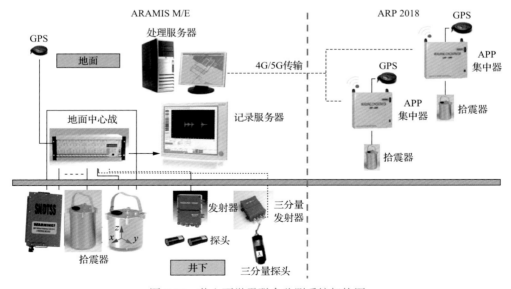

图 7-30 井上下微震联合监测系统架构图

图 7-31　地面微震台站外景图

图 7-32　地面微震台站内景图

7.3.3　井上下微震系统波速模型研究

　　微震监测系统在利用微震台站进行定位时，均假设震动波从震源发出后至台站是直线传播（如图 7-33 中蓝色路径），但震动波的实际传播路径极其复杂（如图 7-33 中的红色路径）。由于微震事件多是矿井井下采掘活动所导致的，震源距离煤层相对较近（与距地面相比），震动波由震源向井下安装的传感器传播时，传播介质相对更均匀，因此实际传播路径比较接近于直线传播路径。

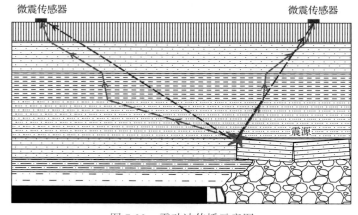
图 7-33　震动波传播示意图

　　因此一般的微震监测系统在进行震源定位时均直接使用均质体模型，即全矿井均使用一个波速。但由于震动波 P 波的传播是基于时间最快原则，因此微震台站与震源的距离越远其实际传播速度是越快的（在波速快的介质中传播的时间占比越大)。因此,ARAMIS M/E 微震监测系统使用了更加接近震动波实际传播时间的梯度波速场进行微震事件的定位。

但井下微震事件的震动波传输至地面微震监测台站时,震动波在较多的时间内存在穿层传播现象(井下以顺层传播为主),ARAMIS M/E 使用的波速场已经不能满足地面台站的使用,需要针对性地建立适合井上下联合监测台网的层状波速场。

选择某煤矿 3102 工作面 2020 年 10 月 1 日前后的 4 个顶板爆破微震事件作为波速研究的基准事件,见表 7-9,分别测试不同波速情况下的定位误差情况,测试结果如图 7-34 所示。

表 7-9 某煤矿顶板预裂爆破事件记录表

爆破地点	爆破事件记录时间	震源坐标		
		X/m	Y/m	Z/m
3104 回风巷	2020.10.02 13:46:45	19364853.28	4309592.22	631
3104 回风巷	2020.10.03 13:38:29	19366931	4309570	631
3102 二号回风巷	2020.10.02 13:47:34	19364853	4309595	621
3102 二号回风巷	2020.10.01 14:09:31	19364884	4309656	623

图 7-34 为不同波速条件下,4 个爆破事件平面定位误差、垂直定位误差和定位残差的变化趋势图。在使用 3500m/s 波速时(井下微震台网常用波速区间为 3500~4200m/s),联合台网的垂直定位误差均大于 100m,垂直定位误差过大,表明地面台网不能直接使用井下台网的波速设置。波速在 2000~2500m/s 时,定位残差、平面定位误差及垂直定位误差较小。平面定位误差受波速影响不大,但是垂直定位误差受影响较大。不同波速条件下 4 个爆破事件震源定位误差平均值如

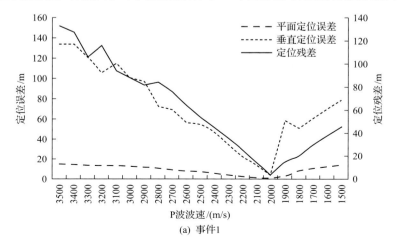

(a) 事件1

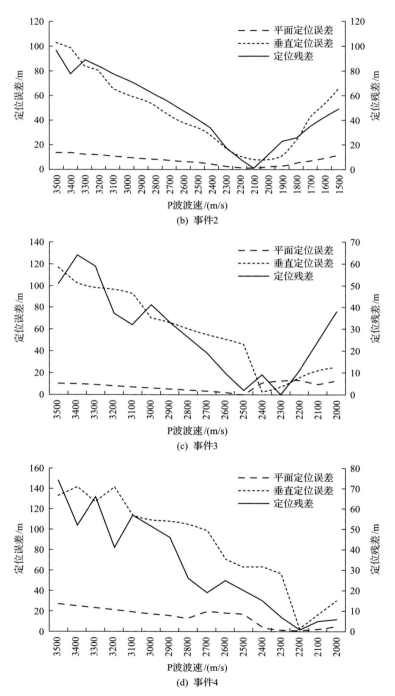

图 7-34　不同波速条件下爆破事件定位误差分布对比图

图 7-35 所示，当波速为 2200m/s 时，震源定位误差最小，因此选取 2200m/s 作为该矿井地面微震监测台站的微震定位基准波速，基于此基准波速制定具体的层状波速模型。使用本波速模型进行定位，平面定位误差约为 6.4m，垂直定位误差约为 16.5m，表明效果良好。需要指出的是，每个矿的矿井地层和地质条件不同，P 波波速也不尽相同，因此每个矿井应采用已知震源（如爆破）进行波速的确定和定位准确性验证。

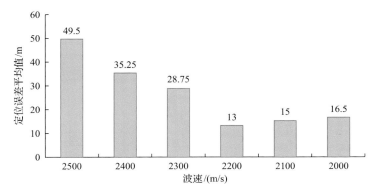

图 7-35　不同波速条件下 4 个爆破事件震源定位误差平均值

7.3.4　井上下微震联合监测系统的监测效果

1. 井上下微震联合监测台网监测效能分析

图 7-36 为某矿井上下微震监测系统布置图，其中三角形标记的为 ARP 2018 地面微震监测系统，正方形标记为井下 ARAMIS M/E 微震监测系统。2019 年 8 月 27 日，某矿井上下微震联合监测台网监测到断顶爆破施工的事件波形如图 7-37 所示，能量为 7.5×10^3J。其中 T15、T16、T11、T14、T12 和 T13 为井下监测台站；A1、A3、A4 为地面监测台站，可知本事件能够激发 3 个地面台站，地面波形呈现典型的低频特征，P 波初至清晰可辨。

图 7-38 统计了 2019 年 8 月 26 日至 2019 年 8 月 30 日发生的 402 个微震事件，其中能激发地面台站的有 239 个，占比为 59.5%。未能激发地面台站的微震事件大部分能量在 100J 以下，且以 0 次方居多，均为对现场危害较小的小能量事件。而能激发地面台站的微震事件能量主要为 1 次方及以上，且微震能量越大，激发地面台站越多。可以得出结论能量大于 100J 的微震事件大部分可以激发地面台站，因此井上下微震联合监测可以有效监测到大部分 100J 以上的微震事件，满足现场监测需要。

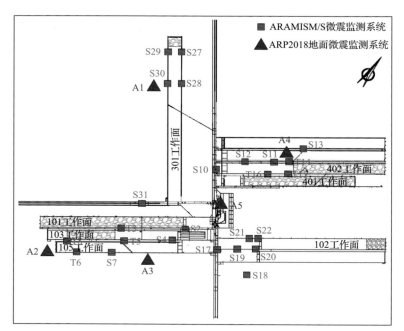

图 7-36　某矿井上下微震监测系统布置图

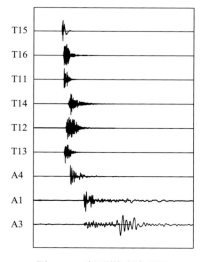

图 7-37　断顶爆破波形图

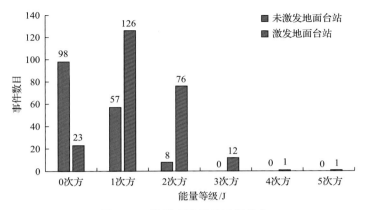

图 7-38 微震事件能量区间分布

横轴为以 10 为底的数量级

　　为了更好地反映井上下微震联合监测台网对不同能量等级微震事件的监测能力，定义井上下微震联合监测台网的监测效能 E：

$$E=N_k/N \qquad (7\text{-}9)$$

式中：N_k 为能激发地面台站的微震事件数目；N 为统计样本的事件总数。该矿井上下微震联合监测台网对不同能量等级微震事件的监测效能如图 7-39 所示。由于小能量事件震动传播距离较短，井上下微震联合监测台网对于 0 次方事件的监测效能较低，仅为 19%；对于 1 次方事件，监测效能达到 69%，2 次方事件增加至 90%，3 次方及以上微震事件监测效能为 100%。

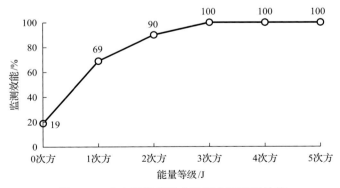

图 7-39 井上下微震联合监测台网监测效能

2. 微震联合监测台网垂直定位误差分析

　　在增加 ARP 2000 P/E 地面微震监测台站前，分析了 2019 年 8 月 1 日~8 月 10 日采集到的 2305 个微震事件的垂直层位分布情况，如图 7-40 (a) 所示，大部分微震事件位于 3-1 煤层及其上方 20m 范围内，仅有少量微震事件发展至垮落带边界以外区域。

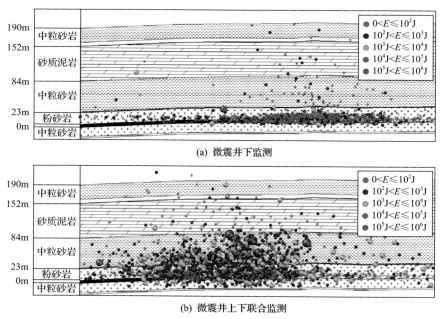

图 7-40　井下微震监测下微震事件走向剖面投影图

构建井上下一体化微震监测台网后，共监测微震事件 2923 个，微震事件走向垂直层位分布情况如图 7-40(b) 所示，10^4J 及以上高能量事件主要发生在煤层上方 23~84m 的厚层中粒砂岩层内，并且微震事件垂直分布特征与该矿导水断裂带发育高度相吻合，井上下微震联合监测结果更符合覆岩运动规律。

3. 井上下微震联合监测效果检验

为了量化井上下微震联合监测对微震事件垂直定位精度的优化程度，采用顶板爆破的方法检验微震联合监测的定位效果，以爆破震源与微震监测系统定位震源之间的距离大小衡量微震定位精度，两者距离越远，定位误差越大，反之则越小。自 2019 年 8 月 22 日至 9 月 2 日，在 402 工作面辅运顺槽煤柱帮侧共实施 10 次顶板爆破，爆破钻孔布置参数和方位分别如表 7-10、图 7-41 所示。

基于 P 波到时的震源定位算法计算得出的震源点均为破裂起始点。同理，该煤矿爆破方式为孔底起爆，因此孔底首先激发 P 波并向外传播，由于 P 波传播速度明显快于爆破的发展速度，因此拾震器接收到的 P 波初至实际为孔底爆破所致。10 次爆破的定位点倾向剖面图如图 7-42 所示。

表 7-10　402 工作面辅运顺槽煤柱帮侧顶板爆破钻孔施工参数

参数	信息	
钻孔方位	垂直巷道走向	
钻孔倾角/(°)	60	47
钻孔直径/mm	90	90
药卷直径/mm	70	70
钻孔深度/m	66	55
装药长度/m	40	34
封孔长度/m	25	20
装药量/kg	160	136
钻孔排距/m	10	
装药方式	正向装药	正向装药
起爆组数	一次一组，每组两个	
起爆方式	孔底起爆	

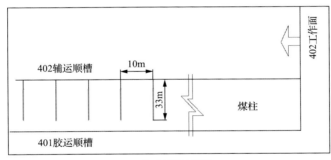

(a) 钻孔平面布置图

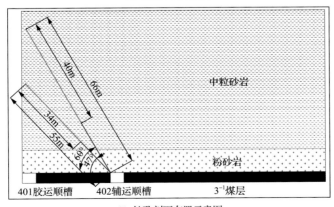

(b) 钻孔剖面布置示意图

图 7-41　402 工作面辅运顺槽煤柱帮侧顶板爆破钻孔布置图

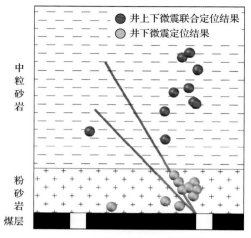

图 7-42　爆破事件定位结果图

　　仅采用井下微震监测系统对爆破事件进行定位，微震事件大部分位于煤层上方约 23m 厚的粉砂岩层内，其分布区域处于爆破孔封口长度范围内；同时采用井上下微震联合监测台网对爆破事件进行定位分析，微震事件全部位于煤层上方约 60m 厚的中粒砂岩层内，其分布区域处于爆破孔装药长度范围内。

　　因为两个炮孔同时起爆，因此无法确定哪个炮孔的孔底为真实震源。但是可以通过计算定位点与两个炮孔孔底点的距离之和的平均值来反映震源定位误差。图 7-43 统计了爆破事件的震源定位误差的趋势图，可知对所有 10 个爆破事件，井上下联合监测台网的定位结果均明显优于单纯井下台站的定位结果。

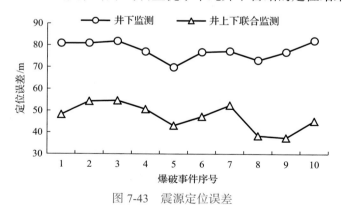

图 7-43　震源定位误差

7.3.5　KJ1160 矿用微震监测系统原理与应用

　　目前我国煤矿使用的微震监测系统主要以进口波兰产品为主，如 ARAMIS M/E 微震监测系统和 SOS 微震监测系统。随着我国冲击地压监测和防治技术的飞速发展，国产微震监测系统也如雨后春笋般逐渐发展起来，目前安标网可查的就有 10 多家。

1. KJ1160 矿用微震监测系统简介

中煤科工开采研究院有限公司(前煤炭科学研究总院北京开采所)有近 60 多年冲击地压监测和防治经验，也是最早研发和使用微震监测系统的单位，有近 20 年的波兰微震监测系统使用经验。在此基础上，中煤科工开采研究院有限公司自主研发了 KJ1160 矿用微震监测系统，适用于煤矿和金属矿山的矿震(强矿压)、冲击地压(岩爆)、煤与瓦斯突出、底板突水、顶板溃水、矿柱破裂和违法盗采等矿山灾害的监测和预警。系统特点为高灵敏宽频采集、高保真抗干扰数据传输和高精度震源定位等，系统架构如图 7-44 所示。

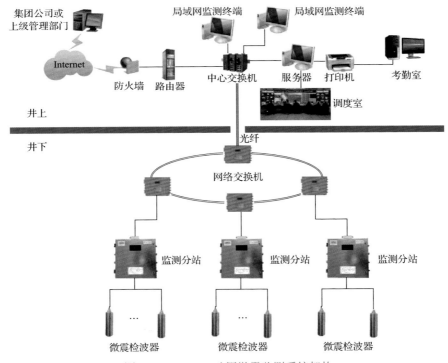

图 7-44　KJ1160 矿用微震监测系统架构

KJ1160 矿用微震监测系统的检波器选用高灵敏度、宽频带的震动检波器，可以监测包含低频、中频、高频等各个频段的各种岩层震动信息，微震事件后处理软件对震动波形进行分析和解释后，可以为工程技术人员提供有效信息。井下震动信号实时传输到地面监控主机后，经过自动和手动定位，平面及剖面展示，可以清楚地了解井下微震事件的发生位置和释放能量，提供科学可靠的有用信息[13]。

在数据传输方面，KJ1160 矿用微震监测系统的微震检波器接收震动信号，传输至微震监测分站，经光纤环网传输至微震主机，经由交换机将信号传输至数据采集主机，再传输至数据存储及处理主机进行微震事件的定位分析与可视化多方位展示。

在数据监测方面，KJ1160 矿用微震监测系统现场测点主要采用区域分布式布置，辅以区内集中布置，监测范围可覆盖全矿井以及重点工作面等所有采掘空间，可实现"覆盖大范围、聚焦工作面"的双重监测目标。

KJ1160 矿用微震监测系统的主要技术参数见表 7-11。

表 7-11　KJ1160 矿用微震监测系统的主要技术参数

序号	主要技术参数	说明
1	传输通道个数	12 通道，可扩展至 108 通道
2	安装方式	顶底板锚杆或打孔安装
3	检波器灵敏度	36～120V/(m/s)（根据监测要求可选）
4	检波器频带	0.1～1500Hz
5	时钟同步误差	小于 10^{-6}s
6	动态范围	110dB
7	采样频率	最大 10kHz
8	定位误差	± 20m(X,Y)、± 50m(Z)
9	震源定位最小震动能量	10^2J
10	系统井下部分安全等级	IP 68
11	系统井下部分防爆等级	矿用隔爆型，Exd I
12	执行标准	GB 3836.4—2000《爆炸性环境用防爆电气设备》 GB/T 24260—2009《地震检波器》

2. KJ1160 矿用微震监测系统硬件

1）GZC150 矿用本安型拾震传感器

矿用本安型拾震传感器通过电缆与采集分站相连，内部为磁电式结构采集分站外形如图 7-45 所示。当震动波传播至检波器时，震荡效应导致检波器内的弹簧振子与磁铁产生相对运动，弹簧振子上的线圈切割磁感线，从而在线圈内产生电流。检波器组件如图 7-46 所示。相对运动速度越快，则产生电流的电压值越大，表明震动越强烈。

图 7-45 采集分站

图 7-46 检波器组件

线性度和一致性是评价拾震传感器性能和质量的黄金标准，天地科技股份有限公司自主研发的振动检波器具有线性度高且一致性好的特点，保证了信号采集的高保真和良好的抗干扰性能，尤其是在低频段具有良好的整体表现。不同探头之间在时程曲线和幅频特性上基本保持一致，确保了探头之间的高度一致性和可重复性，使多个检波器保持同样的性能表现，避免了由于检波器自身特性差异而导致监测数据之间不具有可对比性。

GZC150 矿用本安型拾震传感器的安装方式共有三种。

(1)顶锚杆安装：探头直接装在顶板全锚锚杆上，如图 7-47(a)所示。

(2)底锚杆安装：在煤层底板建设水泥基础，并施工地锚。在水泥基础之内施工底板锚杆，探头装在底板锚杆上，如图 7-47(b)所示。

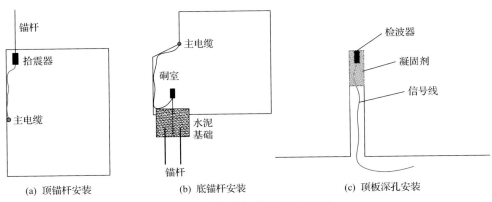

(a) 顶锚杆安装 (b) 底锚杆安装 (c) 顶板深孔安装

图 7-47 拾震传感器的安装方式

(3)顶板深孔安装：对于近水平煤层，探头若按照图 7-47(a)或(b)的方式安装，会导致传感器均位于同一水平面，从而导致震源高度的定位误差较大。为了解决这个问题，必须使传感器拉开高差，形成空间立体台网。可以在顶板施工深孔，利用特殊工艺将传感器安装在垂直孔的顶部，如图 7-47(c)所示。实践证明，顶板深孔安装传感器可解决近水平煤层垂直定位误差较大的问题。

2) KJ1160-F 矿用本安型微震监测分站

KJ1160-F 矿用本安型微震监测分站，采用先进的 4 阶 D-S 型 32 位 AD 采集，具有采集精度高、基线稳定等特点，可用于精确测量极其微弱的信号。KJ1160-F 矿用本安型微震监测分站设计了 FPGA、DSP、ARM 三 CPU 协同工作模式，保证高性能和多功能的特点，具有以太网口和无线接口，可自由选择有线或无线方式进行网络连接，内置嵌入式计算机系统，具有 16GB 存储，可脱机独立自动工作(表 7-12)。

表 7-12　监测分站技术参数

序号	参数	数值
1	供电	DC12V
2	A/D 精度	32 位
3	时钟同步方式	1588+GPS/北斗
4	外时钟输入	10MHz
5	外部输入	USB 接口 3/4G 设备
6	内置存储	256G
7	自检方式	ICP 传感器开路、短路、接入状态自动检测
8	采样频率	1kHz，最大 10kHz
9	内置存储	16GB

KJ1160-F 矿用本安型微震监测分站还具有网络分布式采集和云智慧采集等功能，采用以太网接口，不仅可以通过局域网连接到计算机，更可以直接通过互联网连接到云智慧测试系统。采用局域网连接方式，一台计算机可以控制多台 KJ1160-F 矿用本安型微震监测分站进行在线或离线测量。采用互联网连接方式，各台 KJ1160-F 矿用本安型微震监测分站自动接入云智慧服务中心(也可以简单地是互联网中的一台服务器)。各种可接入互联网的终端设备均可在任何地点通过云智慧中心对 KJ1160-F 矿用本安型微震监测分站进行操控，实现基于云计算的远程测量和监测。

多台 KJ1160-F 矿用本安型微震监测分站之间可以方便地进行级联和同步，同时支持同步线同步(近距离)和 GPS 同步，时钟同步模块如图 7-48 所示。KJ1160-F 矿用本安型微震监测分站还具有 10MHz 外时钟输入和外触发接口，此功能可以实现 KJ1160-F 矿用本安型微震监测分站与其他具有 10MHz 时钟输入的仪器进行同步采集和测量。

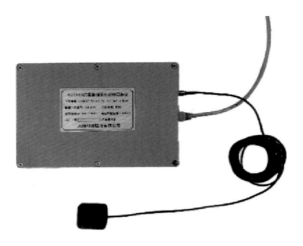

图 7-48 时钟同步模块

3. KJ1160 矿用微震监测系统软件

1) 信号采集与事件拾取软件

信号采集与事件拾取软件主要功能为实时记录并显示震动波形；微震事件自动拾取与保存；实时显示通道传输状态，在线检波器测试。主界面如图 7-49所示。

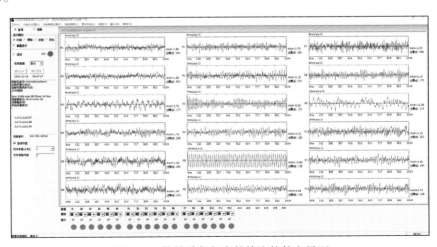

图 7-49 信号采集与事件拾取软件主界面

系统具体功能如下。

(1) 可以同时或者单独显示时域和频域的波形曲线，可以将所有波形叠加显示，也可以单独显示。时域和频域波形曲线如图 7-50 所示。

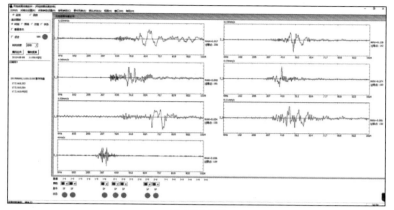

(a) 时域曲线

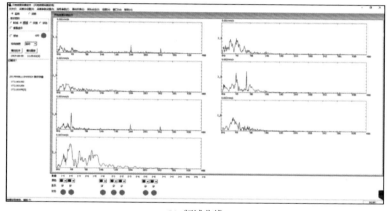

(b) 频域曲线

图 7-50　系统部分界面显示

(2) 通道信号实时强度显示柱状图，实时显示所有通道的信号强度。

(3) 可以进行采集分站 IP 地址与灵敏度，放大倍数的实时设置。

(4) 微震事件的拾取参数设置。

(5) 微震事件列表实时显示与更新。

(6) GPS 时钟状态灯，当 GPS 时钟同步时状态灯为绿色，当 GPS 无法同步时状态灯显示红色。

(7) 波形任意拉长和缩短显示。

(8) 实时显示 STA 与 LTA 具体数值和事件触发状态。

(9) 实时显示采集分站的连接状态，并显示采集分站的 IP 地址。

(10) 软件下部状态灯实时显示通道连接状态，当通道正常时显示绿色，当通道停止传输时显示红色。

2）震源定位软件

震源定位软件的主要功能：微震震源定位与残差计算，发震时刻计算，震动能量计算，滤波与傅里叶变换，数据保存等(图 7-51)。

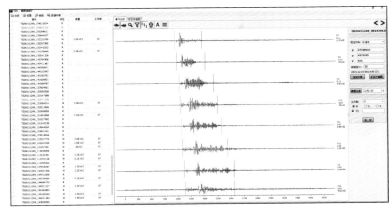

图 7-51 震源定位软件主界面

具体功能如下。

(1)拾取参数与工作面参数设置。

(2)事件实时列表显示，显示微震事件的日期、时间、状态、能量和工作面信息。红色 R 代表未处理，黑色代表已处理，M 代表有效事件。

(3)波形实时显示，放大和缩小，局部放大和单个波形放大等功能。

(4)傅里叶变换、频谱分析与低通滤波功能。

(5)到时自动排序与到时拾取的自动二次 AIC 优化。

(6)波形数据点导出到 Excel 功能，便于对波形进行二次分析。

(7)震源定位与误差估计，能量计算与数据保存。

(8)震源位置的实时 CAD 图显示，可以对底图进行放大、缩小等基本操作，移动鼠标可以测量震源坐标基于震源与工作面距离。

3）数据后处理与分析软件

KJ1160 矿用微震监测系统数据后处理与分析软件基于 GIS 地理大数据技术，采用多种表现形式，对微震数据进行深入分析与挖掘，软件主界面如图 7-52 所示。

主要功能：基于 SQL 数据库，对数据进行查看、编辑、导出，平面和剖面投影，曲线绘制，b 值预警，被动 CT 反演层析成像，综合预警等。

具体功能如下。

(1)微震事件查看与按照日期能量和工作面进行筛选，频次与能量统计，自动标红能量最大值，自动显示各个能量级别的微震事件数目占比饼图。

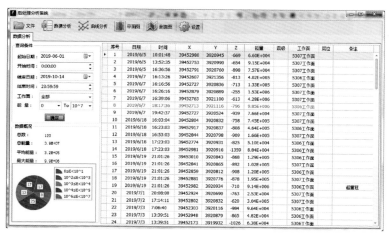

图 7-52　数据后处理与分析软件主界面

(2)微震事件的平面与剖面投影图，可以任意划定统计范围，并对此范围内的微震事件进行频次和能量的初步统计。单击单个微震事件点，即可显示此微震事件的详细信息。微震事件平面和剖面投影图如图 7-53 所示。

(3)曲线分析。自动生成每日频次和能量曲线图、能量饼图、能量序列图、平均能量图、走向频次能量图、倾向频次能量图等。

(4)利用微震事件进行被动 CT 反演与层析成像(图 7-54)，可以得出波速云图；通过分析波速云图，可推测工作面应力分布和地质构造分布情况。

(5)能量分布云图，对事件分布密度和能量大小进行综合分析，得出能量分布密度图，可以对能量释放强度的分布情况进行显示(图 7-55)。

(6)自动生成微震监测日报表并进行自动预警。

(7)微震事件多维可视化呈现与空间分布分析，包括平面、剖面和三维可视化。

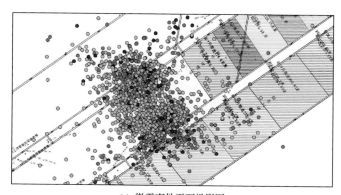

(a) 微震事件平面投影图

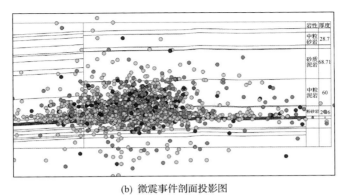

(b) 微震事件剖面投影图

图 7-53 微震事件投影图

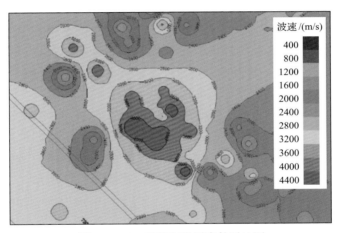

图 7-54 CT 反演与微震事件对比图

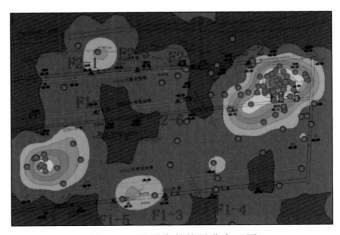

图 7-55 微震事件能量分布云图

4. KJ1160 矿用微震监测系统现场数据分析

1）陕西某矿 KJ1160 矿用微震监测数据分析

陕西某矿微震检波器布置如图 7-56 所示，在 211 工作面的 2009 辅运巷和 211 辅运巷分别布置 1 台采集分站，共安装 10 台检波器，其中包含 4 台顶板深孔探头。通过 KJ1160 矿用微震监测系统对综采工作面的微震事件进行实时监测、分析，并根据微震事件频次、能量以及事件发出的震动信号及时准确定位震源位置，明确工作面区域微震事件分布情况，及时为矿山顶板灾害危险的发生进行预警。

2021 年 4 月 1 日至 4 月 30 日共发生微震事件 2874 次，其中能量级为 $0\sim10^2$J 的微震事件共 1613 次，占总事件数的 56.12%；能量级 $10^2\sim10^3$J 的微震事件共 1189 次，占总事件数的 41.37%；能量级为 $10^3\sim10^4$J 的微震事件共 72 次，占总事件数的 2.51%。微震事件明显集中分布在 211 工作面附近沿空侧和回风巷超前沿空侧，如图 7-57 所示，该区域受采掘扰动影响明显，载荷积聚、调整及能量释放更为剧烈，是顶板灾害发生的主要区域。

为了验证 KJ1160 矿用微震监测系统的震源定位精度，分别在胶带巷 5 号联络巷以里 12m 的位置和 211 工作面下隅角进行了切顶爆破定位试验，孔深 15m（装药段 10.5m），单孔装药量 9.8kg。每段用一发雷管，同时起爆。垂直于顶板，共三个炮眼，间距 1.6m。爆破事件波形和震源位置如图 7-58 所示。

胶带巷 5 号联络巷切顶爆破，震源定位的平面误差为 31.56m，垂直误差为 9.6m，总误差为 32.98m；工作面下隅角切顶爆破，平面误差为 29.1m，垂直误差为 19m，总误差为 34.8m，见表 7-13。

表 7-13　微震定位误差分析

项目	胶带巷 5 号联络巷切顶爆破			工作面下隅角切顶爆破		
	x/m	y/m	z/m	x/m	y/m	z/m
爆破坐标	36580356.55	3957553.36	747.4	36580482	3957219	748
定位点	36580353.00	3957522.00	757	36580464	3957196	767
误差	3.55	31.36	9.6	18	23	19
平面误差	31.56			29.1		
垂直误差	9.6			19		
总误差	32.98			34.8		

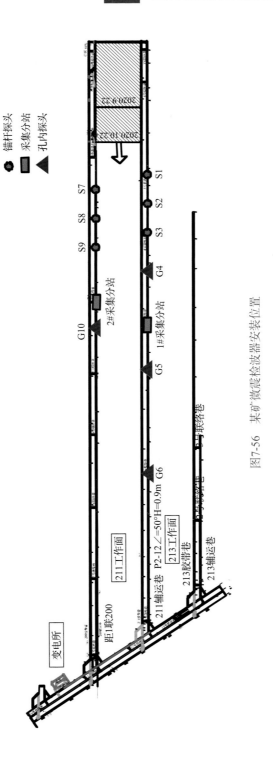

图7-56　某矿"微震检波器安装位置

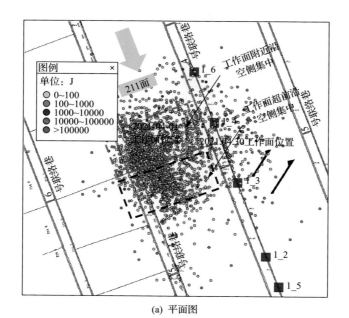

(a) 平面图

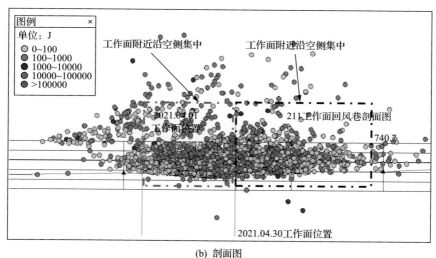

(b) 剖面图

图 7-57　工作面整体微震震源分布

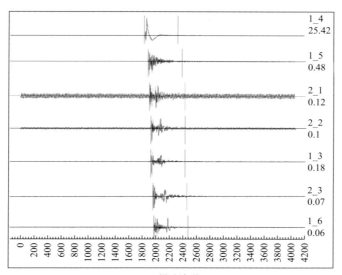

(a) 爆破波形

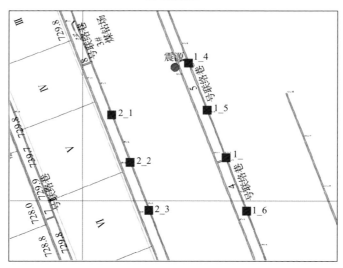

(b) 震源定位位置

图 7-58　胶带巷 5 号联络巷切顶爆破定位结果

2）山西某矿 KJ1160 矿用微震监测数据分析

5210 工作面地面标高 1302.3～1384.9m，工作面标高 836～854m，工作面走向长度 956.5m，倾斜长度 235m，煤层平均厚度 4m，倾角 1.35°，直接顶为 2.35m 厚的泥岩，基本顶为 17.7m 的含砾粗砂岩。本工作面共安装 10 个检波器，其中包含 2 个顶板深孔检波器，如图 7-59 所示。

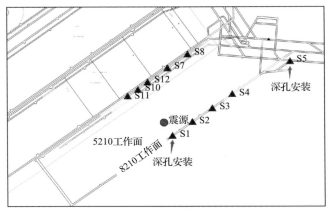

图 7-59　检波器布置图

2022 年 3 月，5210 巷道共进行 5 次断顶爆破，炮孔倾角 60°～70°，每组 6 个孔。孔深 33m，装药段 22m，封孔段 11m。每个孔装药卷 11 根。孔口起爆，注浆封孔。因此可以默认爆破位置高度为：煤层顶板标高+10m，以下分析的 5 次爆破处煤层底板标高为 840m，再加上煤厚 4m，因此爆破高度为 854m，如图 7-60 所示。

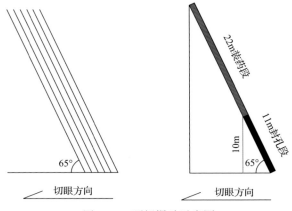

图 7-60　顶板爆破示意图

1号爆破波形和震源定位位置如图 7-61、图 7-62 所示。

表 7-14 为 5 次爆破的平面误差、垂直误差和总误差分析，可知平面误差平均值为 14.4m，最小可达 6m；垂直误差平均值为 10.6m，最小可达 1m；总误差平均值为 20m，最小可达 11.66m。

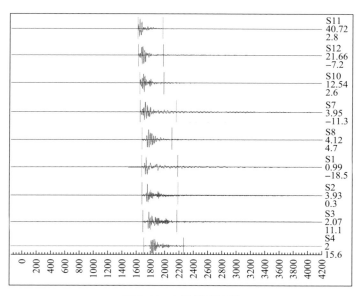

图 7-61　1 号爆破波形

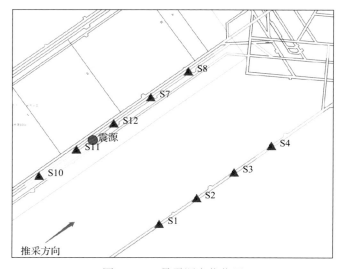

图 7-62　1 号震源定位位置

表 7-14 爆破定位误差表

爆破编号	平面误差/m	垂直误差/m	总误差/m
1	6	10	11.66
2	12	6	13.42
3	18	1	18.03
4	29	11	31.02
5	7	25	25.96
平均值	14.4	10.6	20

由以上两个煤矿的微震事件误差分析可知，KJ1160 矿用微震监测系统的震源定位精度较高，满足现场监测要求。

7.3.6 微震监测系统在顶板灾害防治中的应用

微震监测系统在煤矿中主要用来监测冲击地压发生规律，从而实现防治冲击地压。随着对微震监测系统的理解和认识，最近几年，开始采用微震监测系统监测工作面顶板及上覆岩层活动，从而间接分析顶板及上覆岩层对矿压显现的影响以及两者关系，以达到分析顶板灾害发生机理和实现顶板灾害防治的目的。单层或多层硬厚顶板会导致工作面发生大面积突然垮落和强矿压显现，利用微震监测系统监测大能量事件和强矿压显现的震源位置及能量，确定主导强矿压岩层，再采取弱化措施，使顶板灾害防治做到有的放矢。

1. 微震事件与矿压显现关系

现以陕西某矿 211 工作面为例，对工作面微震事件进行分析，从而得出微震事件与工作面矿压显现的关系。

1）地质条件

陕西某矿 211 工作面，位于二盘区，东北部为未采区，西南紧邻 209 采空区，工作面倾向长 300.5m。211 工作面开采 2 号煤层，煤层厚度 2.5～3.8m，平均 3.0m，煤层倾角 0°～4°，煤层顶底板情况见表 7-15。工作面采煤机型号为 MG900/2400-WD 采煤机，基本液压支架型号为 ZY10000-23/45D。

表 7-15 煤层顶底板情况

序号	底板名称	岩石名称	厚度/m	岩性特征
1	顶板 2	粉砂岩	8～16.5	灰黑-深灰色，含植物化石碎片，夹薄层细粒砂岩，具水平及波状层理
2	顶板 1	细粒砂岩	10～23	浅灰色、灰白色，以石英、长石为主，夹薄层粉砂岩，含植物化石碎片及云母片，泥钙质胶结，板状层理

续表

序号	底板名称	岩石名称	厚度/m	岩性特征
3	2 号煤层	煤	2.5～3.8	黑色块状，条痕黑色，弱沥青光泽，参差状断口
4	直接底	粉砂岩	1.35～3.7	灰黑色、深灰色，含植物化石，中夹薄层细粒砂岩，钙质胶结，水平层理
5	基本底	细粒砂岩	0～6.6	灰白色，含植物化石碎片及云母片，中夹薄层粉砂岩，泥钙质胶结，板状层理

2）微震事件整体分布特征

在 2020 年 12 月 1 日至 2021 年 6 月 30 日共监测到有效微震事件 13079 次，其中能量级为 0～10^2J 的微震事件共 4435 次，占总微震事件数的 33.91%；能量级 10^2～10^3J 的微震事件共 7081 次，占总微震事件数的 54.14%；能量级为 10^3～10^4J 的微震事件共 1523 次，占总微震事件数的 11.64%；能量级为 10^4～10^5J 的微震事件共 35 次，占总微震事件数的 0.27%；能量级为 10^5～10^6J 的微震事件共 5 次，占总微震事件数的 0.04%，如图 7-63 所示。211 工作面微震虽然以 10^2～10^3 能级微震事件为主，但是 10^3～10^4 能级微震事件频次仍然较多，占比达 11.64%，总体来看，大能量事件占比相对较高。

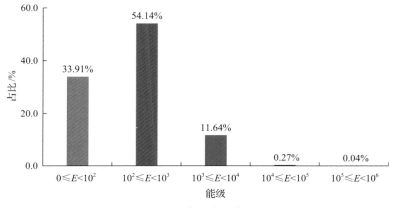

图 7-63 211 工作面微震能级占比图

此段时间内 211 工作面共进尺 1336m，平均每米释放能量为 5.93×10^3J，全部微震事件震源分布如图 7-64 所示。容易看出，微震事件明显集中分布在 211 工作面附近沿空侧和回风顺槽超前临空侧。微震丛集区煤岩体是顶板活动的主体，受采掘扰动影响最为显著，载荷积聚、调整及能量释放更为剧烈，应被视为治理重点区域。

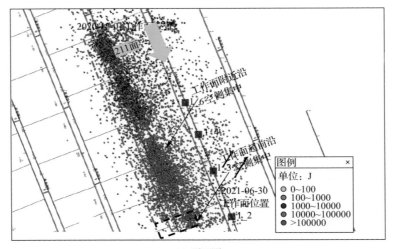

(a) 平面图

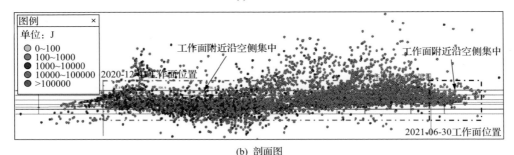

(b) 剖面图

图 7-64 211 工作面整体微震震源分布

3) 走向方向顶板活动微震事件分布

沿工作面走向微震事件频次及能量分布如图 7-65 所示。微震事件沿工作面走向方向,不同距离区间的能量和频次整体基本呈正态分布。走向能量分布图表明,微震事件活跃始动点位于工作面前方,距工作面煤壁 120~140m,事件活跃末点位于工作面后方,距工作面煤壁 –20~0m,峰值点位于工作面前方,距工作面煤壁 60~80m,微震事件活跃范围 120~160m。走向频次分布图表明,微震事件活跃始动点位于工作面前方,距工作面煤壁 140~160m,事件活跃末点位于工作面后方,距工作面煤壁 –40~–20m,峰值点位于工作面前方,距工作面煤壁 60m,微震事件活跃范围 160~200m。

因此,综合考虑微震事件走向能量分布、走向频次分布及走向平均能量分布,微震事件活跃始动点超前工作面 120~140m,事件活跃末点滞后工作面 –20~0m,峰值点超前工作面 60~80m,微震事件活跃范围 120~160m。

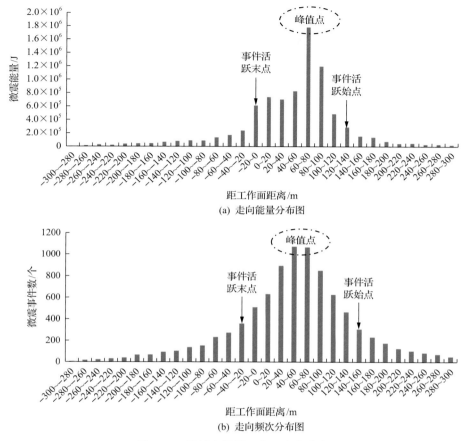

图 7-65 微震事件沿工作面走向分布

4) 倾向方向顶板活动微震事件分布

由图 7-66(a) 顶板活动微震事件倾向能量分布, 微震事件活跃区域位于工作面临空侧, 距离运输巷 240~320m 范围内, 即工作面 137 号支架至回风区段煤柱内 16m 范围, 距离运输巷 240~260m(137~149 号支架) 内为微震能量峰值区域; 由图 7-66(b) 微震事件倾向频次分布可知, 微震事件活跃区域位于工作面临空侧, 距离运输巷 180~320m 范围内, 即工作面 102 号支架至回风区段煤柱内 16m 范围, 距离运输巷 260~280m(148~160 号支架) 内为微震事件频次峰值区域。

综合考虑微震事件走向和倾向方向能量、频次分布及平均能量分布, 微震事件活跃区域位于工作面临空侧, 距离运输巷 240~320m 范围内, 即工作面 137 号支架至回风区段煤柱内 16m 范围, 距离运输巷 240~260m(137~149 号支架) 内为微震能量峰值区域。

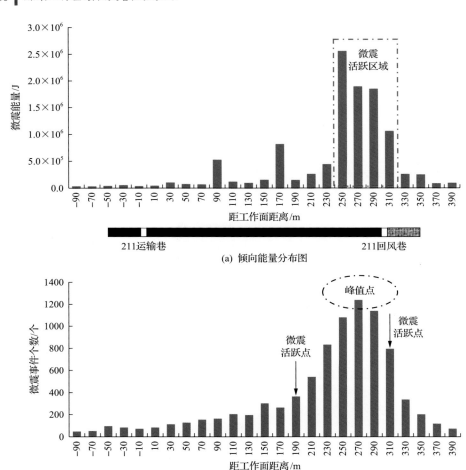

图 7-66　微震事件沿工作面倾向分布

5）垂直方向上顶板微震事件活动规律

工作面垂直方向微震事件能量分布如图 7-67 所示。微震事件发生的主要区域在煤层底板下 7m 至顶板上 40m，微震事件能量和频率集中在煤层顶板上 0m 至顶板上 10m。

煤层顶板上 20～30m 微震事件区间能量为 4.81×10^5J，频次 797 个；煤层顶板上 30～40m 微震事件区间能量为 7.4×10^5J，频次 542 个。虽然煤层顶板上 30～40m 范围内微震频次较低，但是微震能量较高，表明该层位的煤岩体破裂强度较其他层位剧烈，易产生大能量微震事件。

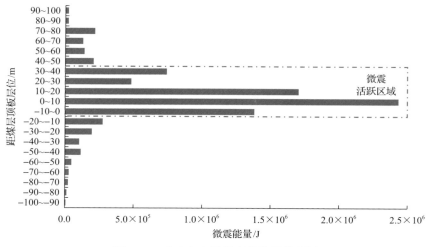

图 7-67 垂直方向微震事件能量分布图

6）大能量事件与矿压显现关系

不同矿井大能量事件能量大小和矿压显现不同，大能量事件一般是指能量大于 10^3 J 及以上。大能量事件表明顶板发生了范围较大的顶板活动，如断裂或失稳，若大能量事件离工作面和巷道较近，则可能有较大的矿压显现。有的大能量事件距工作面位置较远，则可能不会影响工作面或导致较为强烈的矿压显现。现分析 211 工作面部分大能量事件对矿压显现的影响。

① "12·13" 大能量事件

2020 年 12 月 13 日 17:12 时，KJ1160 矿用微震监测系统监测到能量为 4.64×10^3 J，震源超前工作面距离为 55.9m，微震监测定位位置如图 7-68 所示。211 工作面回风超前支护范围煤炮声响大，30m 范围内煤柱侧下帮位移量 400～500mm，

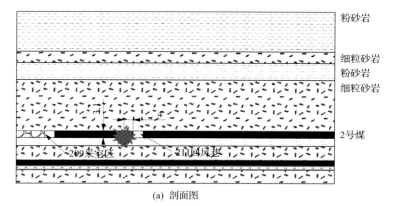

(a) 剖面图

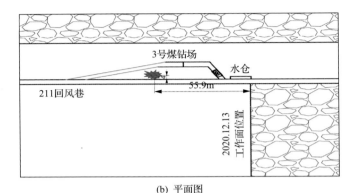

(b) 平面图

图 7-68 "12·13"大能量事件微震监测位置

水仓内木垛向工作面侧倾倒,工作面侧下帮位移量 200mm 左右;超前工作面 7m 范围人行道底鼓 600～800mm,超前工作面 7～30m,底鼓 300～400mm。工作面 164 号支架至机尾出现不同程度的煤壁片帮。

这次大能量事件对工作面超过 32m 范围支架有不同程度的影响,部分支架压力"台阶"上升,有动载现象,由于沿空侧支架初始压力值普遍较高,因此,来压时压力变化值也不大,最大增加 7.9MPa。其中,工作面沿空侧 171～175 号支架及超前第一组支架有明显动载,支架工作阻力"台阶"上升,工作面内较大影响范围约为 21m,如图 7-69 所示。

从以上监测数据可以看出,顶板发生了较大范围的突然断裂,能量相对较大,能量传递到巷道造成了不同程度的破坏及强矿压显现,断裂后的顶板对支架有冲击现象,造成支架工作阻力"台阶"上升,说明该工作面顶板较硬,断裂范围较大,对工作面影响较大。

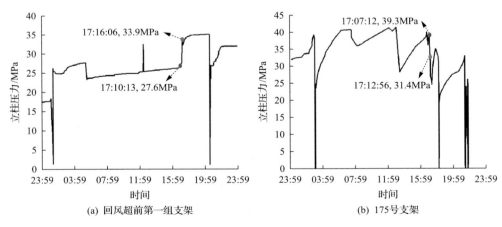

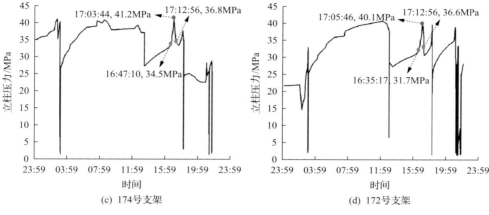

图 7-69　大能量事件发生期间支架立柱压力曲线

② "7·7" 大能量事件

2021 年 7 月 7 日 11:45 时，KJ1160 矿用微震监测系统监测到能量为 1.2×10^3 J，震源滞后工作面距离为 30m，高度为距离煤层 21.9m，距离回风巷 7m，微震监测定位位置如图 7-70 所示。211 回风下隅角 15m 范围矿压显现较为强烈，煤炮声响大，煤柱侧帮部整体位移 0.5～0.7m；下隅角处位移量最大 0.7m，实体煤侧底角处一根树脂锚杆破断，下隅角处顶板下沉 0.3～0.4m。工作面 170 号架至机尾片帮 0.3～0.5m，刀口处片帮 0.5m 左右。

在此次大能量事件期间，工作面沿空侧 150～175 号支架存在动载现象，支架工作阻力有 "台阶" 上升，150～172 号支架增幅明显，支架工作阻力普遍达到 40MPa，支架压力增幅最大达到 15MPa，增幅均超过 3MPa，增阻速率达到 2MPa/min 以上；140～149 号支架增幅平均 1.8MPa，增阻速率平均 0.72MPa/min，如图 7-71 所示。需要说明的是，由于微震系统和矿压监测系统可能存在绝对时间误差，虽微震监测系统监测到大能量事件发生在 11:45 时，但矿压监测系统监测的支架工作阻力增阻或 "台阶" 上升时间最早在 11:38（163 号支架）。

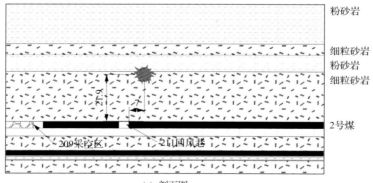

(a) 剖面图

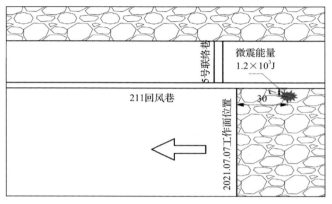

(b) 平面图

图 7-70 "7·7"大能量事件微震监测位置

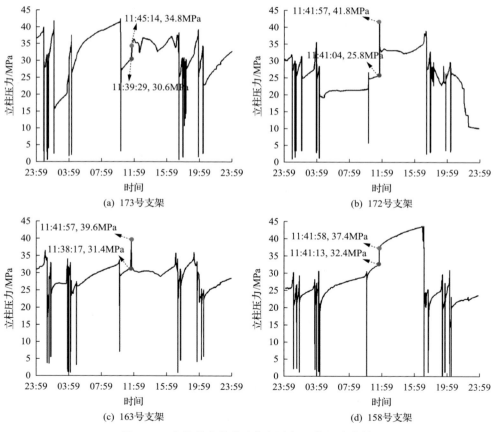

(a) 173号支架

(b) 172号支架

(c) 163号支架

(d) 158号支架

图 7-71 大能量事件发生期间支架立柱压力曲线

2. 工作面强矿压主导岩层确定

1）内蒙古某煤矿 3-1402 工作面

通过微震监测系统监测顶板活动大能量事件发生位置以及对矿压显现的影响情况，从而实现工作面强矿压主导岩层的确定。该矿采用 ARAMIS M/E 微震监测系统和 ARP 2018 地面微震监测系统，实现对微震事件位置的准确定位以确定强矿压主导岩层。

该煤矿 3-1402 工作面微震事件走向垂直层位分布情况如图 7-72 所示。从图 7-72 中可以看出微震事件在垂直层位上主要分布在煤层上方 110m 范围内，最大达到 210m，110～210m 内微震事件呈现零星分布，10^4J 及以上事件主要发生在煤层上方 23～84m 的厚层中粒砂岩层内。

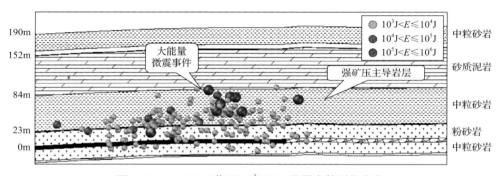

图 7-72 3-1402 工作面 10^3J 以上微震事件层位分布

在垂直层位上，微震事件频次和能量主要分布在 3^{-1} 煤层上方的粉砂岩和中粒砂岩岩层中，如图 7-73 所示，煤层上方 30～90m 微震事件频次较低，但

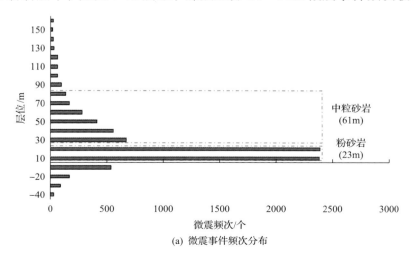

(a) 微震事件频次分布

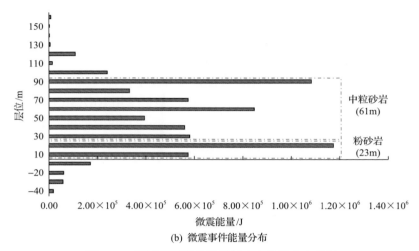

(b) 微震事件能量分布

图 7-73 顶板不同层位微震频次和能量分布特征

图 7-73(b)中的总能量较高,说明在这个层位单事件能量较大,即高能事件频发,顶板活动规模以及对矿压显现影响较大,是冲击地压或强矿压的主导岩层。

2)陕西某矿 211 工作面

采用 KJ1160 矿用微震监测系统通过深孔安装传感器,以实现对垂直方向上震动事件的精确定位。工作面垂直方向微震事件分布如图 7-74 所示。微震事件发生的主要区域在煤层底板下 7m 至顶板上 40m,微震事件能量和频率集中在煤层顶板上 0m 至顶板上 10m。煤层顶板上 20~30m 微震事件区间能量为 $4.8×10^5$J,频次 797 个;煤层顶板上 30~40m 微震事件区间能量为 $7.4×10^5$J,频次 542 个。虽然煤层顶板上 30~40m 范围内微震频次较低,但是微震能量较高,表明该层位

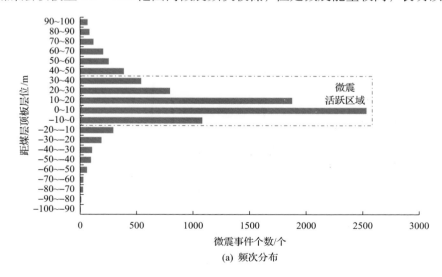

(a) 频次分布

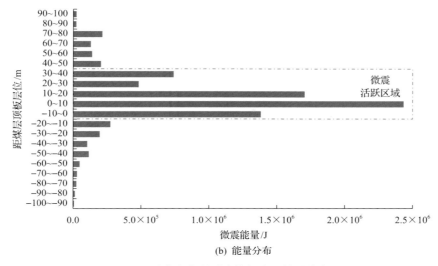

(b) 能量分布

图 7-74 垂直方向微震事件频次和能量分布图

的煤岩体破裂强度较其他层位剧烈，易产生大能量微震事件。

图 7-75 为陕西某矿 211 工作大于 10^4J 能量在钻孔柱状图上的剖面投影图，微震事件主要分布在煤层顶板 75m 以下范围内，尤其是 30m 以下的低位顶板岩层内呈现密集分布，表明微震事件的能量主要来源是侧向采空区低位岩层垮断。因此可以判断对工作面矿压显现造成影响的主要为 30m 范围内低位顶板岩层。

研究得出了覆岩断裂与矿压显现时空演化规律，认为近场周期来压与远场微震事件具有明显相关性，通过微震监测可准确判定工作面强矿压主导岩层，当工作面处于高能事件动载影响范围时，支架压力会出现异常跃升现象。通过微震监测系统监测大能量事件并对其定位，从而实现强矿压主导岩层的定位，从而采取弱化技术对主导岩层进行预先弱化。

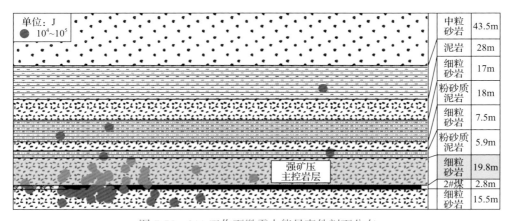

图 7-75 211 工作面微震大能量事件剖面分布

参 考 文 献

[1] 徐刚. 工作面顶板灾害类型、监测与防治技术体系[J]. 煤炭科学技术, 2021, 49(2): 1-11.

[2] 蒋星星, 李春香. 2013-2017 年全国煤矿事故统计分析及对策[J]. 煤炭工程, 2019, 51(1): 101-105.

[3] 吕情绪, 卢振龙, 王子升, 等. 神东矿区矿压大数据云平台建设及应用[J]. 煤矿机械, 2020, (11): 170-173.

[4] 王国法, 智慧煤矿 2025 情景目标和发展路径[J]. 煤炭学报, 2018, 43(2): 295-305.

[5] 赵向东, 王育平, 姜福兴, 等. 微地震研究及在深部采动围岩监测中的应用[J]. 合肥工业大学学报(自然科学版), 2003, 26(3): 295-305.

[6] 唐礼忠, 杨承祥, 潘长良, 等. 大规模深井开采微震监测系统站网布置优化[J]. 岩石力学与工程学报, 2006, 25(10): 2036-2042.

[7] 张君. 冬瓜山铜矿围岩破坏震源机制与微震活动相应规律研究[D]. 长沙: 中南大学, 2006.

[8] 夏永学. 基于微震监测的超前支承压力分布特征研究[J]. 中国矿业大学学报, 2011, 40(6): 868-873.

[9] 付东波, 齐庆新, 秦海涛, 等. 采动应力监测系统的设计[J]. 煤矿开采, 2009, 14(6): 13-16.

[10] 徐刚, 陈法兵, 张振金, 等. 井上下微震联合监测震源垂直定位精度优化研究[J]. 煤炭科学技术, 2020, 48(2): 80-88.

[11] 中煤科工开采研究院有限公司. 煤矿顶板矿压监测预警平台: 中国, 软著登字第 7718872 号[P]. 2021-07-07.

[12] 陈法兵, 王颖, 任文涛, 等. 基于奇异值分解法的微震子台网监测能力分析[J]. 地震地磁观测与研究, 2015, 36(1): 65-71.

[13] 天地科技股份有限公司. 矿山微震震源定位软件: 中国, 软著登字第 4408029 号[P]. 2021-11-19.

第8章 工作面顶板灾害防治技术及现场应用

本章提出了顶板灾害防控策略和具体思路,将顶板灾害防控分为采前和采中两个阶段,重点在源头治理;以上湾煤矿、崔木煤矿、马道头矿、瑞丰矿和元宝湾矿为典型案例,分别对浅埋煤层顶板下沉量控制、非坚硬顶板条件提高支护刚度、高位厚硬岩层地面和井下区域压裂弱化、中低位坚硬顶板井下"钻-切-压"弱化及房柱式采空区下长壁开采顶板灾害防控等进行介绍。

8.1 工作面顶板灾害整体防治思路

长期以来,在顶板灾害治理领域,围岩控制思路都是以"开采—破坏—控制"为主线,该思路属于被动式的解决思路,采取的措施往往是单手段、单对策,没有考虑到采场围岩应力场演化是一个动态的连锁过程。本章提出了顶板灾害"二阶段"防控策略,强调从源头上防控,其主要方法是以预防为主,重点在预防[1]。顶板灾害防控分为采前和采中两个阶段,如图 8-1 所示,具体步骤如下。

(1)在工作面布置时,对顶板岩性、应力环境进行评价,分析工作面顶板是否需要弱化,采用何种技术手段进行弱化,提出针对性弱化方案和参数,如对于工作面或采区全域性坚硬岩层,可采取井下或地面定向深孔压裂技术,实现整个工作面甚至采区顶板的弱化处理,从源头上避免片帮冒顶、大面积切顶等强矿压现象发生。

(2)在工作面开采之前,根据工作面顶板类型和煤层赋存条件,对开采强度进行论证,预测覆岩垮落范围和矿压显现强弱程度,从工作面推进方向、斜长、割煤高度及支护强度等方面进行针对性的专项设计。

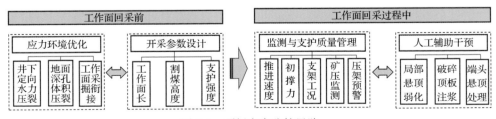

图 8-1 顶板灾害防控思路

(3)在工作面回采过程中,加强工作面支护质量管理,确保初撑力合格率达到

80%以上，保障支架工况良好，杜绝支架不良位态及液压系统各种"跑、冒、滴、漏"现象发生，保持工作面推进速度稳定，控制顶板下沉量。

(4)加强矿压监测分析和预警，对弱化方案进行评价和验证，在采取上述措施后，仍难以避免工作面局部悬顶或强矿压现象，采取人工强制干预措施。

8.2 基于顶板下沉量控制的浅埋煤层工作面顶板灾害防治技术

通过前述理论分析和实测数据分析可知，浅埋工作面矿压显现特点是来压与非来压期间矿压曲线差别非常明显，非来压时支架增阻能力较弱，来压时支架工作阻力大多处于急增阻状态，同时，时间效应对顶板下沉量和支架工作阻力增阻量有较大影响。对于浅埋煤层而言，大面积切顶压架和片帮冒顶是工作面面临的主要顶板灾害类型。上湾煤矿12401工作面是世界首个支架高度达到8.8m，割煤高度达到8.5m，在浅埋深和超大采高开采条件下，工作面顶板控制难度大，在初采期间发生过一次较大范围的片帮冒顶，之后在总结超大采高工作面开采经验并采取一系列技术措施后，工作面顶板控制取得了良好效果，在后续近5000m推进长度内实现了安全顺利回采，首个8.8m超大采高工作面工业性试验获得成功。现以上湾煤矿12401超大采高工作面顶板控制为例，阐述浅埋煤层工作面顶板灾害防治技术及经验。

8.2.1 灾害案例

上湾煤矿12401综采工作面地质条件已在前文阐述，不再赘述。由于该工作面初采位置埋深相对较大(220~240m)，推进速度缓慢，工作面开采初期矿压显现强烈，在推进约120m位置发生了严重的片帮冒顶，造成停机处理10天。事故发生过程如下：4月24日早班，工作面推进至119.6m时，工作面中部55~95号支架顶板大面积来压，最大压力50.0MPa，来压持续至中班；4月25日夜班由于乳化液泵故障，支架动作慢(滤芯堵塞)，导致工作面出现局部漏顶；4月26日早班9:00，工作面推进到129m时，三台乳化液泵全部故障，液压支架无法动作，工作面60~90号支架顶板无法及时支护，出现大面积漏顶，如图8-2所示。初采期间事故发生的原因在于设备处于磨合期，如采煤机故障造成工作面推进速度缓慢，泵站故障造成初撑力不足，此外，工作面初采时沿底板托顶煤回采，顶煤和伪顶稳定性差，上述因素是工作面发生冒顶的直接原因。

图 8-2　12401 工作面顶板漏冒现场

8.2.2　防治技术

在工作面处理此次冒顶事故后，通过总结经验，并结合理论研究结论，提出了顶板弱化、减少步距和动载、高初撑力抑制顶板初期下沉、强护帮减少煤壁片帮、快速推进降低工作面附近岩层结构失稳概率的浅埋深超大采高工作面综合围岩控制技术，保障了工作面安全回采[2]。

1. 掌握顶板致灾机理

在顶板灾害近远场监测预警的基础上，通过理论分析、顶板位移监测等多种手段，研究浅埋 8.8m 超大采出空间下矿压显现规律及近远场覆岩破断特征，分析工作面近远场顶板结构失稳与采场大小周期来压的内在联系及作用机制，分析工作面周期来压和支架增阻规律以及对片帮冒顶的影响，通过采取提高支架初撑力和支撑效率，加快工作面推进速度等措施，能够达到减少顶板下沉量，避免工作面在煤壁处断裂或结构失稳的概率[3]，实现工作面顶板灾害的防治。

2. 近远场协同监测预警

工作面开采初期，矿压监测手段尚不完善，未发挥矿压监测系统的预警作用。在片帮冒顶处理结束后，工作面安装了微震监测系统和 KJ21 顶板灾害监测预警系统，对顶板灾害实施近远场协同监测预警。

采用微震监测系统对 8.8m 超大采高工作面近远场覆岩活动规律、顶板破断位置、能量释放进行实时监测，实现顶板关键层断裂失稳的超前预警，如图 8-3 所示。采用 KJ21 顶板灾害监测预警系统(图 8-4)，对工作面顶板来压、支架工况进行实时监测预警，实现工作面顶板来压的智能感知、超前预测以及支架工况实时评价预警，指导工作面在强矿压来临前及时采取防控措施，以及对工况较差支架及时检修或调整。在采用以上监测预警手段后，工作面顶板灾害防治做到了心中有数、有的放矢，从而有效减轻了顶板灾害的危害程度。

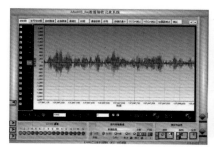
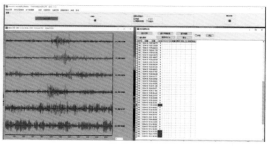

(a) 微震波形记录　　　　　　　　　　(b) 微震波形分析

图 8-3　远场覆岩活动微震监测界面

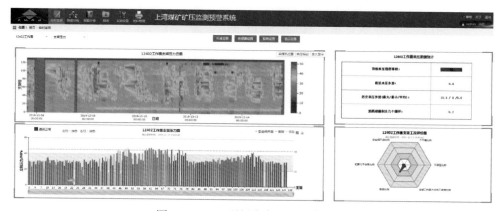

图 8-4　KJ21 顶板灾害监测预警系统

3. 工作面保持合理推进速度

采用均化循环理论分析方法对 12401 工作面支架工作阻力进行分析，获得非来压期间和来压期间支架工作阻力循环 $F\text{-}T$ 曲线，超大采高工作面开采来压及非来压期间支架增阻曲线呈现明显的差异性，来压期间支架工作阻力增阻速度远大于非来压期间，如图 8-5 所示。其中来压期间支架增阻呈现对数-大斜率线性复合增长趋势，从初撑力起始点支架压力即开始急剧增大，呈对数函数分布，在持续约 10min 后呈大斜率线性分布，约 60min 内增阻 11000kN，达到额定工作阻力 26000kN，安全阀开启；非来压期间支架增阻呈现近常数或小斜率线性增长趋势，60min 即一个循环内支架平均增阻仅 1850kN。因此，为了减少工作面顶板下沉量，防止顶板在煤壁处切落或断裂后顶板失稳，一个割煤循环控制在 60min 左右，采煤机割煤速度要大于 5m/min。

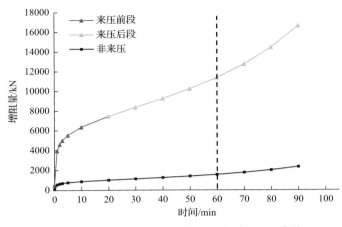

图 8-5　上湾煤矿 12401 工作面均化循环 *F-T* 曲线

4. 控制顶板下沉量

统计 2019 年 7 月 15 日～8 月 15 日工作面推进长度 300m 范围内总计 20 次周期来压期间，工作面 30、40、60、64、70、80、113 号支架顶板下沉量，分析了共 185 个循环周期顶板的下沉量分布，如表 8-1 和图 8-6 所示。12401 工作面顶板下沉量分布在 3～122mm，沿倾向方向呈现"两端小—中部大"的分布特征。工作面中部顶板下沉量 4～122mm，平均 48.9mm，工作面机头顶板下沉量 6～65mm，平均 24.8mm，工作面机尾顶板下沉量 3～29mm，平均 17.2mm。

工作面不同阶段顶板下沉量差异性显著，来压期间工作面中部顶板下沉量 12～122mm，平均 61.3mm，顶板下沉速度 0.72～0.97mm/min，工作面两端头顶板下沉量 6～65mm，平均 27.9mm，顶板下沉速度 0.24～0.26mm/min；非来压期间工作面沿倾向方向，顶板下沉量差异性较小，工作面中部顶板下沉量 4～43mm，

表 8-1　12401 工作面不同阶段内顶板下沉量分析

支架号	顶板下沉量均值/mm		增长幅度/%	顶板下沉速度/(mm/min)		增长幅度/%
	来压	非来压		来压	非来压	
30	28	17.8	57.30	0.26	0.22	18.18
40	31.8	18.5	71.89	0.72	0.31	132.2
60	63.2	21.1	199.53	0.83	0.39	112.8
64	59.8	15.3	290.85	0.81	0.26	211.5
70	60.8	21.6	181.48	0.84	0.29	189.6
80	61.2	14.4	325.00	0.97	0.26	273.1
113	27	11.4	98.53	0.24	0.15	60

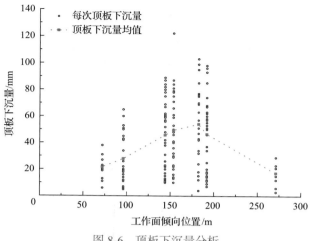

图 8-6 顶板下沉量分析

平均 18.1mm，顶板下沉速度 0.27～0.39mm/min，工作面两端头顶板下沉量 3～38mm，平均 15.9mm，顶板下沉速度 0.15～0.22mm/min。

根据工作面来压期间多个采煤循环的顶板下沉量统计分析得出，工作面在一个循环内顶板下沉量控制在 100mm 范围内可以避免工作面发生切顶和顶板结构失稳。

5. 提高支架初撑力

根据 12401 工作面支架初撑力与顶板下沉量、下沉速度的关系，如图 8-7 所示，当初撑力在 13000～14000kN 区间时，来压期间循环顶板下沉量高达 98mm，

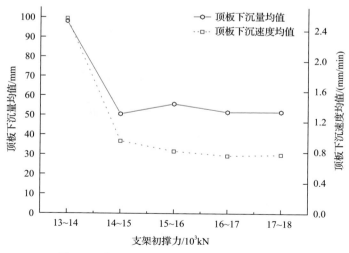

图 8-7 液压支架初撑力与顶板下沉关系曲线

下沉速度为 2.55mm/min；当初撑力增至 14000～15000kN 区间时，循环顶板下沉量降至 46.5mm，下沉速度降至 0.94mm/min；初撑力继续增至 15000kN 以上时，顶板下沉量及下沉速度均趋于稳定。提高初撑力表现出的顶板控制作用显著。因此，12401 工作面支架合理初撑力应不小于 15000kN。

提高支架初撑力具体措施为：当工作面来压时，通过配套的额定压力为 42MPa 的增压泵进行二次增压，来保障工作面较高的初撑力；当初撑压力小于 25.2MPa 时乳化液泵自动补液功能开启；当初撑力大于 25.2MPa 小于 30MPa 时，增压泵进行二次自动补液，使得工作面支架初撑力合格率达到 95% 以上。

6. 初次放顶

为减小基本顶初次来压带来的动载冲击，工作面推进约 4.8m 后采取了深孔爆破强制放顶，基本顶初次来压步距缩短为 45m，深孔预裂爆破效果达到预期效果，保障了 8.8m 超大采高工作面初采顶板安全。

8.2.3　防治效果

12401 工作面于 2018 年 3 月 20 日投产，2019 年 9 月 4 日末采贯通完毕，安全回采 533 天，累计产量 1854 万 t，回采工效 1050t/工，最高日产 5.84 万 t，最高月产 146 万 t，单面已具备年产 1600 万 t 生产能力。12401 工作面推进速度由初采期间的平均 2.8m/d 提高至 10.8m/d，持续安全回采两个 8.8m 超大采高工作面，安全推采距离累计达到 10800m。在工作面推进过程中，工作面支架工况良好，没有发生影响生产的顶板事故，获得了巨大的经济效益和社会效益。

8.3　基于提高支护刚度的非坚硬顶板工作面切顶压架防治技术

一般认为非坚硬顶板不会发生大面积顶板来压事故，但该类顶板灾害在全国煤矿中所占比例较高，非坚硬顶板事故发生数量较多。非坚硬顶板由于顶板硬度较小，一般不会发生大面积突然垮落事故，易发生大面积切顶压架和片帮冒顶事故。现以陕西永陇矿区崔木煤矿非坚硬顶板条件为例分析大面积切顶压架顶板灾害的原因、采取的技术措施和防治效果。

8.3.1　灾害案例

崔木煤矿 301、302 工作面开采过程中，多次发生出水压架事故，工作面压架时支架损坏情况如图 8-8 所示。301 工作面压架事故 3 起，造成 180 部支架被压

图 8-8 崔木矿压架现场支架损坏图

死,影响生产达 60 天;302 工作面发生压架事故 6 起,造成 229 部支架被压死,影响生产达 90 天。反复出水压架常造成淹面,设备损坏严重,推进速度慢,产量低,矿井无法达产,不仅经济损失严重,同时也威胁井下作业人员安全。

崔木煤矿综放工作面反复切顶压架是多方面因素综合作用的结果。首先是煤层厚,上覆岩层活动空间较大,回采过程中裂隙带可周期性导通距煤层约 170m 的洛河组巨厚砾砂岩含水层,使工作面反复发生出水;其次就是工作面支架额定工作阻力偏小,301 和 302 工作面选用的放顶煤支架额定工作阻力分别为 13000kN 和 10500kN,富余系数偏小。从现场实践来看,由于开采厚度大,来压过程中立柱下缩严重,承载能力不足。此外,支架工况较差也是主要原因之一。

1. 工作面推进速度较慢

分析矿压数据可知,时间对崔木煤矿支架工作阻力影响较大,推进速度越慢,工作面压力越大。受工作面出水影响,301 工作面推进 841m 用时约 270 天,平均每天推进 3.1m,而 302 工作面 5 个月时间仅推进了 203m,平均每天推进 1.35m。

2. 支架支撑效率较低

302 工作面压架发生前,支架初撑力长期处于偏低状态。图 8-9 为 302 工作面不同时期压架前的支架工作阻力和立柱压力情况,5 月 18 日、6 月 18 日压架前支架立柱压力普遍在 15MPa 左右,远低于规定值 24MPa;10 月 20 日压架前支架初撑力低于 6000kN,有时不足 3000kN,仅为支架额定初撑力的 40% 左右。

3. 安全阀调定值偏小且不一致

图 8-10 为支架安全阀开启情况,支架安全阀实际开启值从 17MPa 至 41MPa

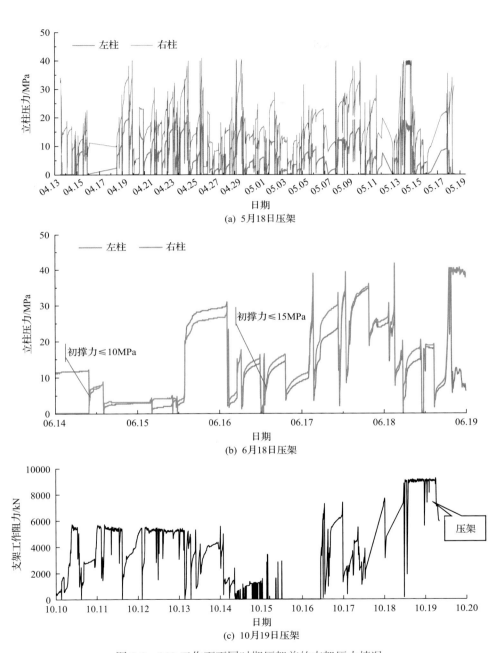

图 8-9 302 工作面不同时期压架前的支架压力情况

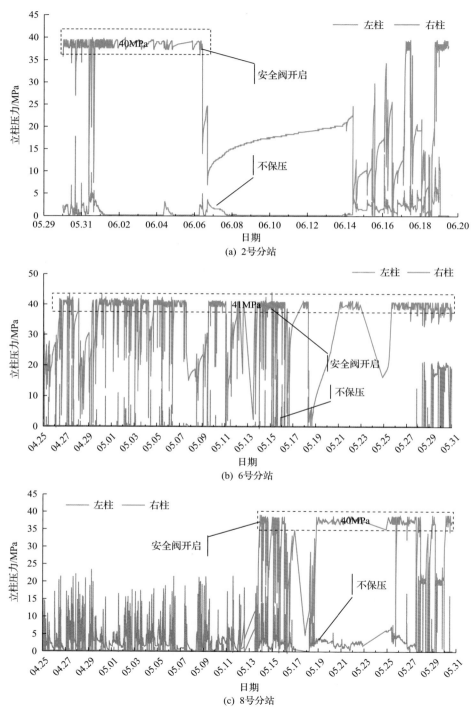

图 8-10　302 工作面安全阀开启情况

不等，偏差较大；而支架额定工作阻力 10500kN 对应的安全阀开启值为 46.3MPa，因此，实际安全阀调定值较小，不能充分发挥支架的支撑作用。

4. 支架支撑效率低

支架一个立柱安全阀开启，导致左、右柱受力严重不均衡，仅一个立柱正常发挥支撑作用，支架整体支撑效率偏低，如图 8-11 所示。

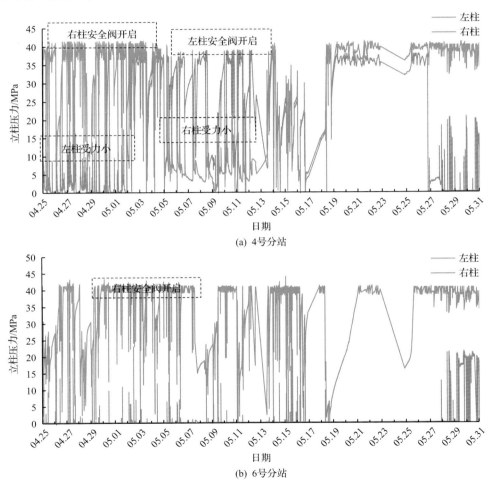

(a) 4号分站

(b) 6号分站

图 8-11　302 工作面支架左右立柱受力情况

5. 存在"跑、冒、滴、漏、串"液情况

部分支架长期存在严重降阻现象，表明支架或管路系统存在"跑、冒、滴、漏、串"液情况，检修不及时，如图 8-12 所示。

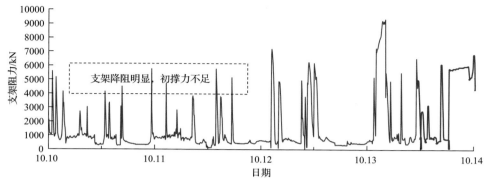

图 8-12　302 工作面支架前柱降阻示意图

8.3.2　防治技术

非坚硬顶板工作面易发生大面积切顶压架和冒顶，顶板强度较小，工作面支护系统刚度较小，对上覆岩层支护能力较强。因此，非坚硬顶板工作面灾害防治主要是提高工作面支护系统刚度，包括提高支架支护刚度及强度、提高支架实际初撑力、及时支护和护帮和保证支架合理工况。

1. 提高支架支护强度和刚度

ZYF10500/21/38 支架刚度和支护强度较低，易引起基本顶在工作面煤壁处断裂和失稳。现通过计算支架刚度和支护强度，确定崔木煤矿综放工作面合理架型和支架工作阻力。

1）支架刚度

采用支撑理论计算支架刚度分别为 10MPa/m、20MPa/m、30MPa/m、40MPa/m、50MPa/m、60MPa/m、70MPa/m、80MPa/m 时煤壁前方顶板最大下沉量。不同支架刚度与顶板下沉量关系如图 8-13 所示。当支架刚度达到 60MPa/m 时，曲线斜率较小，顶板下沉量减少速率趋缓，增加支架刚度对顶板下沉抑制作用不明显，因此，工作面支架刚度应大于 60MPa/m。

2）支护强度

崔木煤矿综放工作面拉破坏临界支护强度为 0.69MPa，支架实际初撑力按额定初撑力 80%计算，取 1.2 倍富裕系数，则支架初撑力时支护强度应为 1.035MPa。经过比选，选用四柱支撑掩护式放顶煤支架 ZF15000/21/38，支架额定工作阻力为 15000kN，支护强度为 1.53MPa，额定初撑力为 12824kN，相应的支护强度为 1.31MPa，支架刚度约为 77MPa/m。

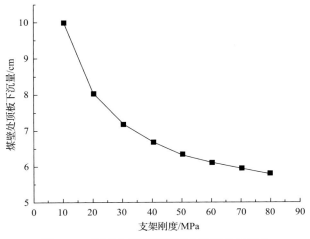

图 8-13 不同支架刚度对基本顶下沉量影响

2. 提高支架支撑效率

选用合理的支架,是避免工作面发生大面积切顶压架的必要条件,但在实际使用中,若无法保证支架支撑效率,不能满足支撑工作面顶板要求,仍可能导致大面积切顶压架事故发生。支架支撑效率包括支架实际初撑力、前后柱均衡性、立柱保压性等[4]。

1) 保证支架实际初撑力

若初撑力不足,宏观顶板内缺陷结构发育,力学性能劣化,顶板岩层下沉量大,支架增阻量大。随着支架不断增阻,顶板岩层下沉不断增加,导致基本顶在工作面上方断裂且失稳,安全阀开启,引起切顶压架事故。相关规程要求实际支架初撑力达到乳化液泵额定压力值的 80% 以上。由于崔木煤矿 3 号煤层较厚,在放煤过程中,后柱放煤后,存在部分空洞,若前后柱都达到额定值,支架因受力不均易发生低头现象,不利于顶板管理。因此,要求支架前柱初撑力不低于 25MPa,后柱不低于 18MPa。

2) 保证支架合理工况

保持良好支架工况,支架前后柱受力均衡,不出现超高、高射炮或支架低头现象,同时,尽量避免支架及供液系统存在"跑、冒、滴、漏"液现象。

3. 确定合理推进速度

正常回采期间,当循环时间大于 120min(2h) 时,则均化割煤循环 F-T 末阻力达到额定工作阻力(15000kN),每天按 16h 生产,开机率按 0.8 计算,则生产时间为 12.8h，一天推进 12.8/2=6.4 刀，工作面均化割煤循环 *F-T* 达到 15000kN，因此，要求工作面每天至少割 6 刀煤。

4. 制定切顶压架前兆预警指标

工作面发生大面积切顶压架前及发生过程中，会有异常显现特征及征兆，通过分析压架时和压架前的这些特征，可以实现压架前预警。采用以下预警指标进行预警。

1) 支架工作阻力增阻比

支架工作阻力增阻比为

$$\Delta F^{\rm b} = \frac{(F_{\rm m} - F_0)/T}{F_{\rm H}} \tag{8-1}$$

式中：$\Delta F^{\rm b}$ 为增阻比，1/h；$F_{\rm H}$ 为支架额定工作阻力，kN；$F_{\rm m}$、F_0 分别为末阻力和初撑力，kN；T 为循环时间，h。

统计 302 工作面 3 次压架前各支架循环增阻量和增阻比，见表 8-2，5 月 18 日压架前平均增阻量为 7279kN，平均增阻比为 0.43；10 月 20 日压架前平均增阻量为 6894kN，平均增阻比为 0.98；1 月 9 日压架前增阻量为 5316kN，平均增阻比为 0.15。302 工作面支架工作状态不好，非压架正常期间支架增阻量和增阻比统计难度较大，准确性较差，为此采用了与 302 工作面相邻的 303 工作面监测数据进行统计分析，303 工作面与 302 工作面参数和地质条件相同，303 工作面支架工作阻力为 15000kN，工作面正常回采期间的增阻量和增阻比统计结果见表 8-3。303 工作面平均增阻量为 1707kN，平均增阻比为 0.08，与 302 工作面压架前的增阻量和增阻比均相差较大。综合压架前和非压架增阻对比分析，压架循环增阻比阈值确定为 0.15，这也是工作面切顶压架前兆的预警值。

表 8-2 302 工作面压架前循环增阻量和增阻比

支架号	5 月 18 日		10 月 20 日		1 月 9 日	
	增阻量/kN	增阻比	增阻量/kN	增阻比	增阻量/kN	增阻比
5	—	—	—	—	2154	0.03
12	—	—	4046	0.09	5801	0.03
19	8229	0.09	7368	1.64	—	—
26	8841	1.18	7209	0.69	—	—
33	5804	0.19	8853	1.69	8411	0.40

续表

支架号	5 月 18 日		10 月 20 日		1 月 9 日	
	增阻量/kN	增阻比	增阻量/kN	增阻比	增阻量/kN	增阻比
54	7414	0.22	4149	0.79	4898	0.16
68	6937	0.34	—	—	—	—
89	6450	0.57	—	—	—	—
平均值	7279	0.43	6894	0.98	5316	0.15

表 8-3　303 工作面循环增阻量和增阻比（非大周期来压期间）

支架号	增阻量平均值/kN	增阻比平均值
5	839	0.03
19	783	0.04
31	2380	0.16
43	2472	0.14
55	1688	0.07
73	2013	0.09
85	1821	0.07
103	1658	0.05
平均值	1707	0.08

2) 长期观测孔水位降速

3 号煤层上方有白垩系洛河组砂岩含水层，该含水层为井田主要含水层，分布广，厚度大，富水性较强。由各粒级砂岩、砂砾岩组成，以中-粗粒砂岩为主要含水层段，其厚度由东南 329.3m 至西北减少为 103.05m。根据 K6-2、K6-3 钻孔资料，3 号煤层距洛河组底部保护层厚度为 164.4～182.6m。根据 301 和 302 工作面回采情况，该含水层通过导水裂隙带涌入工作面或采空区，工作面大面积切顶压架与工作面涌水多数是伴生关系，多数压架事故发生之前工作面先突水，而水位快速下降又超前于工作面出水，发生压架时工作面涌水量增大，压架与出水密不可分。根据水位曲线分析，工作面发生压架时出水过程中水位降速明显超过非压架时期。因此，水位降速也可作为工作面是否压架的预警信息。

统计崔木煤矿 301 和 302 工作面压架前长期观测水位孔水位降速，结果如表 8-4、表 8-5 和图 8-14、图 8-15 所示。压架前长期观测水位孔水位下降，不同钻孔以及不同含水层水位下降速度不同，301 工作面压架前水位降速为 0.096～

表 8-4　崔木煤矿 301 工作面大面积切顶压架时水位变化

观测孔	压架时间	压架时水位/m	压架前最高水位/m	水位下降/m	水位下降用时/h	水位下降速度/(m/h)
G3 两带孔安定组	2013.2.26	1066.38	1082.72	16.34	89	0.184
	2013.3.17	1025.6	1050.24	24.64	23	1.071
G1 两带观测孔	2013.2.26	1062.23	1087.37	25.14	84	0.299
	2013.3.17	1018.85	1042.1	23.25	36	0.646
G3 两带观测孔洛河组	2013.2.26	1090.9	1112.48	21.58	224	0.096

表 8-5　崔木煤矿 302 工作面大面积切顶压架时水位变化

观测孔	压架时间	压架时水位/m	压架前最高水位/m	水位下降/m	水位下降用时/h	水位下降速度/(m/h)
G3 两带孔安定组	2013.5.18	1044.95	1068.87	23.92	158	0.151
	2013.6.18	1067.64	1038.49	29.15	104	0.280
	2013.10.20	1084.52	1099.61	15.09	129	0.117
G3 两带观测孔洛河组	2013.5.18	1090.76	1107.1	16.34	488	0.033
	2013.6.18	1079.23	1087.28	8.05	68	0.118
	2013.10.20	1094.45	1106.65	12.2	33	0.370
X302-1 泄水孔	2013.10.20	1042.81	1104.02	61.21	144	0.425

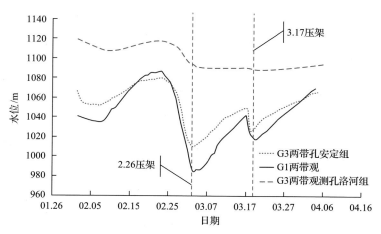

图 8-14　301 工作面水位孔水位变化曲线

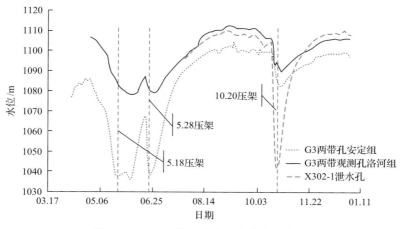

图 8-15 302 工作面水位孔水位变化曲线

1.071m/h，302 工作面压架前水位降速为 0.033~0.425m/h，为了方便预警，预警水位降速阈值为 0.1m/h。

8.3.3 防治效果

崔木煤矿 301、302 工作面发生压架事故后工作面生产不正常，301 工作面支架在服务一个工作面后报废，302 工作面由于大面积切顶压架，工作面无法推进，造成采空区着火，工作面封闭。301 和 302 工作面压架事故影响生产达 2~3 月以上，推进速度缓慢，平均每天推进 2 刀左右，产量较低，无法达到矿井设计生产能力。

为了防治工作面大面积切顶压架，提出了非坚硬顶板综放工作面切顶压架成套防治技术措施，一是加强切顶压架预防技术措施，以预防为主，具体包括提高支架支护强度和刚度，采取合理工作面推进速度，提高支架支撑效率等技术措施；二是加强综放工作面切顶压架预警，实时监测支架工作阻力增阻比，长期观测水位孔水位降速等切顶压架前兆信息指标，及时预报切顶压架灾害；三是制定合理应急预案，确保综放工作面回采安全[5]。

崔木煤矿 303 工作面采用该成套防治技术防治切顶压架灾害，工作面开采过程中未发生大面积切顶压架事故，工作面生产正常，下面予以具体介绍。

1. 工作面支架支撑效率提高

通过选择支架合理支护强度，加强支护作业管理(及时支护、保证初撑力等)，保证供液系统可靠性，均匀放煤等措施，303 工作面支架支撑效率有了明显提高，支架工作阻力多数分布在 9000~14000kN，该区间平均占到了 73%，如图 8-16 所示,既充分发挥了支架支撑能力,又保证了支架工作阻力基本在额定工作阻力范围内,避免支架安全阀大面积长时间开启。

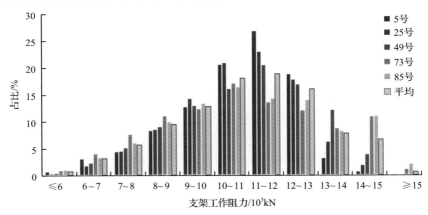

图 8-16 303 工作面支架工作阻力分布图

2. 工作面大面积切顶压架预警

303 工作面从 2014 年 3 月 22 日开始生产,截至 5 月 26 日共推进 422m,发生 18 次小周期来压和 3 次大周期来压,在小周期来压期间,一般不会发生大面积切顶压架,主要对 3 次大周期来压进行分析和预测。3 次来压统计情况见表 8-6,通过安全阀开启率、增阻比对 3 次大周期来压进行准确预测,并及时采取加快工作面推进速度和减少放煤量,避免工作面发生大面积切压架事故。

表 8-6 303 工作面大周期来压

周压次序	开始时间	距离切眼/m	结束时间	持续距离	来压步距/m
1	4 月 21 日早班 14 点	207	4 月 22 日早班 8 点	11 刀	13
2	4 月 30 日夜班 3 点	256.5	5 月 2 日早班 8 点	20.5 刀	7.8
3	5 月 16 日早班 12 点	363.7	18 日夜班 5 点	13 刀	12.9

3. 工作面涌水速度和涌水量降低

301 和 302 工作面发生大面积切顶压架的同时,还存在工作面涌水问题。303 工作面没有发生大面积切顶压架事故,但也存在涌水问题,303 工作面涌水没有对工作面造成较大影响,主要是通过均匀放煤和来压时限制放煤高度等措施,降低了工作面涌水速度和涌水总量峰值,303 工作面涌水速度和涌水量远小于 301 及 302 工作面,如图 8-17 所示。

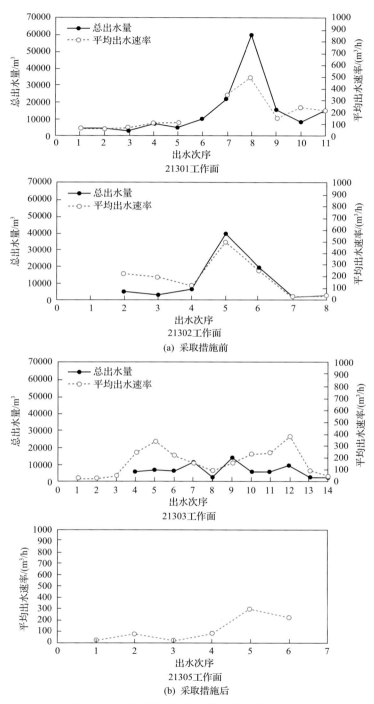

图 8-17 采取措施前后工作面出水统计对比

4. 303 和 305 工作面产量提高

303 工作面自 2014 年 3 月投产至 8 月回采结束,工作面月推进度达 160～200m,平均为 178m/月,月产量 29.42 万～44.16 万 t,平均 38.73 万 t/月。其中 4 月至 5 月工作面平均日推进 8 刀,日进尺 6.4m,平均日产量 1.424 万 t。与 301、302 工作面相比,303 工作面月进尺及月产量均有大幅度提高,不仅保证了工作面安全生产,而且矿井首次实现了年产量 400 万 t 的生产要求。

305 工作面日推进度 6～6.9m,平均 6.5m(约 8 刀);月产量达 12451～14029t,平均 13371t/月;工作面平均采放高度为 10.2m,工作面回收率达 84.8%。与 301、302 工作面相比,303、305 工作面推进度及产量均有大幅度提高,不仅保证了工作面的安全生产,而且矿井连续两年度的总产量超过 400 万 t,实现了连续达产,矿井生产步入正规化。

8.4　中低位坚硬顶板深孔爆破弱化技术

坚硬顶板岩层整体性强,节理、层理、裂隙及断裂构造均不发育,岩层的分层厚度大,采用深孔爆破可以减弱岩体的整体性,增加层理和裂隙,从而实现工作面顶板的顺利垮落。一般认为顶板单轴抗压强度达到 60MPa 以上,认为属于坚硬难垮落顶板。有时顶板单轴抗压强度不大(在 30～40MPa)时,但厚度较大,达到 10m 以上,有的可达 40m 以上,分层性差,裂隙不发育,这样的顶板也难以及时垮落,易发生大面积突然垮落,这类顶板易被煤矿技术人员所忽视。顶板深孔爆破技术早在"八五""九五""十五"期间进行过大量研究,并已在大同、新疆、内蒙古、山西等矿区得到了广泛应用,已成为坚硬顶板弱化主要技术手段。深孔爆破弱化顶板主要有两巷超前深孔爆破预先弱化和工作面切眼深孔爆破初次放顶,现主要介绍工作面切眼深孔爆破初次放顶技术。

8.4.1　工作面条件

纳林河二号井田位于内蒙古自治区鄂尔多斯市乌审旗境内,首采 31101 工作面开采 3-1 煤层,煤厚在 5.8～6.2m,平均 5.95m,采用大采高综采工艺,采高 6m,工作面安设支架 128 架,支架型号为 ZY13000/28/62D 型。工作面走向长度为 2376m,工作面倾斜长度为 240m,煤层倾角 1°～3°,工作面顶板主要为厚层砂岩和粉砂岩,工作面内钻孔柱状如图 8-18 所示。

8.4.2　潜在灾害

纳林河二号井 31101 工作面采高大、顶板厚度大且整体性好,且为首采工作面顶板四周固支,因此,工作面初次来压步距较大,来压强度大,可能产生飓风。

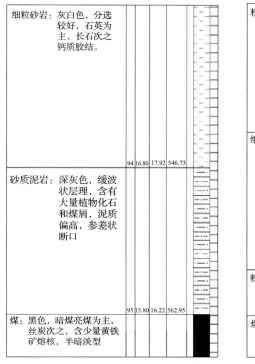

细粒砂岩：灰白色，分选较好，石英为主，长石次之，钙质胶结。				
砂质泥岩：深灰色，缓波状层理，含有大量植物化石和煤屑，泥质偏高，参差状断口	94	16.80	17.92	546.73
煤：黑色，暗煤亮煤为主，丝炭次之，含少量黄铁矿熔核，半暗淡型	95	15.80	16.22	562.95

(a) NL32钻孔柱状图

粉砂岩：灰色及浅灰色，石英为主，长石次之，含植物化石碎片，钙质结构，平坦状断口，水平层理，中夹砂泥岩薄层。	54	7.30	13.45	527.62
细粒砂岩：浅灰色及灰白色，石英为主，长石次之，含植物化石碎线及云母碎屑，黑色矿物，钙质胶结，分选较好。	91	13.00	14.25	541.87
粉砂岩：浅灰色，石英为主，长石次之，含植物化石碎片。	99	4.75	4.82	546.69
煤：黑色，半暗淡型为主，亮煤次之，含丝炭，含少量黄铁矿结核，块状。				

(b) NL43钻孔柱状图

图 8-18　首采 31101 工作面钻孔柱状图

为了保证工作面的顺利回采，采用深孔爆破弱化顶板进行初次放顶。

8.4.3　深孔爆破顶板弱化技术

深孔爆破弱化是在坚硬顶板中布置钻孔，孔深一般超过 10m，部分最深可达到 100m，大多数孔深范围在 20～60m，处理顶板高度在 10～40m，炮孔深度超过 60m 时装药和封孔难度加大，且容易导致拒爆和残爆现象。

深孔爆破的优点在于爆破后可促使炮孔附近岩体较为"粉碎"，适用于处理各类坚硬顶板，缺点是爆破时产生有害气体，容易产生拒爆和残爆现象，实际操作过程中炸药属于民爆产品，审批程序较为烦琐且周期较长。

1. 深孔爆破弱化岩层机理

深孔爆破药包爆破时，一般工业炸药爆震面上的压力可达 5～10 万个大气压，煤岩体受到这种超高压的冲击，在药包周围的一小部分煤岩体，由于受到强烈压缩，其温度大于 3000℃，所以，这部分岩体呈熔融状塑性流态，形成空腔。随着冲击波的传播，爆炸能量向四周释放，爆炸气体压力和温度急剧下降，其周围熔融状煤岩体的应力状态迅速解除，引起这部分岩体的向心运动，将熔融状煤岩体粉碎成细微颗粒，形成压碎圈。由于岩体的动态抗压强度很大，压碎圈消耗了冲击波很大一部分能量，致使冲击波在压碎区衰减很快，冲击波传播到一定距离以外时，其压力已不足以将煤岩体压成塑性流体，冲击波衰减成应力波；压碎圈只限于一个很小的区域内。

当冲击波进入压碎圈外围的煤岩体时，其外围的煤岩体受到强烈的径向压缩产生径向移动，因而导致岩壳的扩张；岩壳的扩张引起环向拉伸，即在环向引起拉应力；由于煤岩体的动态抗拉强度只及其抗压强度的 1/10 左右，所以，环向拉应力很容易大于煤岩体的动态抗拉强度极限，在岩体中产生径向裂缝，径向裂缝的发展速度一般是冲击波波速的 0.15～0.4 倍。径向裂缝和压碎圈贯通后，爆炸产物的压力虽然由于药室体积的扩大而降低，但仍可钻进裂缝，像尖劈一样使裂缝进一步发展，形成环向作用的拉应力场，形成裂隙圈。裂隙圈大于压碎圈。炮孔各区分布区域如下图 8-19 所示。

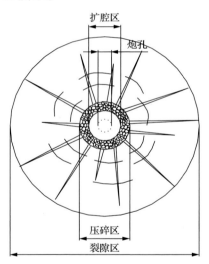

图 8-19　炮孔爆破后各区分布示意图

根据煤岩体物理力学性质和炸药参数，一般压碎区半径为 0.1～0.5m，裂隙区半径为 0.5～2m，深孔爆破影响半径为 0.6～2.5m。实际要根据岩石力学性质和所选取炸药进行影响范围分析和计算。

2. 爆破参数

(1)处理高度。首采工作面煤层采高按平均 6m 计算，H_C =6m(割煤高)，设顶板崩落厚度为 H_x，岩石碎胀系数为 $\xi = 1.3$，为保证冒落顶板能完全充填采空区，有如下公式成立：

$$H_x \cdot \xi = H_C + H_x$$

计算得，H_x =20m。

即顶板爆破处理后，垮落高度达到 20m 以上时，即可以对采空区进行较好的充填效果，同时，结合钻孔柱状图，处理高度为 20m 时，已对大部分基本顶进行了弱化，因此首采工作面顶板人工处理的垂直高度应大于 20m。

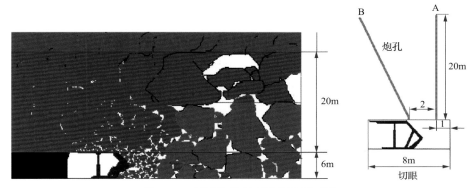

图 8-20 顶板处理高度及炮孔剖面图

(2)炮孔间距

深孔爆破所用药卷直径为 70mm，炮孔直径为 85mm，在本矿的围岩条件下起爆后炮孔周围的裂隙区半径约为 5m，因此确定合理的炮孔间距为 10m。

(3)炮孔排数

根据顶板需要处理的高度，在切眼布置两排炮孔，炮孔仰角均为 30°，为了使爆破区域增大，前排炮孔向工作面前方有 45° 摆角，模拟拉槽爆破效果。模拟了单排炮孔和双排炮孔，分别如图 8-21 和图 8-22 所示。从图中可见，单排炮孔爆破后炮孔附近能够产生明显的弱化区域，顶板易于垮落，但单排炮孔爆破范围较小，支架上方顶板仍容易产生悬臂梁状态不易垮落。两排炮孔爆破后切眼上方顶板能够产生明显的弱化区域，顶板易于垮落，当工作面支架向前推进后，顶板基本上能够充满采空区。由此可知采用双排炮孔布置较为合理。

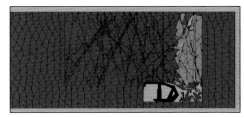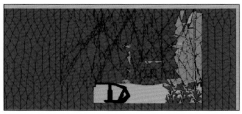

(a) 炮孔起爆后　　　　　　　　　　(b) 推进至34m时

图 8-21 单排炮孔爆破后顶板破坏及垮落情况模拟图

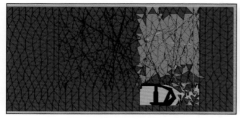 

(a) 炮孔起爆后 　　　　　　　　　　　　　　(b) 推进至34m时

图 8-22　双排炮孔爆破后顶板破坏及垮落情况模拟图

(4) 炮孔布置

根据顶板岩层位置及炮孔倾斜角度，切眼炮孔深度 40m，仰角 30°时可以达到处理范围，具体炮孔参数如表 8-7 所示和图 8-23 所示。两组炮孔平行布置，可直接将炮孔处顶板崩落。每组炮孔沿切眼顶板呈直线形排列，A 组炮孔每隔 10m 布置一个炮孔，共布置 26 个炮孔，编号分别为 A1～A26；B 组炮孔每隔 20m 布置一个炮孔 B1～B14，为便于施工 A 组孔距切眼后帮煤壁＜1m 即可，A、B 两组孔排拒 2m 左右。为了施工及装药方便，炮孔按 30°仰角施工，B 组炮孔向前偏斜 5°左右，以免孔底交叉。

3. 爆破效果

纳林河二矿 31101 工作面自 2014 年 9 月 3 日完成深孔爆破强制放顶工作，随后工作面开始试生产。初采期间工作面支架工作阻力云图如图 8-24 所示，从图中可知，9 月 22 日～9 月 24 日时，工作面仅中部 50～80 号支架压力升高。工作面中部 65 号支架工作阻力从 9580kN（9 月 17 日 1:46）增阻到 13212kN（9 月 17 日 1:56），增阻率为 363kN/min，从 9146kN（9 月 17 日 6:42）增阻到 11913kN（9 月 17 日 6:50），增阻率为 345kN/min，如图 8-25 和图 8-26 所示，说明顶板在中部沿倾

表 8-7　深孔爆破炮孔参数表

序号	炮眼编号	炮眼长度/m	倾角		装药量/kg	封泥长度/m	导爆索长度/m	雷管/个
			倾角/(°)	与开切眼中心线夹角/(°)				
1	A1、B1	23×2	30	0、5	19×2×4	4×2	25×2×2	4
2	A2-A23、B2-B12	40×(22+11)	30	0、5	35×33×4	5×33	42×(22+11)×2	66
3	A24、B13	35×2	30	0、5	30×2×4	5×2	37×2	4
4	A25	27	30	0	23×4	4	29	2
5	A26、B14	12×2	30	0、5	9×2×4	3×2	14×2	4
6	合计	1487			5176	193	3003	80

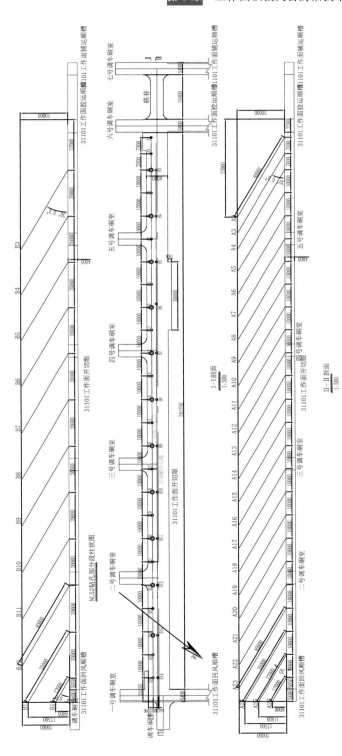

图8-23 切眼炮孔孔口位置平面图(单位: m)

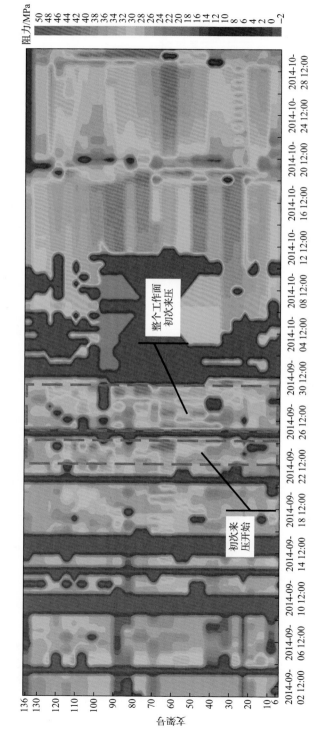

图8-24 31101工作面初采期间支架工作阻力云图

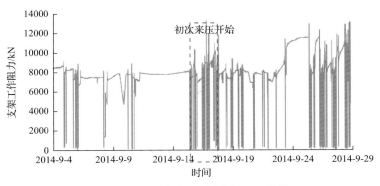

图 8-25 初采期间 65 号支架 *F-T* 曲线

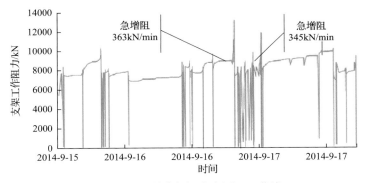

图 8-26 65 号支架初次来压 *F-T* 曲线

向产生断裂线所致，工作面中部基本顶开始断裂，初次来压开始。9 月 25 日时，工作面推进至 50m 左右（加上切眼 9m 共计 59m）时，工作面从 38 号支架～115 号支架的压力都有明显增高，且从现场看，支架顶梁上方呈滴状淋水，煤炮及板炮声响较多，推测此时为工作面基本顶全部初次来压。初次来压步距为 59m（含切眼宽度），来压时立柱压力值范围在 33～52MPa。

工作面在初次来压期间，没有发生大面积垮落和飓风，顶板有序垮落，没有形成动载冲击，只是部分支架工作阻力来压时为急增阻，初次放顶效果较好，工作面实现了安全回采，达到了预期目的。

8.5 工作面中低位坚硬顶板"钻-切-压"弱化技术

中低位坚硬顶板弱化可以采用深孔爆破或水力压裂技术。深孔爆破弱化顶板过去在我国应用较广，由于爆破施工过程中会产生有害气体、引爆瓦斯等问题，随着国家对煤矿安全生产的重视，目前深孔爆破在煤矿中的应用局限越来越多。井下水力压裂起步较早，但近 10 年才在国内煤矿推广应用，目前井下水力压裂弱化顶板已成为我国煤矿坚硬顶板弱化和卸压的主要技术手段之一，其与爆破相比，主要优点是压裂影响范围大，不产生火花，不需火工品。

8.5.1 技术原理及工艺

水力压裂技术是借助高压泵通过钻孔向岩层中注入压裂液，当压力超过孔壁的破裂压力时，岩层中微裂隙将被撑开并造成裂缝扩展，持续地向岩层挤注压裂液，裂缝就会继续扩张。该方法已广泛应用于油气开发领域，能改善油层的渗透性，提高油气采出率。在煤矿领域，近年来该技术也得到更多应用。本章根据常规压力存在的问题，提出了"钻-切-压"弱化技术，现阐述该技术的优势、应用范围、装备组件以及应用效果[6]。

1. 技术优势

目前，常规的水力压裂弱化坚硬顶板，采用直接满灌式压裂，压裂液大量漏失，且井下压裂泵流量小于 $0.3m^2/min$，工作流量小于 $0.1m^2/min$，压裂范围有限，弱化效果差。为了克服常规水力压裂存在的问题，开发了"钻-切-压"一体化预裂技术：首先采用高压泵、钻机及安装有射流器的配套高压密封钻杆，施工完钻孔后，在退杆过程中，采用高压水射流技术在孔内不同位置分别切割若干条环形裂缝，如图 8-27 所示，再采用封隔器对割缝位置进行定点压裂。该技术的核心之一是通过人造初始裂缝，形成应力集中，裂纹在较小的压力下就能沿初始裂纹扩张；二是采用封隔器实现裂纹前后都封孔，能在较小流量的条件下实现裂纹的持续扩张。通过合理的参数设计，能使厚层坚硬顶板内产生大量人造裂缝，从而破坏坚硬顶板完整性，减弱甚至消除坚硬顶板造成的强矿压风险[7]。

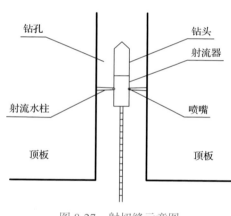

图 8-27 射切缝示意图

水力压裂前对压裂点进行提前水力切槽，即利用高压泵将水进行加压，可达到 50~100MPa 甚至更高压力，水获得压力能；通过高压胶管、高压密封钻杆将高压水输送至孔内射流器，从射流器中特制的细小喷嘴中喷射而出，将压力能转换为动能，从而形成高速水射流；通过高压水射流持续对孔壁进行冲击，可在孔壁特定位置形成预制切槽，切槽后再采用封隔器进行压裂。"钻-切-压"弱化技术施工如图 8-28 所示。

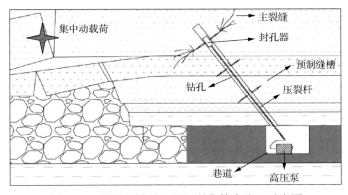

图 8-28　顶板"钻-切-压"弱化技术施工示意图

预先割缝后的压裂模型如图 8-29 所示，切槽处在高压水的作用下，应力、应变则迅速变大，增大达到一定值时，岩石会出现裂开的现象，顶板会被压裂。在压裂的位置会出现内嵌楔形槽，在开槽的位置则会出现应力集中现象，尖端的应力值 $\sigma_{\max}$、应变值 $\varepsilon_{\max}$ 则迅速变大。

$$\sigma_{\max} = K_{\sigma}\sigma, \quad \varepsilon_{\max} = K_{\varepsilon}\varepsilon \tag{8-2}$$

式中：K_{σ}、K_{ε} 分别为应力、应变集中系数，其值均大于等于 1。

注水压力达到一定值时，$\sigma_{\max}$、$\varepsilon_{\max}$ 能够达到岩石开裂的要求，顶板则会被压裂，其临界值为

$$P = 1.3(P_{Z}^{*} + R_{y}) \tag{8-3}$$

式中：P_{Z}^{*} 为岩体应力，与开采深度、煤层岩性有关；R_{y} 为岩体极限抗拉强度。

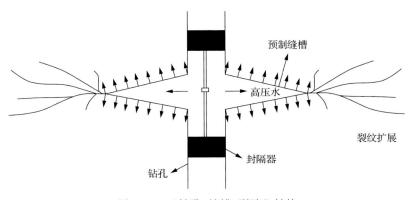

图 8-29　"钻孔-缝槽-裂隙"结构

2. 应用范围

"钻-切-压"弱化技术主要是通过高压水压裂坚硬顶板，促使顶板内形成裂缝，以达到降低坚硬顶板完整性的目的，相比井下深孔爆破，其优点是裂缝扩展范围大，不产生有害气体，安全性好，但缺点是"钻-切-压"弱化技术产生的裂缝数量有限，不能对岩层形成"粉碎"性的破坏，若遇到基本顶直覆（直接顶较为坚硬或无直接顶的顶板），该项技术效率会降低，其主要原因是"钻-切-压"弱化技术弱化了顶板，但缝网有限，不能形成较为破碎的矸石垫层，不能有效缓冲上覆岩层垮落形成的动载和保护工作面液压支架，特别是在初采期间，由于顶板没有受到周期性的应力作用损伤，弱化效果不明显，不能把顶板Ⅰ-Ⅱ-Ⅲ支承体系改善为Ⅰ-Ⅱ-Ⅳ支承体系，如图 8-30 所示。因此，井下"钻-切-压"弱化技术不适用于基本顶直覆顶板工作面的初次放顶，适用于有较为松软的直接顶和较为坚硬的基本顶或上覆岩层，如图 8-31 所示。

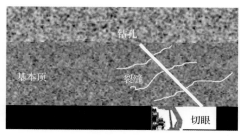

(a) 水力压裂顶板

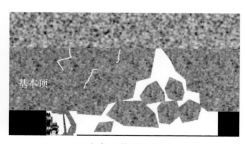

(b) 水力压裂后顶板垮落

图 8-30 直覆基本顶水力压裂初次放顶示意图

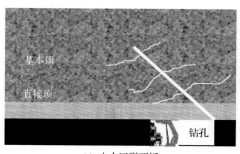

(a) 水力压裂顶板

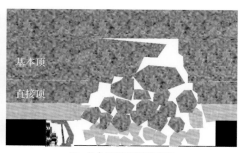

(b) 水力压裂后顶板垮落

图 8-31 "钻-切-压"弱化技术适用于水力压裂顶板初次放顶示意图

3. 装备组件

图 8-32 为"钻-切-压"一体化装备，主要组件有履带式液压钻车、大流量移

动式三柱塞高压泵、高压密封钻杆、旋切射流器及封隔器等，各部件关键参数见表 8-8。

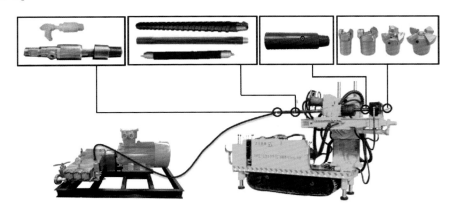

图 8-32　"钻-切-压"一体化装备系统图

表 8-8　"钻-切-压"一体化装备配置及技术参数

项目	参数/型号/说明
煤矿用履带式液压钻机	ZDY4200 扭矩大于 4200N·m，钻杆直径 63.5/73mm，方位角−180°～180°， 最大爬坡能力 20°，钻孔直径 65～153mm，电机功率 55kW
煤矿用高压注水泵	移动式三柱塞高压泵 流量 8m³/h，最大压力 60MPa 以上
高压水射流器	三孔对称，射流孔径 1.5mm
高压密封钻杆	高压密封钻杆必须保证耐压达到 80MPa 以上，直径 50mm
高压胶管	必须保证耐压达到 80MPa 以上，Φ16×6 SP-80MPa
封隔器	最大封孔压力 30MPa
高压水辫	配套高压密封钻杆，必须保证耐压达到 80MPa 以上
金刚钻头	直径 75mm

4. 配套工艺

"钻-切-压"弱化技术主要工序包括钻孔、高压水力切缝及高压水力压裂，工艺流程如图 8-33 所示。

1) 钻孔

采用煤矿全液压坑道钻机、Φ65mm 钻头及配套的高压密封钻杆，按照方案中的技术参数，完成钻孔施工。

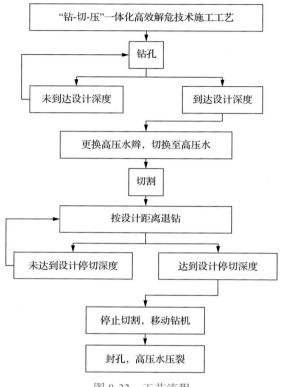

图 8-33　工艺流程

2) 高压水力切缝

将射流器推进至设计位置，开动钻机旋转后，打开高压泵，将泵压缓慢调节到设定压力 50~100MPa，钻机带动钻杆进行原位切割，切缝时间 5~10min，钻孔不排渣且出水变清即完成本位置切缝。完成第一位置切缝后，将射流器后退 10m，重复以上工序进行第二个位置切缝。

3) 高压水力压裂

退出钻杆，钻杆顶端换上封隔器，将封隔器推进至设计切缝位置，压裂位置标定方法如图 8-34 所示。利用水压使封隔器胶筒膨胀，达到封孔目的，再逐步调高水压，直至顶板主裂缝被压开，主裂纹形成的标志为压力突然开始下降，当压力无明显上升或邻近钻孔有水涌出时，即说明压裂孔和顶板之间已完成裂隙沟通。完成首次压裂后，封隔器后退 10m 至浅部切缝位置处，重复以上压裂工序，完成本孔的压裂。

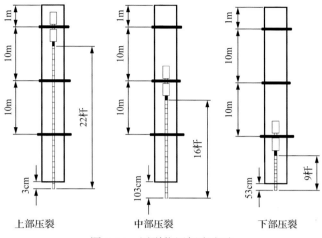

图 8-34 压裂位置标定方法

8.5.2 应用效果

1. 应用条件

瑞丰煤矿位于榆林市，3201 综采工作面位于一水平，工作面可采走向长 2101m，工作面长 240m，采高 2m，煤层为 3-2 煤层，煤厚 1.1～2.1m，平均 1.67m，煤层普氏系数为 2.5，煤层埋藏深度 110～135m。煤层结构简单，多数上部含夹矸一层，厚度 0.1～0.2m，层位比较稳定，岩性一般为炭质泥岩和泥岩，局部为粉砂岩。工作面直接顶为 8.58m 厚的粉砂质泥岩，深灰色，具水平层理；基本顶为 10.62m 厚的灰白色细粒砂岩，成分以石英为主，强度较高。工作面采用 ZY8400/11/22 型两柱掩护式液压支架支护顶板，由于煤层埋藏浅，且基本顶为层厚较完整的细粒砂岩，工作面回采期间矿压显现强烈，频繁出现动载现象，初次来压步距较大，须对顶板进行弱化处理。

2. 技术方案

根据顶板情况，对顶板岩性进行分析，选择粉砂岩和细粒砂岩层位作为预裂的关键层位，合理设计水力压裂钻孔的深度、角度、排距、裂纹起缝压力、扩展压力等参数。压裂钻孔布置如图 8-35 所示，共施工 40 个钻孔。为了保证初放效果，设计了 L、S、J、A 四种孔型，每个钻孔布置如图 8-36 所示。

(1) 钻孔-L，孔深 35m，倾角为 25°；

(2) 钻孔-S，孔深 30m，倾角为 30°；

(3) 钻孔-J，孔深 25m，倾角为 40°；

(4) 钻孔-A，孔深 40m，倾角为 20°。

"钻-切-压"钻孔布置方案如下。

(1)在切眼回采侧布置压裂钻孔 L(13 个)，钻孔 S(13 个)，钻孔 J(4 个)；

(2)在运输顺槽布置压裂钻孔 S(3 个)，钻孔 A(2 个)；

(3)在回风顺槽布置压裂钻孔 S(3 个)，钻孔 A(2 个)。

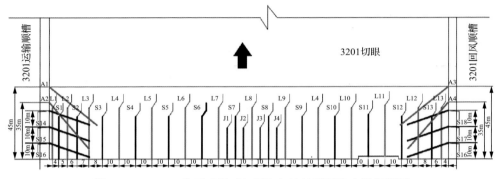

图 8-35　3201 工作面"钻-切-压"初次放顶钻孔布置平面图

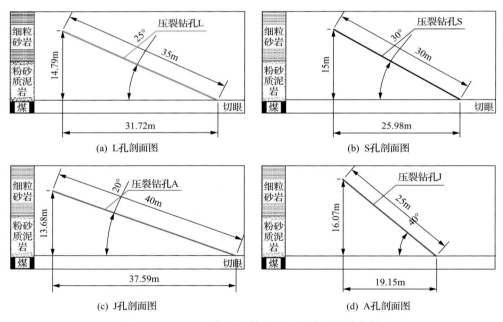

图 8-36　3201 工作面"钻-切-压"钻孔设计参数

3. 初次放顶效果

3201 工作面共施工 40 个顶板孔，完成所有高压水定向切缝、压裂工序，并进行了压力监测、钻孔窥视、水流监测、声音记录等现场工作，评价初放效果。

1）压力监测

采用专用高压记录仪监测水力压裂过程中水压变化曲线，采样时间间隔为 2s。监测发现，压裂过程中的最高水压一般为 20～45MPa，说明不同地点顶板的强度和完整性不同，局部岩层坚硬、致密。

图 8-37 为典型的压裂曲线，压力增加至 30MPa 后，保持了 30min 的稳定状态，压裂曲线基本平直。这表明压裂液充满裂隙后压力逐渐稳定，呈现锯齿状波动，裂隙稳定扩展，中间可能伴随新的宏观裂隙造成突然压力降，说明岩层在发生反复张拉破坏。压裂到一定时间后，通常出现巷道淋水或压力迅速降低的现象，表明裂隙延展贯通充分，可作为结束该段压裂的重要标志。

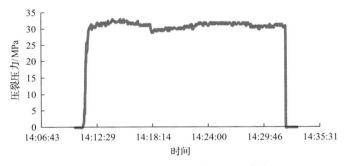

图 8-37　水力压裂过程水压监测曲线

2）钻孔窥视

采用钻孔窥视仪对顶板"钻-切-压"钻孔进行窥视，如图 8-38 所示。结果表明，高压水力切缝处形成了宽度 1～2cm 的人工裂缝，环向宽度均匀。与之形成鲜明对比的是，自然裂缝的宽度较小，且宽度不均匀。

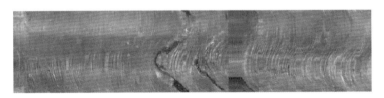

图 8-38　水力切缝效果

3）水流观测

在水力压裂孔周围布置不同间距的检测孔，根据检测孔及周边锚索孔出水情况检测水力压裂形成的裂缝扩展范围。试验地点选择在工作面未受采动影响区域，分别对浅孔（孔深 25m）、深孔（孔深 40m）压裂效果进行检验。检验结果表明，不同孔深水力压裂形成的裂缝扩展范围为 15～30m，其中浅孔水力压裂裂缝扩展范围较大于深孔，高压水流扩展的范围要大于 15m，即当前的孔间距是相对合理的。压裂现场检测孔及周围锚索孔出水情况如图 8-39 所示。

(a) 检测孔   (b) 周围锚杆

图 8-39　压裂现场检测孔及周围锚索孔出水情况

4) 压裂过程中顶板断裂声统计

每次压裂，均详细记录顶板断裂声响次数。结果表明，每孔压裂时及压裂后 15min 内，顶板断裂声一般在 5～13 次，可以认为顶板断裂声是由水力压裂引起的裂纹产生或扩展导致的，间接印证了压裂效果。

5) 初次放顶效果

3201 工作面支架额定工作阻力为 8400kN，通过现场观测和工作面矿压显现情况可知，工作面推进到 40m 时发生初次来压，在来压过程中没有发生动载现象，顶板垮落效果较好。

8.6　高位硬厚顶板地面区域压裂弱化技术

据统计鄂尔多斯、晋北、陕西彬长等地区煤层上方 60m 或更高层位普遍存在厚硬顶板，开采过程中产生大面积悬顶，造成采场局部应力集中，其突然断裂瞬间造成强烈动载，甚至波及地表，产生矿山地震，极易造成群死群伤的恶性顶板或冲击地压事故，危害极大。

由于坚硬顶板距离煤层远、厚度大，处理难度极大，投入成本高，目前采用的常规卸压措施，如顶板深孔爆破和普通水力压裂技术等，只能对小范围内的低位顶板岩层进行局部预裂，对于中高位厚硬顶板，上述方法还难以实现大范围卸压处理，且只能处理两个端头，不能实现整个工作面弱化，如图 8-40 和图 8-41 所示。

采用地面压裂区域卸压技术可以实现高位顶板全范围弱化，从根本上降低甚至消除煤层开采过程中硬厚顶板突然断裂诱发的顶板事故。

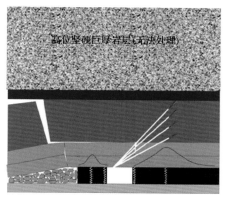

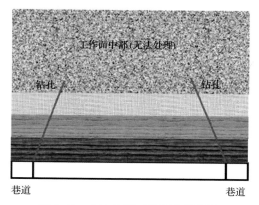

图 8-40 无法处理高位岩层

图 8-41 无法处理工作面中部顶板

在鄂尔多斯、彬长等矿区深部矿井由于存在硬厚顶板，导致冲击地压频发，其主要原因是由于工作面回采过程中存在侧向悬顶和工作面滞后垮落，导致静载较大，顶板突然大范围断裂垮落导致动载较大，在较大的静载和动载下共同作用下冲击地压发生。

8.6.1 地面区域压裂弱化技术

借鉴石油行业的地面体积压裂技术，对工作面高位坚硬岩层进行预先弱化，当工作面回采至压裂区域下方时，矿山压力的综合作用使得坚硬岩层垮落步距减小，矿压显现强度减弱。

1. 地面压裂井型分类

目前，地面压裂主要分为垂直井和水平井，垂直井是垂直钻井，无水平段，直接对其目标层位进行压裂；水平井是指先钻进垂直井，快到目标层后进行造倾斜，再钻进水平井，并在水平段对其进行压裂，分别如图 8-42 和图 8-43 所示。

垂直井优点为：①成本较低，一般垂直压裂井完工至压裂阶段成本约为水平井成本的 20%；②后期管理较为简单，直井施工制度基本上成熟完善。其缺点为：①可控的压裂面积较少，单井压裂面积非常有限；②多井联合压裂时，井场占地面积较大，对当地生态环境造成一定的破坏。

水平井优点为：①井眼贯穿压裂岩层，增加了压裂井与岩层的接触表面积，提高了压裂效率；②水平井在具有天然裂缝的岩层中可以将天然裂缝相互连接起来，形成阻力很小的压裂通道，其压裂效果约为垂直井的 12 倍；③场地面积占用较小，环境破坏程度小。其缺点为：①施工工艺复杂，对施工队伍的要求高；②压裂成本高，单井费用在千万元以上。

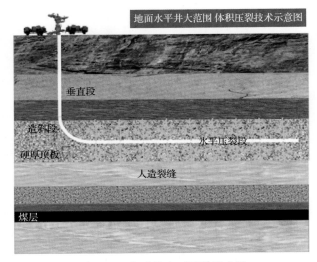

图 8-42　水平井地面压裂示意图

图 8-43　垂直井地面压裂示意图

　　结合工作面走向长度、地面征地、处理范围等因素，选择水平井或垂直井进行压裂处理工作面顶板上覆岩层。考虑到成本和处理范围大小，马道头煤矿 8106 工作面选用了垂直井进行压裂。

　　2. 地面压裂工艺

　　地面压裂主要分为三个工艺环节，分别为钻井（包括固井）、射孔、压裂。钻井需要下放套管，立井一般采用两开，水平井采用三开。

　　井中有套管，且为了形成应力集中，在压裂前首先要进行射孔，射孔目的是射穿套管，并形成应力集中，以保证压裂效果。打好井后，对工作面顶板目标层进行射孔，射孔分为水力喷砂射孔和射孔弹射孔。水力喷砂射孔压裂技术原理是采用携砂高压前置液，将套管、水泥环、地层射穿。优点是：①无须单独射孔，直接喷砂压裂完成射孔压裂作业，射孔、压裂一次完成；②施工时只需下一次管柱，可解决多层射孔压裂作业；③实现一套工具完成多层施工；④不动管柱一次喷砂射孔两层；⑤施工时间短。射孔弹射孔是把射孔弹装在射孔枪里下放进行施工。

地面压裂是利用地面压裂泵车，将具有一定黏度的压裂前置液泵入压裂井中，泵注排量和泵注压力随时间逐渐增大，令压裂井储压，当泵注的压力大于压裂井井壁周围的地应力以及地层岩石抗拉强度时，井壁周围的岩层即可产生裂缝，泵注含有支撑剂的压裂液，使得裂缝向前延伸，从而在井底附近岩层内形成具有一定几何尺寸的裂缝，从而实现对坚硬顶板压裂范围和弱化程度的控制，最终达到降低工作面顶板压力、实现安全生产的目的。

地面压裂防治顶板灾害技术是在吸收了石油钻井和压裂技术的基础上，结合自身的地质构造特点和改造目的而形成的一套新技术，其对水力压裂的要求主要有两点：①对上覆岩层的破碎程度尽可能高，即尽可能形成体积缝；②单井改造体积尽可能大。只有水平井能够满足以上要求，达到充分破碎煤层上覆硬厚岩层的目的。调研分析了目前国内地面压裂运用较为普遍、技术较为成熟的压裂工艺及其优缺点对比，汇总见表 8-9、表 8-10。

根据 8106 工作面的顶板治理需求和立井压裂不同压裂工艺优缺点，选用直井机械分隔分层压裂工艺，通过封隔器、节流器、投球滑套、水力锚、安全接头等工具组合构成的分层压裂管柱实现对两层待压地层的分层压裂。在下入分层压裂工具之前，需对井筒进行通井、刮管、洗井等工序，施工结束后需将压裂管柱起出。

8.6.2　工作面强矿压地面区域压裂卸压防治技术及应用

同煤集团马道头煤矿 8106 综放工作面回采过程中，工作面矿压显现剧烈，煤壁片帮严重，支架工作阻力处于高位且急增阻特征明显，安全阀持续开启，来压步距大，持续时间长，工作面频繁出现局部压架现象。经分析，其强矿压显现的根源在于 3-5 号煤层顶板及上覆岩层分布有多层厚度大、强度高的砂岩层。为了减少该工作面强矿压危险，采用地面压裂技术对工作面中高位硬厚顶板进行弱化处理。

1. 地质条件

同煤集团马道头煤矿 8106 工作面埋深为 455～460m，平均煤厚 15.5m，煤层普氏系数为 3。煤层倾角为 1°～10°，平均 4°，顶板上覆分布多层厚度大、强度高的砂岩层，如埋深 348.54m 处 4.24m 厚的细砂岩、埋深 361.05m 处 12.51m 厚的粗砂岩、埋深 381.95m 处 9.5m 厚的粗砂岩、埋深 416.66m 处 22.34m 厚的粗砂岩等。8106 工作面内断层较少，岩层近水平分布，且硬岩层未受过采动影响，完整性较好。

表8-9 地面垂直井分层压裂工艺对比表

序号	直井分层压裂工艺	优点	缺点
1	限流分层压裂工艺	无需下入分层工具，施工工艺简单；施工速度快，施工周期短；施工费用低	只能应用于未射开的新井，适用范围较小；对射孔工艺和施工设计具有较高的要求，不合理的射孔工艺无法达到分层压裂的目的；要求射孔孔密较低，一定程度上会妨碍射孔对有效井筒半径的扩大；在射孔通道和裂缝入口处可能出现过大的压力降，并会影响悬砂液在层间的分布，限流分层压裂射孔提供的裂缝入口面积较小
2	投球分层压裂	无需下入分层工具；施工速度快，施工周期短；施工费用低	要求层间距中等，层间破裂压力差值较大，适用范围受限；易出现"包饺子"现象；封堵效率困难，不易掌握投球数量，施工具有一定的盲目性；对施工排量的控制要求较高
3	机械分隔分层压裂	分层效率高，安全可靠；施工效率高；可保护套管	在下入分层压裂工具之前，需对井筒进行通井、刮管、洗井等工序，施工工艺较复杂；一般在施工结束后需将压裂管柱起出，受套管内径和裂缝柱内径的限制，存在封隔器无法坐封；施工中间密封好或中途解封风险，排量受限
4	泵送桥塞与射孔联做	可进行大排量施工；分段级数不受限制；桥塞钻磨后可实现全通径	压裂结束后需钻磨桥塞；施工效率低，施工周期长；对套管的前压级别要求较高，需要火工品审批
5	连续油管拖动水力喷砂射孔	压裂后井筒全通径，不需要火工品，施工限制少；水力喷砂射孔对地层污染小；压裂段数不受限	施工费用较高；套管变形、砂卡工具等事故时有发生，施工效率较低；施工排量受限

表 8-10 地面水平井分段压裂工艺对比表

序号	水平井分段压裂工艺	优点	缺点
1	裸眼封隔器+投球滑套	工艺和工具成熟，成功率高；工具操作简单，安全可靠；施工周期短；施工费用低	后期改造困难；工具下入难度大，对井身质量要求高；不能实现选择性生产或改造；压裂段数受限
2	裸眼封隔器+簇式滑套	可实现均匀布液；满足大排量施工的要求；球座可钻磨，实现内通径	工具下入难度大，对井身质量要求高；不能实现选择性生产或改造；压裂段数受限
3	裸眼封隔器+可开关滑套	可以通过滑套开关工具一趟管柱打开和关闭任意位置滑套，实现选择性储层改造、生产；可以有效关闭出水层段，实现真正地控水、堵水；管柱结构具备对储层进行二次改造的能力；所用工具与套管内径相同，保证管柱通径	工具下入难度大，对井身质量要求高；工具开关可靠性需要时间验证；施工费用高
4	固井滑套	无需射孔，节省工序和成本；无需额外的封隔器隔封层，不受压裂级数限制，层数越多优势越明显；滑套可以根据需要实现开关，方便以后的修井作业；针对井径变化较大、不规则的裸眼井，以及封隔器卡封效果受局限的天然溶洞型地层，采用此工艺可以有效解决增产改造作业中封隔层失封、窜层问题；施工快速高效，能达到快速完井提高单井产量的目的	分段改造效果受固井质量的影响较大；滑套打开困难；由于存在较长的水泥环，压开地层困难
5	泵送桥塞与射孔联做	可进行大排量施工；分段级数不受限制；套管固井完井，内通径大，便于后期改造及改造；较传统油管输送桥塞、射孔分段改造工艺节省时，可实现密切割、大体积压裂	如果桥塞坐封后丢手，后续事故处理难度大；第一段射孔和通井需要动用连续油管、费用较高；需要办理火工品使用许可
6	连续油管拖动水力喷砂射孔	压裂后井筒全通径，不需要火工品，施工限制少；水力喷砂射孔对地层污染小，压裂段数不受限	施工费用较高；套管变形、砂卡工具等事故时有发生；施工效率较低，施工排量受限

2. 矿压显现

大同矿区是典型的坚硬顶板矿区,近 30 年发生过多次坚硬顶板悬顶造成的灾害,统计矿区周边矿井钻孔综合柱状图可知,该地区普遍存在硬层顶板情况,如图 8-44 和表 8-11 所示,中煤塔山煤矿、同煤塔山煤矿、五家沟煤矿顶板均为砂岩与泥岩互层顶板,岩性有细粒砂岩、粉砂岩、中粒砂岩、粗粒砂岩、砂质泥岩、泥岩。单从顶板砂岩岩体强度来分析,其强度较高,整体性较好,属硬厚岩层,在回采过程中会出现大面积悬顶的现象,一旦断裂会出现对工作面有冲击现象。

岩性	厚度/m	累计厚度/m
K5中粒砂岩	2.64	292.4
泥岩	7.7	300.1
粗粒砂岩	9.77	310.3
中砂岩	7.34	317.7
细粒砂岩	8.72	326.4
砂质泥岩	9.11	335.5
K4中粗砂岩	3.71	339.2
砂质泥岩	8.25	347.5
山2煤	0.34	347.8
粉砂岩	11.3	359.1
泥岩	2.3	361.4
碎屑岩	1.78	363.2
泥岩	2.62	365.8
粉砂岩	13.62	379.4
砂质泥岩	3.96	383.4
粗粒砂岩	8.49	391.8
细砂岩	4.16	396
炭质泥岩	3.2	399.2
山4煤	1.87	401.1
砂质泥岩	14.8	415.9
K3砂岩	2.56	418.4
粉砂岩	8.28	422.4
2号煤	3	430.6
高岭质泥岩	4.35	435
3-5号煤	17.93	453

(a) 中煤塔山煤矿

岩性	厚度/m	累计厚度/m
K5中粒砂岩	8	372
泥岩	4	376
细粒砂岩	1	377
泥岩	11	387
高领质泥岩	1	389
泥岩	1	390
粉砂岩	1	391
泥岩	7	398
粗粒砂岩	1	398
泥岩	5	403
细粒砂岩	1	405
砂质泥岩	5	410
泥岩	8	418
砂质泥岩	5	423
砂质泥岩	4	427
K4中粒砂岩	10	437
泥岩	5	442
中粒砂岩	3	445
砂质泥岩	8	453
含砾粗粒砂岩	7	459
泥岩	4	463
粗粒砂岩	2	465
泥岩	1	466
砂质泥岩	9	475
山4煤	3	478
砂质泥岩	12	489
K3砂岩	8	498
砂质泥岩	2	500
2号煤	2	502
砂质泥岩	4	505
3-5号煤	20	525

(b) 同煤塔山煤矿

岩性	厚度/m	累计厚度/m
黄土	7.34	7.5
细粒砂岩	1.45	8.79
砂质泥岩	14.12	22.91
细粒砂岩	0.45	23.36
泥岩	4.12	27.48
细粒砂岩	2.06	29.54
泥岩	7.46	37
中粒砂岩	0.9	37.9
泥岩	0.88	38.78
山3号煤	1.32	40.1
泥岩	3.26	43.36
砂质泥岩	5.64	49
泥岩	6.54	55.54
粗粒砂岩	7.63	63.17
泥岩	9.43	72.6
粗粒砂岩	6.62	79.22
泥岩	3.48	82.7
细粒砂岩	7.46	90.16
砂质泥岩	2.92	93.08
细粒砂岩	4.24	97.32
粉砂岩	8.22	105.54
3-1号煤	0.9	106.44
砂质泥岩	1.94	108.38
3号煤	0.67	109.05
砂质泥岩	8.61	117.66
细粒砂岩	20.86	138.52
5-1号煤	12.17	150.69

(c) 五家沟煤矿

图 8-44 周边矿井顶板条件对比

表 8-11 矿区顶板条件对比

煤矿名称	顶板高度/m	顶板岩层层数	各类砂岩层数	各类砂岩总厚/m	砂岩占比/%
中煤塔山煤矿	163	25	11	80.59	49.40
同煤塔山煤矿	153	29	10	42	27.5
五家沟煤矿	75	11	6	55.47	74

马道头 8106 综放工作面的来压步距和支架工作阻力曲线如图 8-45 所示,从

图中可知，工作面来压时，来压持续时间较长，达到 10m 以上，来压步距较大，达到 24m；来压时安全阀持续开启，开启时长可达 3 天以上，且大范围开启。在回采过程上，煤壁片帮严重，巷道变形量较大，超前影响范围可达 300m 以上，如图 8-46 所示。

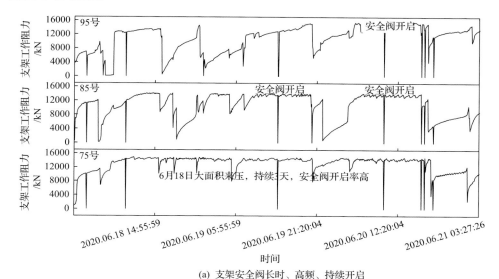

(a) 支架安全阀长时、高频、持续开启

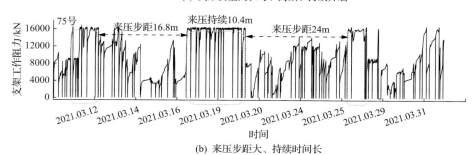

(b) 来压步距大、持续时间长

图 8-45 8106 工作面回采期间支架增阻和来压特征

(a) 工作面煤壁片帮   (b) 端头矿压显现强烈

图 8-46 8106 工作面回采期间矿压显现情况

3. 地面压裂弱化方案

根据马道头煤矿 8106 工作面钻孔柱状资料，如图 8-47 所示，通过分析 3-5 号煤层顶板 0～100m 范围内厚硬岩层，发现有两层较厚度的砂岩层，分别为埋深在 394.32～416.66m 范围内厚度为 22.34m 的粗砂岩和埋深在 344.3～361.05m 范围内厚度为 16.75m 的砂岩，设置的结构如图 8-48 所示。

岩性	柱状	厚度/m
细砂岩		2.14
泥岩		2.26
细砂岩		4.24
粗砂岩（致裂目标层一）		12.51
泥岩		6.66
细砂岩		4.74
粗砂岩		9.50
煤		0.85
炭质泥岩		5.21
泥岩		6.31
粗砂岩（致裂目标层二）		22.34
煤		3.20
泥岩		0.33
煤		2.96
泥岩		0.17
煤		4.80
泥岩		1.70
煤		2.06
泥岩		2.33
煤		2.68

图 8-47　8106 工作面压裂目标层

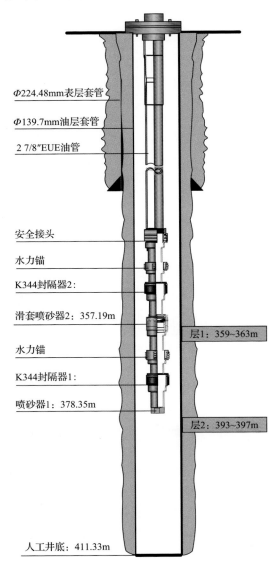

Φ224.48mm 表层套管

Φ139.7mm 油层套管

2 7/8″EUE油管

安全接头

水力锚

K344封隔器2:

滑套喷砂器2: 357.19m

层1: 359~363m

水力锚

K344封隔器1:

喷砂器1: 378.35m

层2: 393~397m

人工井底: 411.33m

图 8-48　压裂管柱结构图

钻井位置如图 8-49 所示，钻井完钻井深 450m，一开 311.1mm 钻头×90m，Φ244.5 套管×87m，二开 215.9mm×450m，Φ139.7 套管×415.83m。

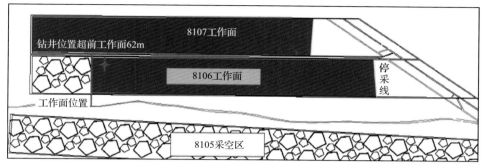

图 8-49 工作面与压裂井相对位置示意图

压裂前采用电缆传输射孔将两个待压层位同时射孔，用 Φ102 射孔枪、127 射孔弹、16 孔/m、60°相位角。射孔井段 1：359～363m，厚度 4m，64 孔。

射孔井段 2：393～397m，厚度 4m，64 孔。

压裂液：选取胍胶压裂液，0.2%增稠剂+有机硼交联剂。

压裂层 1：压裂时间 37min，总流量 170m³，压力约 21MPa，压裂时实测曲线如图 8-50(a) 所示。

压裂层 2：压裂时间 58min，总流量 240m³，压力约 41MPa，压裂时实测曲线如图 8-50(b) 所示。

根据 8106 工作面的顶板治理需求和立井压裂不同压裂工艺优缺点，选用直井机械分隔分层压裂工艺，通过封隔器、节流器、投球滑套、水力锚、安全接头等工具组合构成的分层压裂管柱实现对两层待压地层的分层压裂。在下入分层压

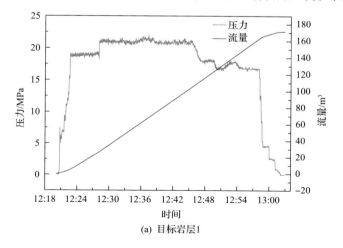

(a) 目标岩层1

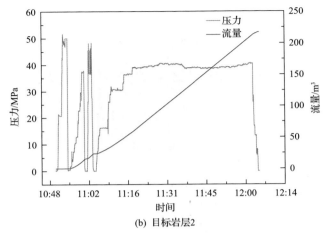

(b) 目标岩层2

图 8-50   8106 工作面目标岩层地面压裂曲线

裂工具之前，需对井筒进行通井、刮管、洗井等工序，施工结束后需将压裂管柱起出。

4. 地面压裂效果

2021 年 1 月 15 日，对 8106 井 351～355m 和 400～404m 两个层段实施压裂。同时应用破裂能量向量相叠加扫描技术进行了微破裂监测评估压裂效果。

1) 监测台站布设

使用三分量的、独立的、设于地表（<1m 的浅层）的、宽频专用微地震台站，在本次压裂监测中，此处使用了 25 个地震台。每个地震台的检波器灵敏度＞110V/(m·s)。地面监测台站分布如图 8-51 所示。

2) 监测数据分析

目标层位 1 压裂点射孔井段在 351～355m，压裂时间为 2021 年 1 月 15 日 12:30～13:05；目标层位 2 压裂点射孔井段在 400～404m，压裂时间为 2021 年 1 月 15 日 11:00～12:14。图 8-52 和图 8-53 分别为目标层位 1 和目标层位 2 破裂释放能量随时间的变化，每两个图为一组，每组的第 1 个图为压裂点附近有高破裂能量的重要时段，第 2 个图为到此时为止的重要时段的合成图。目标层位 1 有 13 组，目标层位 2 有 15 组。

集成井眼附近有高破裂能量的重要时段，可得目标层位 1 和目标层位 2 在本次压裂的最后总效应如图 8-54 所示，压裂裂缝参数见表 8-12，裂缝扩展方向玫瑰图如图 8-55 所示，目标层位 1 和目标层位 2 破裂能量分布如图 8-56 所示，压裂裂缝长度为 280～290m，裂缝高小于 30m，呈 X 形状。

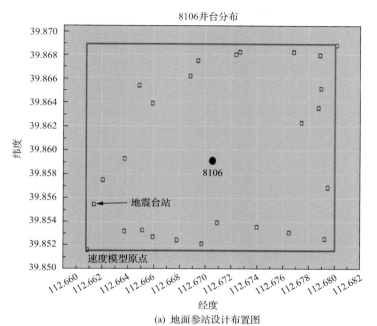

(a) 地面参站设计布置图

(b) 地面参站实际布置图

图 8-51　地面监测台站分布图

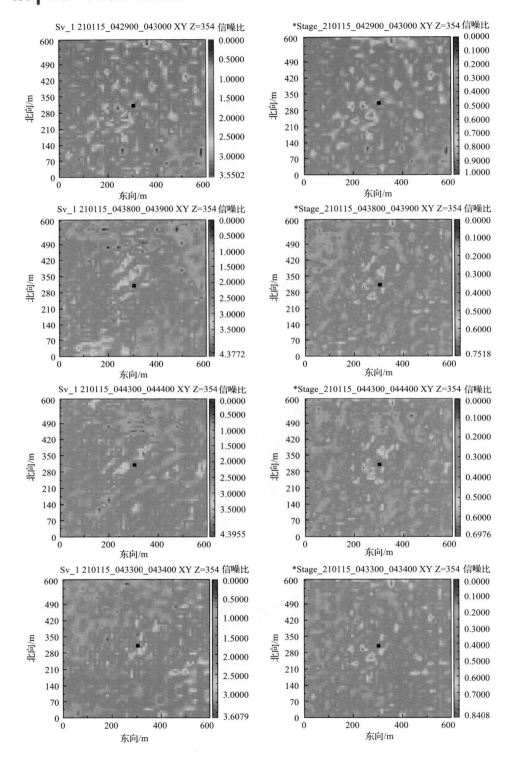

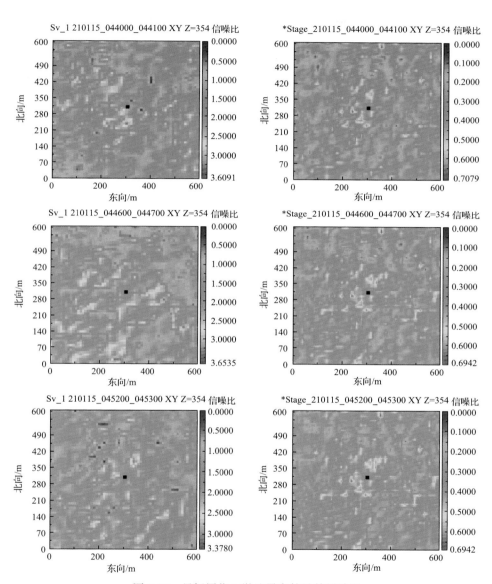

图 8-52 目标层位 1 微地震事件及其累计图

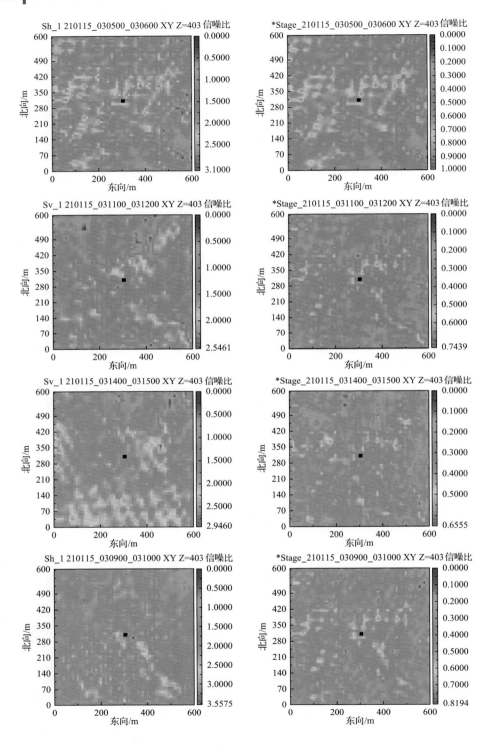

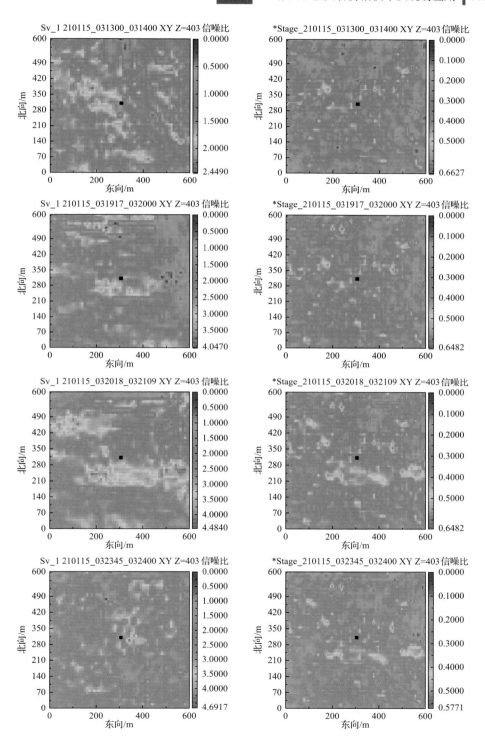

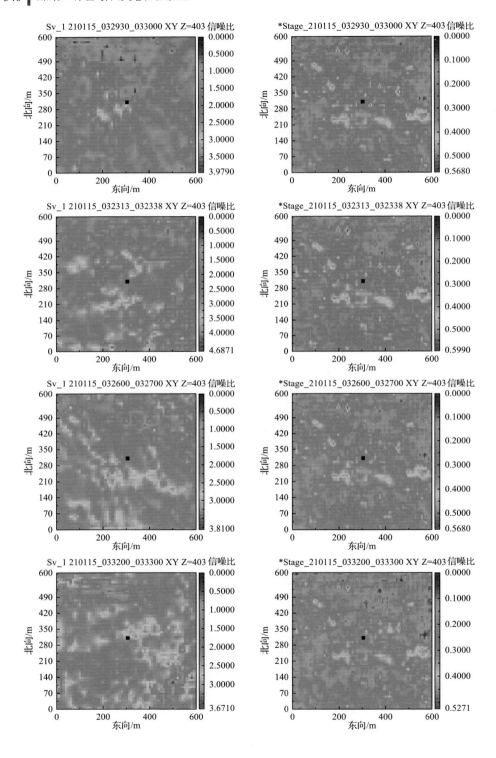

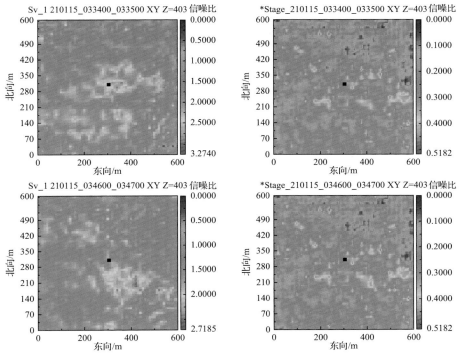

图 8-53 目标层位 2 微地震事件及其累计图

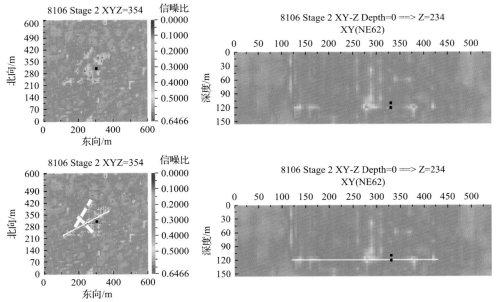

(a) 目标层位1

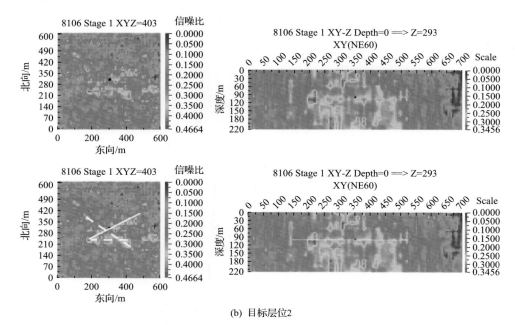

(b) 目标层位2

图 8-54　压裂裂缝分布总效应（2D 平面）

表 8-12　压裂效果微震监测数据

层位	走向	长度/m	面积/m²	高度	现状
层位 1	NE60°	290	1.1×10^5	≤30m（估计）	破裂呈 X 形状（白虚线）
层位 2	NE60°	280	1.4×10^5	≤30m（估计）	破裂呈 X 形状（白虚线）

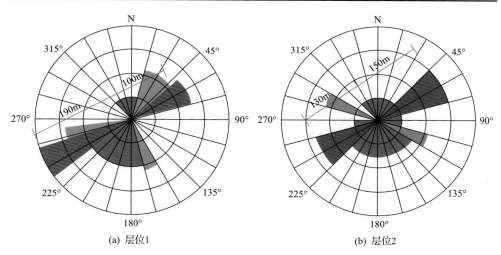

(a) 层位1　　　　　　　　　　　　　　　(b) 层位2

图 8-55　压裂裂缝分布总效应

红色：主裂缝；绿色：分支缝；蓝色：密集

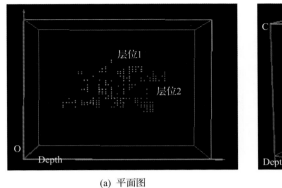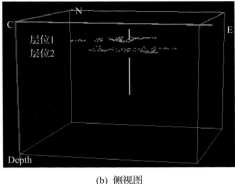

(a) 平面图   (b) 侧视图

图 8-56 两层高破裂能量点汇总 3D 平面图与侧视图

5. 地面压裂强矿压防治效果

采用该技术后，压裂影响区内来压强度明显降低，周期来压步距缩短，来压范围及持续时间减小，选取压裂前(2021 年 1 月 15 日~2 月 7 日)矿压数据与压裂后(2021.02.08~2021.02.28)矿压数据进行对比，压裂前、后来压时支架工作阻力云图如图 8-57 所示。由图 8-57 可知，8016 工作面在 1 月 15 日~2 月 7 日工作面推进 115m，共经历 9 次来压，来压步距 4.8~19m，平均 12m，来压持续 2.4~7.2m，平均 4.8m。压裂后 2 月 8 日~2 月 28 日，工作面推进 103m，共经历 8 次来压，来压步距 14~25m，平均 16m，来压持续 2.4~10m，平均 5.9m。压裂后比压裂前来压步距和来压持续时间均有减少。

为了更好地对比压裂前和压裂后矿压显现区别，采用均化循环方法分析非压裂影响区内和压裂影响区内支架工作阻力大小，从而评价矿压显现强度不同。先取非压裂影响区内(2021.02.08~2021.03.01)工作面有效循环为 236 个，其中非来压期间 168 个循环，初撑力 5549kN，循环末阻力 9901kN，增阻率 72.53kN/min；来压期间分析 68 个循环，初撑力 5299kN，循环末阻力 15045kN，增阻率 162.43kN/min，动载系数 1.52。再取压裂影响区内(2021.01.15~2021.02.07)有效循环为 240 个，其中非来压期间 187 个循环，初撑力 4789kN，循环末阻力 7384kN，增阻率 43.25kN/min；来压期间分析 53 个循环，初撑力 5764kN，循环末阻力 12746kN，增阻率 116.37kN/min，动载系数 1.73。

压裂前后支架工作阻力均化循环曲线如图 8-58 所示，工作阻力均化循环参数见表 8-13，压裂影响区内，非来压期间循环末阻力下降 2517kN，降幅约 25.4%，增阻率下降 29.28kN/min；来压期间循环阻力下降 2299kN，降幅约 15.3%，增阻率下降 46.06kN/min。

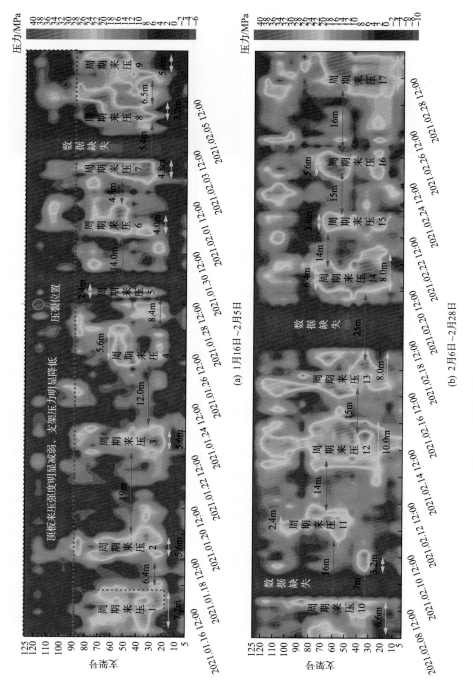

图8-57 顶板压裂后8106工作面周期来压云图特征

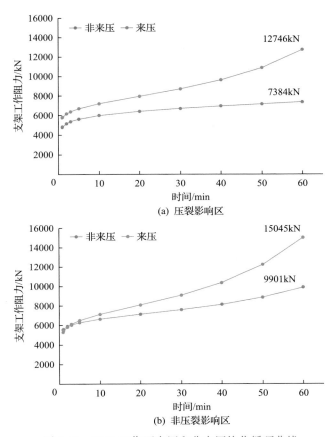

(a) 压裂影响区

(b) 非压裂影响区

图 8-58 8106 工作面来压和非来压均化循环曲线

表 8-13 8106 工作面压裂前后各项指标对比

区域	非来压期间			来压期间			动载系数
	初撑力/kN	循环末阻力/kN	增阻率/(kN/min)	初撑力/kN	循环末阻力/kN	增阻率/(kN/min)	
非压裂影响区	5549	9901	72.53	5299	15045	162.43	1.52
压裂影响区	4789	7384	43.25	5764	12746	116.37	1.73
降幅	—	2517	29.28	—	2299	46.06	—

8.6.3 冲击地压地面区域压裂卸压防治技术及应用

1. 技术背景

《煤矿安全规程》和《防治煤矿冲击地压细则》要求冲击地压防治要实行"区域先行、局部跟进、分区管理、分类防治"原则。井下深孔爆破和短孔压裂常规技术无法弱化工作面中高位顶板和工作面中部顶板,无法从源头实现冲击地压灾害预先治理，不能真正的实现冲击地压区域防治。

2010 年以来，蒙陕煤田的呼吉特尔矿区、纳林河矿区、新街矿区和榆横矿区相继获得开发，这些矿区开采深度较大，一般在 500～800m，另外，该地区矿井存在多层硬厚顶板。由于受到采深较大和厚硬顶板的影响，工作面巷道冲击地压频发。针对该地区煤层存在多层硬厚顶板、工作面产量大和开采强度高的问题，率先提出了采用地面压裂技术进行冲击地压防治的技术思路。

2018 年 5 月，著者申请了中国煤炭科工集团重点基金项目《鄂尔多斯深部巨厚顶板强矿压煤层安全高效开采关键技术》，获得资助。该项目以伊泰集团红庆河煤矿一采区和四采区为示范地点开展地面压裂冲击地压防治相关研究工作，项目成果形成了《红庆河煤矿厚层顶板地面压裂区域卸压防冲技术可行性研究》报告，由采矿工程、钻井和地面压裂专业组成的专家组一致认为"采用地面体积压力技术处理高位厚层坚硬顶板，技术是可行的，通过合理方案设计和实施，能有效减低工作面矿压显现及冲击地压危害"。

2020 年初，本书著者作为项目负责人，申请的《冲击地压硬厚顶板地面压裂源头治理技术装备及应用》科技助力经济 2020 重点专项项目获得科技部资助，该项目针对蒙陕深部矿区冲击地压防控难题，提出适合该矿区条件的区域与局部统筹结合的冲击地压防控技术，为我国西部矿井建设、生产提供新的理论与技术保障。在该前述研究的基础上，中国中煤能源集团有限公司与本书著者所在单位合作立项《蒙陕深部矿区冲击地压防治重大科技专项》项目。项目以中国中煤能源集团有限公司在蒙陕西部的冲击地压矿井为研究对象，开发地面压裂、井下深孔定向压裂和高压水射流等新技术进行坚硬岩层的区域和局部卸压，实现冲击地压防治新突破；与此同时，本书著者所在单位与陕西彬长矿业集团有限公司、陕西省煤层气利用有限公司铜川分公司共同合作，在彬长矿区孟村煤矿 401102 综放工作面采用地面压裂技术也开展了冲击地压防治相关试验研究。国家相关部门和煤炭企业相继对冲击地压地面压裂防治技术进行了立项并资助，极大推动了该技术成果的研发、转化、应用和推广。

在该前述研究的基础上，中国中煤能源集团有限公司与本书著者所在单位合作立项《蒙陕深部矿区冲击地压防治重大科技专项》项目，项目以中国中煤能源集团有限公司在蒙陕西部的冲击地压矿井为研究对象，开发地面压裂、井下深孔定向压裂和高压水射流等新技术进行坚硬岩层的区域和局部卸压，实现冲击地压防治新突破；与此同时，本书著者所在单位与陕西彬长矿业集团有限公司、陕西省煤层气利用有限公司铜川分公司共同合作，在彬长矿区孟村煤矿 401102 综放工作面采用地面压裂技术也开展了冲击地压防治相关试验研究。国家相关部门和煤炭企业相继对冲击地压地面压裂防治技术进行了立项并资助，极大推动了该技术成果的研发、转化、应用和推广。

2. 孟村矿试验工作面概况

彬长矿区是国家规划的十三个煤炭基地—黄陇基地的主力矿区之一，矿区位于陕西省关中西北部长武和彬县境内。矿区东部及南部以 4 煤层可采边界线为界，西部及北部以陕甘省界为界，矿区东西长 46km，南北宽 36.5km，规划面积 978km², 煤炭资源储量 8978.83Mt，主采煤层平均厚度 10.65m，矿区矿井分布如图 8-59 所示。孟村煤矿彬长矿区主要生产矿井之一，陕西彬长矿业集团有限公司主力生产矿井之一，开采 4 号煤层埋深 664～764m，平均可采厚度 16.13m，首采工作面为 401101 综放工作面，地面压裂试验工作面为 40110 综放工作面接续工作面。

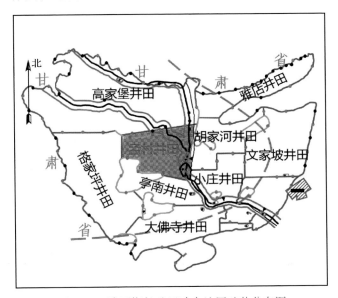

图 8-59　陕西彬长矿区冲击地压矿井分布图

孟村煤矿 401102 综放工作面采用三巷布置(一条运输巷、一条回风巷、一条泄水巷)，泄水巷布置在运输巷的北部，错位 40m。工作面东侧为 401 盘区大巷，西侧为 403 盘区大巷，北侧为 401103 工作面，与 401103 回风巷间隔 40m 区段煤柱，南侧为 401101 采空区，其与 401101 采空区留设 75m 煤柱。401102 工作面可采走向长度 1789m，倾向长度 180m；采煤工艺为综采放顶煤，平均设计回采高度 13m，其中正常割煤高度 3.5m，放煤高度 9.5m，采放比为 1:2.714，全部垮落法管理顶板。

3. 地面压裂井布置及压裂参数

根据 401101 工作面"两带"观测孔资料，工作面回采后煤层直接顶板在短期内裂缝发育，发育高度在 20m 范围内，随着时间的推移，裂缝向上发育，发育较为缓慢，在直罗组顶界和安定组底界含砾中粗砂岩层段，横竖裂隙发育极其缓慢，时间可延伸 1 个月左右。观测 3～4 个月，冒落带发育基本稳定，4 煤顶板冒落带最大发育高度 74.41m，最大冒高采厚比 4.25 倍。由此说明，低位关键层在工作面回采过程中能够及时垮落，其冲击致灾影响程度有所降低，中位关键层出现明显的滞后垮落情况，其冲击致灾影响程度将大幅升高，在各类位关键层不充分垮断的情况下，中位关键层(30～100m)对冲击地压的致灾影响程度最大，是地面压裂需要弱化改性的压裂目标岩层。

根据孟村煤矿 401 盘区 401102 工作面附近钻孔显示，4 号煤上方复合厚层砂岩属于钙质胶结的难垮岩层，完整性好，强度较大，破断时将引起围岩强烈活动，该岩层对冲击地压的发生具有较大影响，是地面压裂需要重点处理的目标岩层。再根据岩层垮落角、地面岩移观测、压裂层位和卸压区域综合分析，401102 工作面布置 2 口压裂水平井，分别为 MC-01L 和 MC-02L，一口参数测试井 MC-102，压裂轴线距离回风巷 120m，水平段长为 770m，压裂井布置如图 8-60 所示。

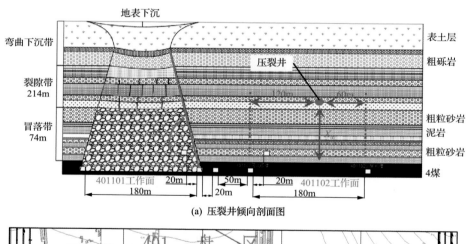

(a) 压裂井倾向剖面图

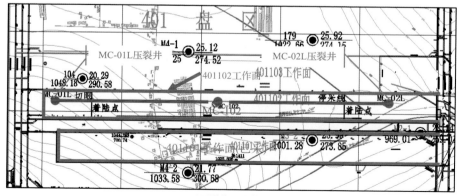

(b) 压裂井面平布置图

图 8-60　401102 综放工作面压裂井布置图

4. 压裂及冲击地压防治效果

采用地面微震、井下微震、地音和支架工作阻力构建"裂隙场-震动场-应力场"多场多参量联合监测体系，评价压裂和冲击地压防治效果。ARAMIS 微震监测系统监测压裂时对顶板扰动及活动情况，地面微震监测系统监测压裂裂隙扩展方向和范围，ARES-5/E 地音系统监测低位顶板裂纹破裂，KJ21 冲击地压在线监测系统监测支架工作阻力变化和矿压显现情况，监测系统布置如图 8-61 所示。

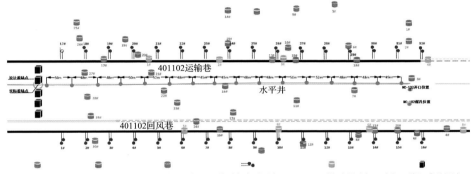

图 8-61　多场多参量联合监测系统测点布置图

在 MC-01L 和 MC-02L 压裂过程中，地面微震系统累计开展进行了 31 段监测，单段缝长 81～340m，平均缝长 268m；带宽 42～203m，平均带宽 80m；缝高 37～59m，平均缝高 50m；累计监测事件 9250 起，单段监测事件 46～454 起，单段微震事件数平均 289 起。

压裂期间井下微震系统累计监测事件 1749 起，总能量 2.5×10^6J。其中 2 次方及以下事件 1106 起，3 次方事件 634 起，4 次方 9 起。两口井压裂期间井下监测的微震事件分布区域远广于压裂设计区，微震事件在东西方向的分布范围为 2390m，南北方向分布范围为 980m，压裂期间微震能量是非压裂期间的 8 倍，微震释放能量在压裂期间和非压裂期间的对比如图 8-62 所示。地音监测释放总能量

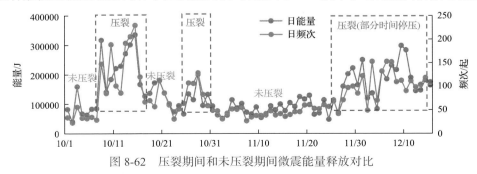

图 8-62　压裂期间和未压裂期间微震能量释放对比

$1.7 \times 10^7 J$，压裂期间地音能量是非压裂期间的 4.6 倍，单段增幅为最大为 72 倍。

401102 工作面未压裂区回采时(压裂盲区)，煤壁破碎片帮；推进至压裂区期间，周期来压不明显、煤壁齐整无片帮，非压裂区和压裂区工作面煤壁片帮冒顶对比如图 8-63 所示。401102 工作面在压裂区总体来看效果较为明显，巷道变形量、工作面矿压显现强度、煤壁片帮情况和大能量事件都与 401101 工作面有很大的改善，401102 工作面已回采完毕，在压裂区没有发生冲击地压灾害。

非压裂区煤壁照片　　　　　　　　　　压裂区煤壁照片

图 8-63　非压裂区和压裂区工作面煤壁片帮对表

8.7　房柱式采空区下长壁工作面顶板灾害防治技术

20 世纪 80～90 年代，煤炭产业结构不合理，生产规模小，采煤工艺落后，部分煤矿采用"房柱式"或"刀柱式"采煤方法，遗留了大量的"房柱式"或"刀柱式"采空区。近年来，随着开采强度的不断加大，很多矿井逐步进入下组煤开采，而开采区域上覆煤岩层就存在大量遗留的房柱式采空区，如在山西、内蒙古、陕西广泛赋存，房柱式采空区煤柱的失稳有可能威胁下组煤工作面的安全回采。

8.7.1　灾害案例

在房柱式采空区下开采，受回采扰动影响，房柱式采空区内煤柱可能会发生"多米诺骨牌"效应式失稳，从而导致顶板突然大面积垮落。一方面，房柱式采空区内有毒有害气体(瓦斯、一氧化碳等)被急速压缩形成暴风，造成下部回采工作面人员伤亡和设备损坏；另一方面，当采空区内浮煤被暴风扬起，遇明火还容易发生煤尘和瓦斯爆炸。例如，同煤集团安平煤矿 8117 工作面上方为 4 号煤层房柱式采空区，2016 年 3 月 23 日 22 时 10 分，5 号煤层 8117 工作面上方 4 号煤层房柱式采空区顶板突然大面积垮落，形成暴风并导致瓦斯爆炸，造成 19 名矿工遇难。房柱式采空区还可能存在水、火等隐患，这对下部长壁工作面安全回采构成了威胁，因此，在工作面回采前和回采过程中应高度重视，并采取针对性措施避免灾害发生，尤其要重视房柱式采空区顶板突然大面积垮落引发的顶板灾害以及其产生的次生灾害。

8.7.2　防治技术

1. 地质条件

元宝湾煤业有限公司位于朔州市山阴县，在整合之前，原矿井在 1985 年 1 月至 2008 年期间，采用房柱式(或巷采)开采方式对 4 号煤层进行了大范围回采，形成大量采空区。元宝湾煤矿对矿井 4 号煤层部分采空区密闭启封进行了人工实地排查、治理，前后共计探查采空区面积 487130m^2，采空区内巷道宽度为 2.5～3.2m，高 2.6m 左右；围岩(煤体)较完整，遗留的采空区宽度在 7～30m，高度为 6～9m，长 30～60m，采空顶板大都完整，部分地段出现顶板冒落。4 号煤层采空区分布如图 8-64 所示。

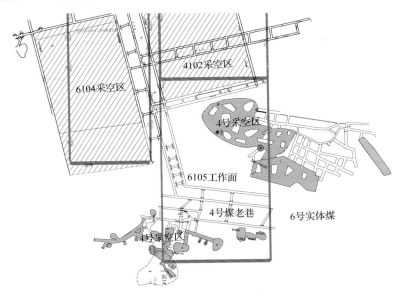

图 8-64　4 号煤层采空区分布情况

6 号煤层与 4 号煤层间距为 8.56～19.72m，平均 15m，由南向北逐渐变厚，4 号煤厚 2.3～12.94m，平均 7.22m，6 号煤厚 1.04～9.2m，平均 4.1m，煤层钻孔柱状图如图 8-65 和图 8-66 所示。

为保障 6 号煤层工作面安全回采，以元宝湾煤矿 6105、6106、6205 工作面为对象进行研究，采取深孔爆破和水力压裂手段对顶板进行弱化处理，防止 4 号煤层房柱式采空区出现"多米诺效应"煤柱失稳，从而导致 4 号煤层顶板突然大面积垮落，以及回采过程中 6 号煤层顶板突然大面积垮落和切顶压架。以 6105 工作面为例，系统介绍房柱式采空区下长壁工作面顶板灾害防治技术在矿井中的应用。

岩层柱状	厚度/m	岩性
	1.75	煤
	2.85	泥岩
	3.30	粉砂岩
	8.80	中砂岩
	6.20	4号煤
	4.07	泥岩
	1.80	5号煤
	2.78	砂泥岩
	7.75	中砂岩
	3.50	6号煤
	3.90	泥岩

图 8-65 YZK2102 钻孔柱状图

岩层柱状	厚度/m	岩性
	1.40	煤
	4.00	砂泥岩
	1.60	细砂岩
	5.50	粗砂岩
	2.00	细砂岩
	1.00	粗砂岩
	6.20	4号煤
	2.60	泥岩
	2.80	砂泥岩
	3.70	细砂岩
	7.50	粗砂岩
	3.40	6号煤
	4.00	泥岩

图 8-66 YZK2103 钻孔柱状图

2. 弱化方案

根据房柱式采空区下长壁工作面的特点,采用技术措施对顶板进行弱化以防止 4 号煤层房柱式采空区顶板"多米诺效应"式大面积垮落,以及回采过程中 6 号煤层顶板突然大面积垮落和切顶压架。

6 号煤层上方为 7.5m 左右的砂岩顶板,缺乏较为破碎的直接顶作为支架垫层,有可能出现 Ⅰ-Ⅱ-Ⅲ-Ⅳ区支承,对顶板管理不利,6 号煤层长壁工作面初采期间采用深孔爆破技术对顶板进行弱化,正常回采期间采用水力压裂技术对 4 号煤层房柱式采空区顶板提前进行弱化处理。

4 号煤为房柱式采空区,弱化 4 号煤层房柱式采空区顶板只能从 6 号煤长壁工作面两顺槽或切眼进行施工,从 6 号煤工作面向上钻孔时,由于房柱式采空区内煤柱和空巷分布的不确定性,钻孔可能打在采空区空巷内,也可能打在煤柱内,若打在空巷内,钻孔无法处理顶板,只能作为探水孔或探气孔;若打在煤柱内,钻孔作为有效孔对 4 号煤层顶板进行弱化,在顺槽内若采用爆破弱化手段有可能引燃或引爆 4 号煤房柱式采空区内积存的瓦斯等危险气体,存在安全隐患,而水力压裂技术不会引起瓦斯爆炸,且其形成的裂隙范围较大,因此,采用水力压裂技术处理4号煤房柱式采空区顶板，如图8-67所示。

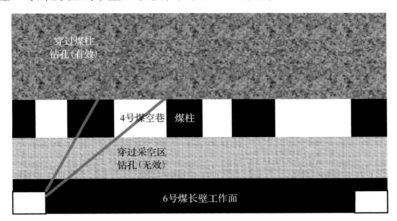

图8-67　水力压裂弱化4号煤房柱式采空区顶板示意图

1）6105工作面切眼内爆破强制放顶方案

切眼内炮孔为单排"一"字形布置，炮孔间距为5m，共49个孔，炮孔距采空区侧煤帮2.5m，深度为13m，封孔5m，炮孔孔径65mm，仰角60°，与切眼方向平行；另在工作面上下隅角各布置2个钻孔。炮孔布置图如图8-68所示。

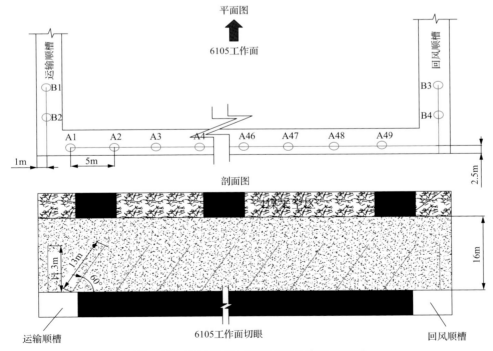

图8-68　6105工作面切眼内炮孔布置平面图

炸药采用煤矿许用炸药(3 号粉状乳化炸药),规格为 $\Phi50mm\times500mm$,质量 1kg/卷,每孔装药量 10 卷共计 10kg。

2)6105 工作面两顺槽内水压致裂技术方案

6105 工作面开采时,为防止工作面上方 4 号煤房柱式采空区悬顶突然大面积垮落,在 6105 工作面两顺槽向 4 号煤顶板施工水力压裂钻孔。为最大限度地减少探放水及水力压裂钻孔工程量,将采空区探放水及水力压裂孔布置方案进行统一规划,将探放水孔作为一部分水压致裂孔进行压裂,将打到采空区的水力压裂钻孔作为探放水、气体监测孔。

从切眼至超前工作面 20m 范围内,每隔 10m 设一个钻场。每个钻场施工 3 个钻孔,钻孔垂直顺槽布置,倾角分别为 1 号孔15°、2 号孔25°和 3 号孔40°。从超前工作面 20m 位置至停采线,每隔 15m 设一个钻场,按照"二-三-二-三"布置钻孔,钻孔施工顺序为 1 号、2 号、3 号(或 2 号、3 号),钻孔需穿过 4 号煤层中遗留煤柱钻进至 4 号煤顶板。当钻孔钻至 4 号煤层已垮落采空区域时,停止钻孔,该钻孔用于采空区探放水、气体检测,其钻孔参数如图 8-69 所示。

若钻孔施工过程中,钻孔钻至 4 号煤采空区煤柱内时,则继续钻孔至 4 号煤顶板上方 6m 处,该孔可作为水力压裂钻孔,具体参数如图 8-70 所示。

根据水力压裂孔设计方案(图 8-71),并结合工作面实际情况(避开上覆 4 号煤层老巷爆破区域和探明悬顶区域),在回风顺槽内布置了 22 组钻孔,合计 56 个,

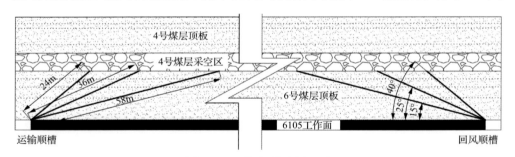

图 8-69 顶板探放水剖面图

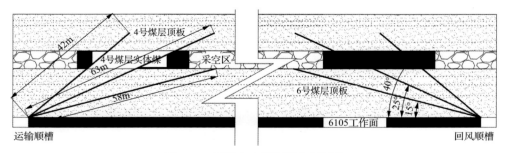

图 8-70 顶板水力压裂钻孔剖面图

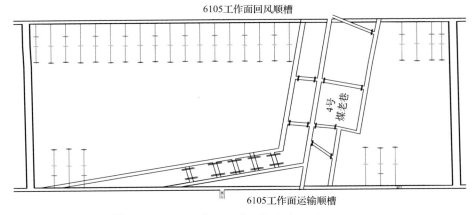

图 8-71　6105 工作面两巷顶板水力压裂孔布置图

其中 34 个钻孔满足水力压裂条件；在运输顺槽内布置了 6 组钻孔，合计 15 个，其中 6 个钻孔满足水力压裂条件。

8.7.3　防治效果

1. 初采强制放顶效果

切眼深孔爆破初采强制放顶实施完毕后，对实施效果进行观测，切眼内爆破孔之间的拉裂线明显，炮孔与炮孔之间被爆破产生的裂隙贯通，破坏了 6105 工作面顶板完整性。

5 月 3 日，工作面推进至 9.5m，工作面整体压力较小，1～15 号、17～23 号架上方为 4 号煤采空区悬顶区域；5 月 4 日，工作面推至 10.7m，42～63 号架后冒落顶煤，整个工作面范围内压力较小，1～14 号、17～23 号架上方为 4 号煤采空区悬顶区域；5 月 6 日，工作面推至 19.6m，20～158 号架后砂岩顶板全部垮落，1～6 号、15～38 号、75～87 号架上方为 4 号煤采空区悬顶区域，该部分区域工作面压力较小；5 月 8 日，工作面推至 29.2m，1～9 号、16～36 号、75～89 号架上方为 4 号煤采空区悬顶区域，而该区域支架压力较大，据此判断该区域上方的 4 号煤顶板已经垮落。

5 月 9 日，当工作面推进至 35m 位置时，工作面内大部分区域(20～50 号、60～80 号、90～150 号支架)压力较大，多个支架安全阀开启，而且出现煤壁片帮现象，判断工作面发生初次来压；当工作面推进至 48m 位置时，除机尾段 97～105 号、119～124 号等个别支架压力较大(上方为煤柱区域)外，工作面大部分区域压力缓和，基本没有煤壁片帮现象，初次来压结束，初次来压持续距离 13m 左右。工作面后方采空区的顶板冒落效果非常好，在 6105 工作面上方发现地表塌陷。这说明 6105 工作面切眼初采强制放顶取得了良好效果。

2. 工作面两顺槽水力压裂效果

6105 工作面两顺槽水力压裂过程中能观测到隔壁孔、煤帮、巷道顶板的渗水情况，这说明水压致裂在顶板内产生了新的裂隙并将裂隙进行了导通，另外在工作面生产过程中也监测到地表的大裂隙和沉陷，地表裂隙和沉陷区域超前于工作面，并且与水压致裂范围相符合。超前工作面的地表裂隙和沉陷情况如图 8-72 所示，说明 4 号煤房柱式采空区顶板的水力压裂技术取得了好的效果。

图 8-72 超前工作面的地表沉陷情况

参 考 文 献

[1] 徐刚, 黄志增, 范志忠, 等. 工作面顶板灾害类型、监测与防治技术体系[J]. 煤炭科学技术, 2021, 49(2): 1-11.

[2] 尹希文. 大采高综采工作面压架原因分析及防治对策[J]. 煤炭科学技术, 2014, 42(7): 26-29.

[3] 范志忠, 潘黎明, 徐刚, 等. 智能化高强度开采超长工作面围岩灾变预警技术[J]. 煤炭科学技术, 2019, 47(10): 125-130.

[4] 徐刚. 顶板富含水特厚煤层综放开采压架成因与防治[J]. 煤炭科学技术, 2016, 44(4): 1-5.

[5] 李正杰, 王之永, 王利峰, 等. 特厚煤层综放开采出水压架预警机制及防治体系[J]. 中国煤炭, 2015, (8): 49-53.

[6] 许红杰. "钻-切-压"定向水力压裂顶煤弱化技术应用研究[J]. 煤炭工程, 2021, 53(6): 73-76.

[7] 苏波. 间隔切缝水力压裂提高综放顶煤回收率研究[J]. 煤炭工程, 2021, 53(7): 71-74.